エネルギー・熱量の単位換算

kJ	kcal	kgf · m	kW · h	Btu
1	0.2388459	101.972	1/3600	0.9478170
4.1868	1	426.936	1.16300×10^{-3}	3.968320
9.80665×10^{-3}	2.34228×10^{-3}	1	2.72407×10^{-6}	9.29489×10^{-3}
3600	859.8452	3.670978×10^{5}	1	3412.141
1.055056	0.2519958	1.07586×10^{2}	2.930711×10^{-4}	1

$1\,J = 1\,N \cdot m = 1\,W \cdot s = 10^7$ erg

伝熱量・仕事量・動力の単位換算

W	kgf · m/s	PS	ft · lbf/s
1	0.1019716	1.359622×10^{3}	0.7375621
9.80665	1	1/75	7.233014
735.4988	75	1	542.4760
1.355818	0.1382550	1.843399×10^{-3}	1

$1\,W = 1\,J/s = 1\,N \cdot m/s$　　PS ：メートル馬力

温度の換算

$t\,(°C) = T(K) - 273.15$

$t_F\,(°F) = 1.8\,t\,(°C) + 32$

$t_F\,(°F) = T_F\,(°R) - 459.67$

$T_F\,(°R) = 1.8\,T\,(K)$

長さの単位換算

m	mm	ft	in
1	1000	3.280840	39.37008
10^{-3}	1	3.280840×10^{-3}	3.937008×10^{-2}
0.3048	304.8	1	12
0.0254	25.4	1/12	1

面積の単位換算

m^2	cm^2	ft^2	in^2
1	10^4	10.76391	1550.003
10^{-4}	1	1.076391×10^{-3}	0.1550003
9.290304×10^{-2}	929.0304	1	144
6.4516×10^{-4}	6.4516	1/144	1

体積の単位換算

m^3	cm^3	ft^3	in^3	リットル L	備　考
1	10^6	35.31467	6.102374×10^{4}	1000	英ガロン：
10^{-6}	1	3.531467×10^{-5}	6.102374×10^{-2}	10^{-3}	$1\,m^3$ = 219.9692 gal (UK)
2.831685×10^{-2}	2.831685×10^{4}	1	1728	28.31685	米ガロン：
1.638706×10^{-5}	16.38706	1/1728	1	1.638706×10^{-2}	$1\,m^3$ = 264.1720 gal (US)
10^{-3}	10^3	3.531467×10^{-2}	61.02374	1	

圧力の単位換算

Pa ($N \cdot m^{-2}$)	bar	atm	Torr (mmHg)	$kgf \cdot cm^{-2}$	psi ($lb \cdot in^{-2}$)
1	10^{-5}	9.86923×10^{-6}	7.50062×10^{-3}	1.01972×10^{-5}	1.45038×10^{-4}
10^5	1	0.986923	750.062	1.01972	14.5038
1.01325×10^{5}	1.01325	1	760	1.03323	14.6960
133.322	1.33322×10^{-3}	1.31579×10^{-3}	1	1.35951×10^{-3}	1.93368×10^{-2}
9.80665×10^{4}	0.980665	0.967841	735.559	1	14.2234
6.89475×10^{3}	6.89475×10^{-2}	6.80459×10^{-2}	51.7149	7.03069×10^{-2}	1

JSMEテキストシリーズ

伝熱工学

Heat Transfer

日本機械学会

序

「JSME テキストシリーズ」は，大学学部学生のための機械工学への入門から必須科目の修得までに焦点を当て，機械工学の標準的内容をもち，かつ技術者認定制度に対応する教科書の発行を目的に企画されました.

日本機械学会が直接編集する直営出版の形での教科書の発行は，1988 年の出版事業部会の規程改正により出版が可能になってからも，機械工学の各分野を横断した体系的なものとしての出版には至りませんでした. これは多数の類書が存在することや，本会発行のものとしては機械工学便覧，機械実用便覧などが機械系学科において教科書・副読本として代用されていることが原因であったと思われます. しかし，社会のグローバル化にともなう技術者認証システムの重要性が指摘され，そのための国際標準への対応，あるいは大学学部生への専門教育への動機付けの必要性など，学部教育を取り巻く環境の急速な変化に対応して各大学における教育内容の改革が実施され，そのための教科書が求められるようになってきました.

そのような背景の下に，本シリーズは以下の事項を考慮して企画されました.

① 日本機械学会として大学における機械工学教育の標準を示すための教科書とする.
② 機械工学教育のための導入部から機械工学における必須科目まで連続的に学べるように配慮し，大学学部学生の基礎学力の向上に資する.
③ 国際標準の技術者教育認定制度〔日本技術者教育認定機構(JABEE)〕，技術者認証制度〔米国の工学基礎能力検定試験(FE)，技術士一次試験など〕への対応を考慮するとともに，技術英語を各テキストに導入する.

さらに，編集・執筆にあたっては，

① 比較的多くの執筆者の合議制による企画・執筆の採用,
② 各分野の総力を結集した，可能な限り良質で低価格の出版,
③ ページの片側への図・表の配置および 2 色刷りの採用による見やすさの向上,
④ アメリカの FE 試験（工学基礎能力検定試験(Fundamentals of Engineering Examination)）問題集を参考に英語による問題を採用,
⑤ 分野別のテキストとともに内容理解を深めるための演習書の出版,

により，上記事項を実現するようにしました.

本出版分科会として特に注意したことは，編集・校正には万全を尽くし，学会ならではの良質の出版物になるように心がけたことです. 具体的には，各分野別出版分科会および執筆者グループを全て集団体制とし，複数人による合議・チェックを実施し，さらにその分野における経験豊富な総合校閲者による最終チェックを行っています.

本シリーズの発行は，関係者一同の献身的な努力によって実現されました. 出版を検討いただいた出版

事業部会・編修理事の方々，出版分科会を構成されました委員の方々，分野別の出版の企画・進行および最終版下作成にあたられた分野別出版分科会委員の方々，とりわけ教科書としての性格上短時間で詳細な形式に合わせた原稿の作成までご協力をお願いいただきました執筆者の方々に改めて深甚なる謝意を表します．また，熱心に出版業務を担当された本会出版グループの関係者各位にお礼申し上げます．

本シリーズが機械系学生の基礎学力向上に役立ち，また多くの大学での講義に採用され技術者教育に貢献できれば，関係者一同の喜びとするところであります．

2002 年 6 月

日本機械学会

JSME テキストシリーズ出版分科会

主査　宇高　義郎

「演習　伝熱工学」　刊行にあたって

伝熱工学は，熱伝導，対流伝熱，ふく射伝熱といった熱の移動形態とその熱移動速度を論ずるものです．例えば，ヒートポンプに代表されるように，熱力学が常に平衡状態（平衡になるまで十分な時間を考慮した状態）に基づいてその原理を提供しているのに対して，伝熱工学は実際に単位時間当たりに輸送される熱量を考慮してヒートポンプの大きさを設計する実学であるといえます．そこで，既刊のテキストシリーズ「伝熱工学」に引き続いて，例題と練習問題を充実させた本書「演習　伝熱工学」を発刊することになりました．

執筆に際し，各章の各節ごとに重要な項目をコンパクトにまとめ，その考え方を理解するための例題を各節ごとに取り入れました．また，各章末の練習問題では，基礎的な問題からやや複雑な問題まで，その章の理解度を試すための内容となっており，巻末には詳細な解答例を用意しました．したがって，実際の機器を設計する技術者や大学院生の参考書としても使用できる内容となっています．本書には，学部学生にとって若干高度な内容も含まれていますが，全てを理解する必要はありません．学部の講義に使う場合の使用法は，1･2 節に述べてあります．

今まで伝熱工学ではあまり触れられなかった，実用機器に即した例題や英語の練習問題，さらに日本の学生や技術者が得意でなかった，伝熱現象のモデル化と実用機器設計の応用例（8 章）など，新たな試みもテキスト「伝熱工学」と同様に本書でも取り入れました．なお，出版後に判明した誤植等を http://www.jsme.or.jp/txt-errata.htm に掲載し，読者へのサービス向上にも努めております．本書の内容でお気づきの点がありましたら textseries@jsme.or.jp にご一報ください．

執筆には，著者間で頻繁に議論して内容の調整を行いました．執筆原稿は，総合校閲者に内容のチェックをお願いしたほかに，多くの著名な熱工学の研究者に原稿を配布しコメントを頂いた結果を反映しております．執筆者の方々には，多忙なスケジュールを縫って膨大な労力と時間を執筆ならびに度々開催された著者会議に費やしていただきました．執筆者の研究室をはじめ，本書の作成や校正に携わってくださった方々に深く感謝の意を表します．

2007 年 7 月

JSME テキストシリーズ出版分科会

「演習　伝熱工学」テキスト

主査　花村克悟

伝熱工学　執筆者・出版分科会委員

執筆者	青木和夫	(長岡技術科学大学)	第 2 章，第 8 章
執筆者	石塚　勝	(富山県立大学)	第 7 章，第 8 章
執筆者	佐藤　勲	(東京工業大学)	第 7 章
執筆者	高田保之	(九州大学)	第 5 章，第 8 章
執筆者	高松　洋	(九州大学)	第 6 章
執筆者	中山　顕	(静岡大学)	第 3 章，第 8 章
執筆者・委員	花村克悟	(東京工業大学)	第 4 章，索引
執筆者・委員	円山重直	(東北大学)	第 1 章，第 2 章，第 8 章
執筆者	山田雅彦	(北海道大学)	第 5 章，第 8 章
総合校閲者	庄司正弘	(神奈川大学)	

目 次

第 1 章
概　論
Introduction

1・1　伝熱とは (what is heat transfer?)

伝熱工学(heat transfer, engineering heat transfer)とは，熱移動の学理を追求するものである．伝熱工学は，熱と関連した科学技術や産業の発展に不可欠なものとして，機械工学(mechanical engineering)の重要な部分を担っている．エネルギー機器の開発には特に重要である．

熱(heat)は，温度の高い系(system)から温度の低い系に伝熱(heat transfer)によって移動するエネルギー(energy)の形態である．熱力学(thermodynamics)では，熱が移動した最終の平衡状態における系の変化を考える[(1)]．一方，熱がどのように伝わるか，また，熱移動の速さはどのくらいかを明らかにするのが伝熱工学 (heat transfer)である．

1・2　本書の使用法 (how to use this book)

本書は，JSME テキストシリーズ「伝熱工学」[(2)]の演習書として編集され，全 8 章で構成されている．各節の簡単な説明と例題によって伝熱に対する実践的な理解を進め，さらに，必要に応じて章末問題を解いて理解を深める形態をとっている．現象をより詳しく理解するためには本シリーズ「伝熱工学」を勉強して欲しい．

まず本章で伝熱の概要を学んだ後で，必要な伝熱形態を各章で学ぶ形式を取っている．必ずしもすべての章の問題を解く必要はない．

練習問題で＊（アスタリクス）記号が付いているものは，学部学生にとって多少難しい問題となっているのでチャレンジしてほしい．第 8 章は，伝熱機器を設計する上で重要となる伝熱のモデル化と，実用機器設計の指針となる例題を示しているので，実際の機器設計の参考にして欲しい．

1・3　熱輸送とその様式 (thermal energy transport and its modes)

図 1.1 に示すように，伝熱の形態としては，大きく分けて伝導伝熱(conductive heat transfer)，対流熱伝達(convective heat transfer)，ふく射伝熱または輻射伝熱 (radiative heat transfer)に分類される．これらの熱輸送様式は，熱伝導(heat conduction)，対流(convection)，熱ふく射または熱輻射(thermal radiation)である．放射(emission)は，物質がふく射を放出する現象をいう．ふく射の用語として放射を用いる場合もあるが，ふく射と放射を区別するために，本書で

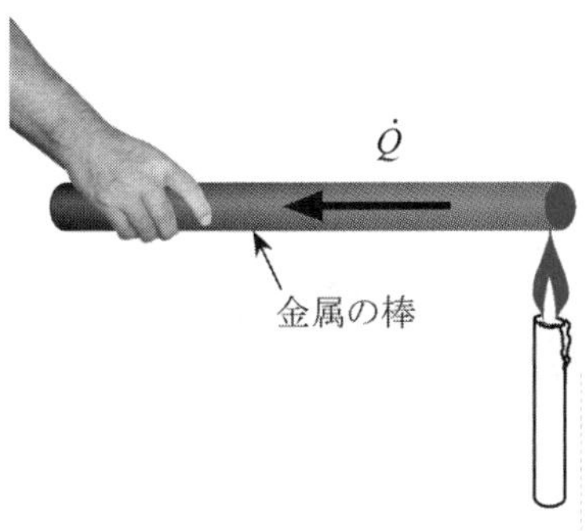

(a)　伝導伝熱による固体内の熱移動

(b)　空気の対流熱伝達による冷却

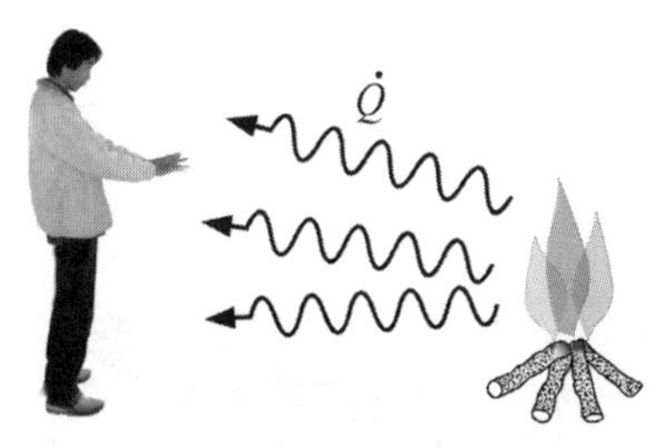

(c)　たき火からのふく射伝熱による加熱

図 1.1　伝熱の 3 形態

表 1.1　伝熱の形態

伝熱 (heat transfer)	
伝導伝熱 conductive heat transfer	物体内の温度こう配による熱移動
対流熱伝達 convective heat transfer	流体の移動による熱移動
ふく射伝熱 radiative heat transfer	電磁波による熱移動

は"radiation"の意味で「ふく射」を使用する．

【例 1.1】図 1.2(a)と(b)の場合に，どの様な熱輸送様式で肉が加熱されるか考察せよ．

【解 1.1】図 1.2(a)では，炎の高温ガスがフライパンの底面を対流で加熱する．高温になったフライパン底面とフライパン上面には温度勾配が生じ，熱伝導で熱が伝わる．さらに，フライパン上面と肉下面が接触しているので熱伝導によって肉が内部まで加熱される．

図 1.2(b)では，高温になった炭から光や電磁波の形で熱ふく射が放射され，肉表面で吸収されることによって肉が加熱される．さらに，炭の燃焼で高温になったガスが上昇し，肉に到達する対流によっても加熱される．

このように，一般的な伝熱は複数の伝熱様式で行われることが多い．

(a) フライパンで焼く場合

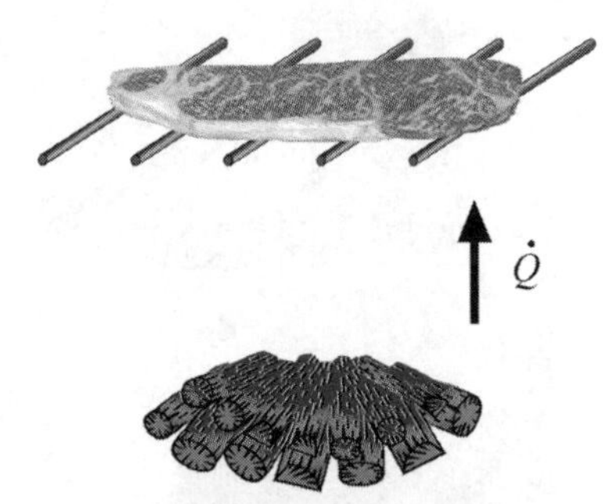

(b) 炭火で焼く場合

図 1.2 肉の加熱と熱輸送様式

1・4 伝導伝熱 (conductive heat transfer)

図 1.3 に示す面積 $A\,(\mathrm{m}^2)$ 厚さ $L\,(\mathrm{m})$ の平板を考える．板の両面の温度をそれぞれ T_1，T_2 (K) とする．熱伝導で通過する伝熱量は次式で表される．

$$\dot{Q} = Ak\frac{T_1 - T_2}{L} \tag{1.1}$$

ここで，k (W/(m·K)) は熱伝導率(thermal conductivity)で，物質よって定まる物性値(property)または熱物性値(thermophysical property)である．巻末見開きには，各種物質の熱伝導率を示している．

単位面積当たりの伝熱量を熱流束(heat flux)といい，$q = \dot{Q}/A$ (W/m^2) で定義する．板内部の温度こう配は，

$$\frac{\mathrm{d}T}{\mathrm{d}x} = \frac{T_2 - T_1}{L} \tag{1.2}$$

となるから，熱伝導による熱流束は，

$$q = -k\frac{\mathrm{d}T}{\mathrm{d}x} \tag{1.3}$$

と表される．

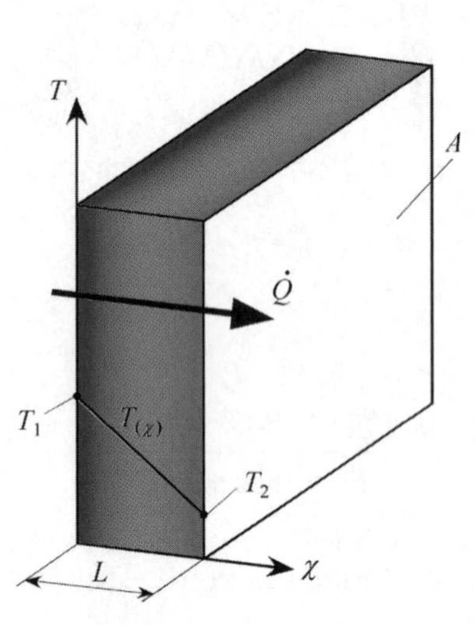

図 1.3 熱伝導による熱移動

【例 1.2】大きさ 1 m×0.5 m×0.5 m の冷凍庫を考える．この冷凍庫が厚さ $L = 5\,\mathrm{cm}$ の押出発泡ポリスチレン断熱材で覆われている．冷凍庫の外部壁面と内部壁面の温度をそれぞれ $T_1 = 20$℃，$T_2 = -18$℃ とするとき，年間 (t=365×24×3600 s) の電力使用量を計算せよ．ただし，この冷凍庫の成績係数(COP, Coefficient of Performance)を 2 とする．

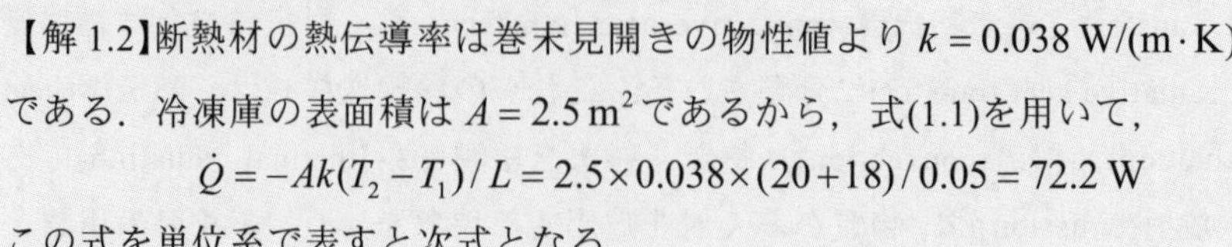

【解 1.2】断熱材の熱伝導率は巻末見開きの物性値より $k = 0.038\ \mathrm{W/(m\cdot K)}$ である．冷凍庫の表面積は $A = 2.5\,\mathrm{m}^2$ であるから，式(1.1)を用いて，

$$\dot{Q} = -Ak(T_2 - T_1)/L = 2.5\times 0.038\times(20+18)/0.05 = 72.2\ \mathrm{W}$$

この式を単位系で表すと次式となる．

$$\dot{Q} = \frac{-Ak(T_2 - T_1)}{L} = \frac{[\mathrm{m}^2][\mathrm{W}/(\mathrm{m}\cdot\mathrm{K})][\mathrm{K}]}{[\mathrm{m}]} = [\mathrm{W}]$$

上式は，計算式の確認にしばしば用いられる．

冷蔵庫の成績係数が COP = 2 だから必要動力は伝熱量の半分である．したがって，年間電力使用量は，

$Q = \dot{Q}t/\mathrm{COP} = 72.2 \times 3600 \times 24 \times 365/2 = 1.138\ \mathrm{GJ} = 316\ \mathrm{kWh}$

ただし，1 kWh は，1 kW の電力を 1 時間使用するエネルギー量，つまり，3600 kJ である．

1・5　対流熱伝達 (convective heat transfer)

図 1.4 に示すように，温度 T_1，表面積 A の物体周りに温度 T_2 の流体が流れている場合を考える．物体表面と流体との間には対流熱伝達が生じる．

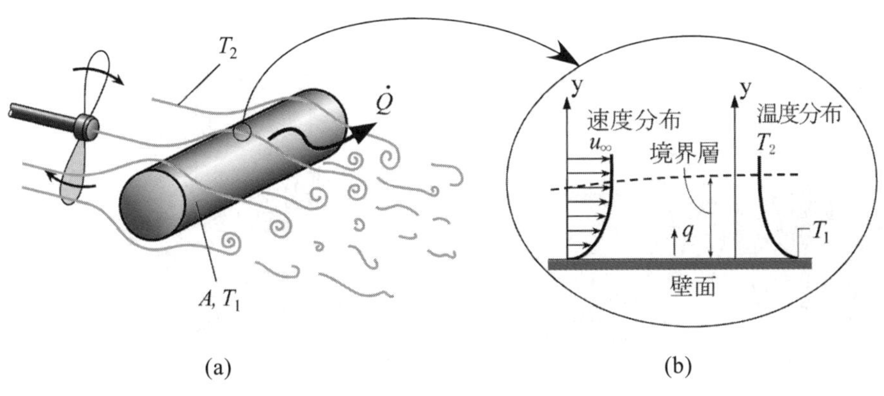

図 1.4　対流による熱伝達と境界層

物体近傍に温度や流速が変化する境界層(boundary layer)が存在する．このとき，伝熱量と温度差の関係は次式で表される．

$$\dot{Q} = Ah(T_1 - T_2) \tag{1.4}$$

上式で，h (W/(m^2・K)) を熱伝達率(heat transfer coefficient)という．熱伝達率は，熱伝導率のような物質固有の値ではなく，流体の流れの状態によって変化する．流れの状態は物体の位置で異なるので，熱伝達率も局所的に異なった値となる．微小面の面積を dA (m^2) とし，その伝熱量を d$\dot{Q}$ (W) とすると，局所熱流束(local heat flux) $q = \mathrm{d}\dot{Q}/\mathrm{d}A$ と温度差との関係は次式で表される．

$$q = h(T_1 - T_2) \tag{1.5}$$

ここで，h (W/(m^2・K)) は局所熱伝達率をあらわすが，これを平均したものを平均熱伝達率 $\bar{h} = \dot{Q}/[A(T_1 - T_2)]$ という．

対流熱伝達には，図 1.5 に示すように，自然対流(natural convection)または自由対流（free convection）や強制対流(forced convection)のように流体の相変化を伴わない伝熱様式と，沸騰(boiling)と凝縮(condensation)で代表されるように，相の変化を伴った伝熱様式がある．

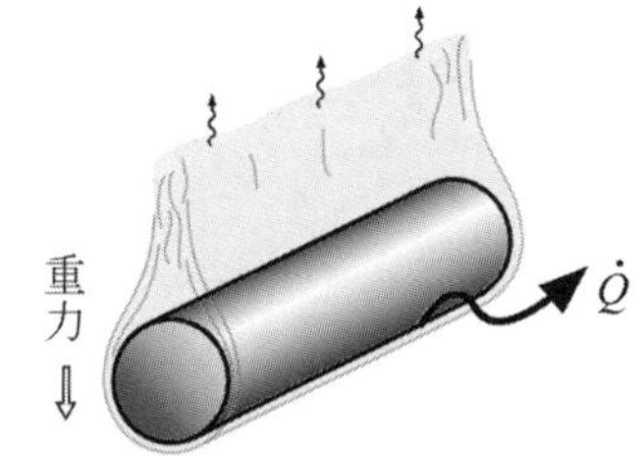

自然対流 (natural convection)

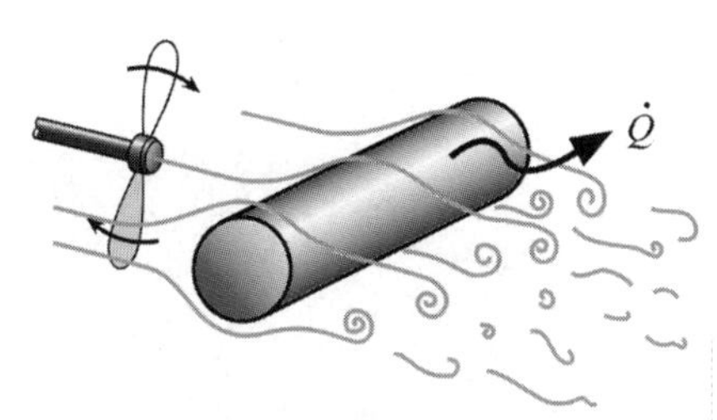

強制対流 (forced convection)

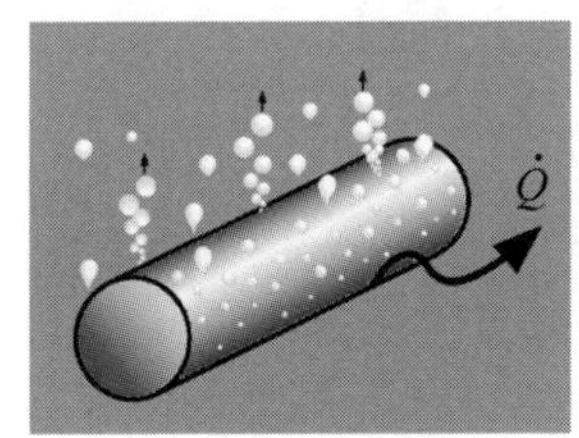

沸騰 (boiling)

凝縮 (condensation)

図 1.5　代表的な対流熱伝達の例

図 1.6 白熱電球の周りの自然対流伝熱と温度境界層

【例 1.3】図 1.6 に示すように，消費電力100 W の白熱電球を考える．周囲温度が $T_1 = 295$ K で，点灯時の電球表面温度は $T_2 = 400$ K であった．自然対流による平均熱伝達率が $\overline{h} = 7.1\mathrm{W/(m^2 \cdot K)}$ のとき，対流による熱損失を推定せよ．

【解 1.3】電球を直径 6 cm の球と考えると，表面積は $A = 1.131\times10^{-2}$ m^2 である．式(1.4)から対流による熱損失は,

$\dot{Q} = A\overline{h}(T_1 - T_2) = 0.01131\times7.1\times(400-295) = 8.43$ W

となる．

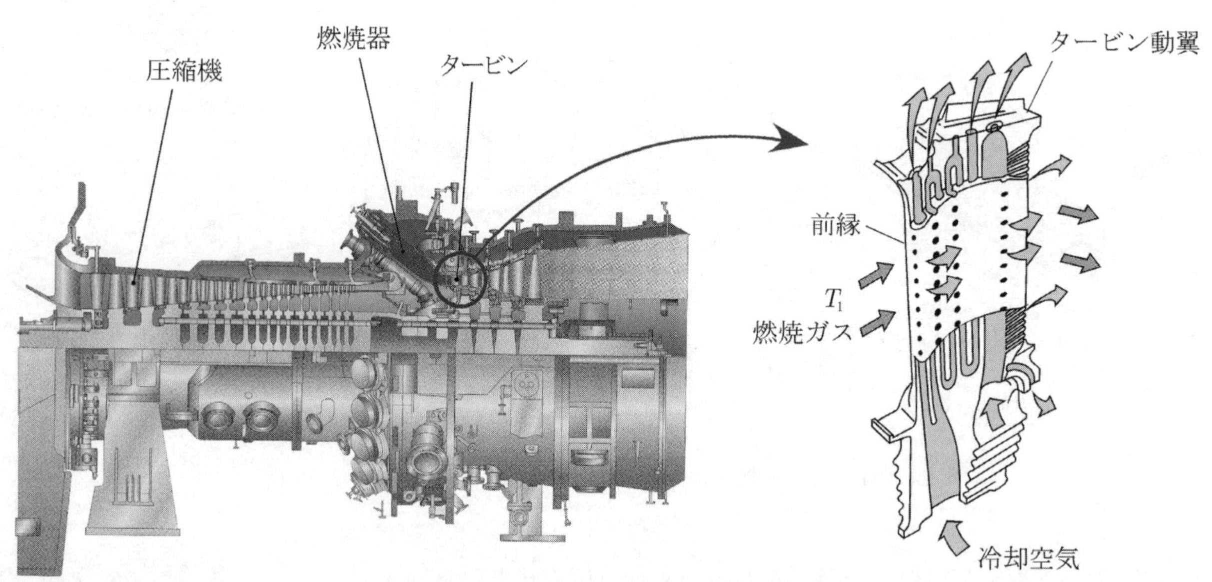

図 1.7 ガスタービン（資料提供 東北電力㈱）とタービン動翼の冷却

【例 1.4】図 1.7 に示すガスタービンでは，タービン動翼が最高1800 K の燃焼ガスに曝される．ガスタービンでは翼内部に空気を流して冷却している．動翼前縁（翼先端）の局所熱伝達率が 2000 W/(m^2·K) のとき，翼表面温度を1200 K 以下にするための冷却熱流束を計算せよ．

【解 1.4】 $T_1 = 1800$ K, $T_2 = 1200$ K として式(1.5)より，翼前縁は $q = 1.2\times10^6$ W/m^2 で冷やす必要がある．これは水の沸騰熱伝達における熱流束に相当する．実際にはこのような高熱流束の冷却は難しいので，対流熱伝達率を下げるために，翼前縁から冷却空気を噴き出させる膜冷却が用いられる．

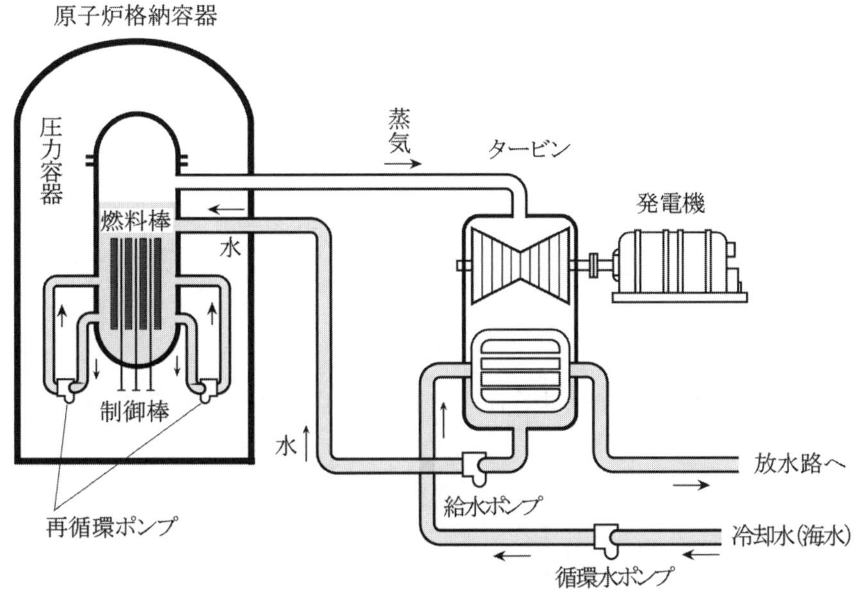

図 1.8　沸騰水型原子力発電所（BWR）の概略

【例 1.5】図 1.8 に示す電気出力 110 万 kW の沸騰水型軽水炉に長さ 4.5 m，直径 12.3 mm の燃料棒が挿入されている．この原子炉は圧力 6.7 MPa，温度 555 K においてウランのエネルギーを沸騰伝熱で高温蒸気に変換している．原子炉を安全に運転するには燃料棒の表面熱流束を $q_{max} = 1.04\,\mathrm{MW/m^2}$ 以下にする必要がある．原子炉の発熱量が $\dot{Q} = 3.3\,\mathrm{GW}$ のとき，燃料棒の最低必要本数を計算せよ．

【解 1.5】燃料棒 1 本の表面積は $A = \pi \times 0.0123 \times 4.5 = 0.1739\,\mathrm{m^2}$ だから，必要本数は，

$N = \dot{Q}/(Aq_{max}) = 3.3\times10^9 /(0.1739\times1.04\times10^6) = 1.82\times10^4$ 本

となる．

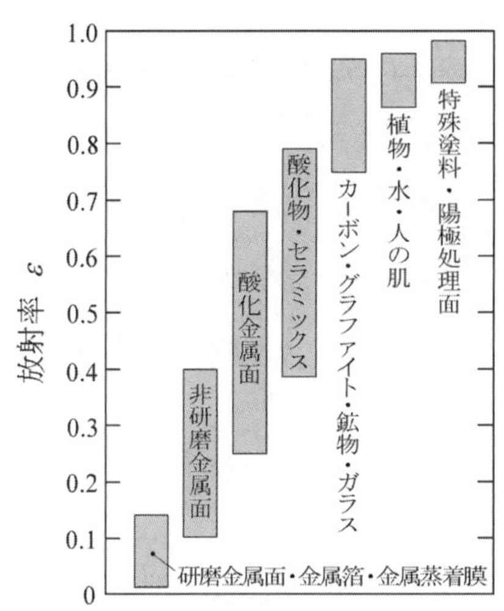

図 1.9　代表的物質の常温における放射率の概略値

1・6　ふく射伝熱 (radiative heat transfer)

温度 T (K) の物体は，熱ふく射(thermal radiation)を放射する．その値は最大で次式となる．

$$E_b = \sigma T^4 \tag{1.6}$$

ここで，$\sigma = 5.67\times10^{-8}\ \mathrm{W/(m^2\cdot K^4)}$ は，ステファン・ボルツマン定数(Stefan-Boltzmann constant)である．E_b (W/m^2) を黒体放射能(blackbody emissive power)という．また，物体の温度は絶対温度 (K) であることに注意する．実在の物体では，放射熱量は黒体(black body)より少ない．その時の実在面の放射能 E は，物体の放射率(emissivity) ε を用いて次式で表される．

$$E = \varepsilon E_b \tag{1.7}$$

図 1.9 は，代表的な物体表面の常温における放射率の概略値を示したものである．

面積と温度が A_1, T_1 の物体 1 と，A_2, T_2 の物体 2 を考える．それぞれの放

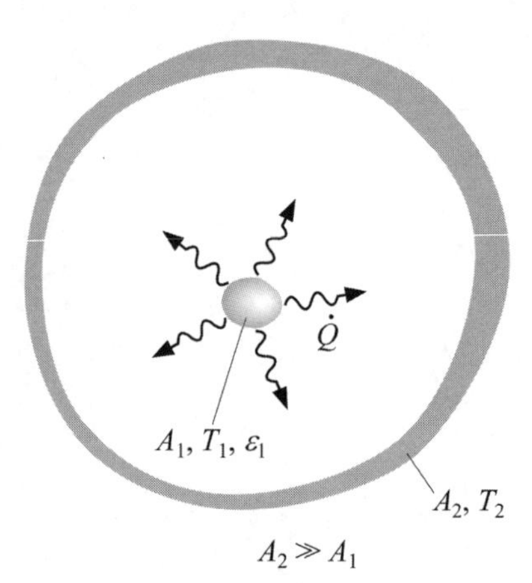

図 1.10　大きな空間中にある物体からのふく射伝熱

射率を ε_1, ε_2 とすると，物体の形状によって物体 1 から 2 への伝熱量 $\dot{Q}$ は以下のようになる．

(1)　図 1.10 に示すように，$A_1 \ll A_2$ の場合，

$$\dot{Q} = A_1\varepsilon_1\sigma(T_1^4 - T_2^4) \tag{1.8}$$

(2)　面 1 と 2 が隙間に比べて十分広い平行な平面の場合，

$$\dot{Q} = \frac{A_1\sigma(T_1^4 - T_2^4)}{\dfrac{1}{\varepsilon_1} + \dfrac{1}{\varepsilon_2} - 1} \tag{1.9}$$

(3)　二重円柱や二重球殻のように，凹部のない面 1 が面 2 に完全に覆われている場合，

$$\dot{Q} = \frac{A_1\sigma(T_1^4 - T_2^4)}{\dfrac{1}{\varepsilon_1} + (\dfrac{1}{\varepsilon_2} - 1)\dfrac{A_1}{A_2}} \tag{1.10}$$

【例 1.6】上記(1)の場合，物体 1 と 2 の温度差が小さく，その平均温度を T_m とすると，物体 1 の有効ふく射熱伝達率(effective radiation heat transfer coefficient)は，

$$h_r = 4\varepsilon_1\sigma T_m^3 \ (\mathrm{W/(m^2 \cdot K)}) \tag{1.11}$$

となることを示せ．

【解 1.6】$|T_1 - T_2| \ll T_1$ で，$T_m = (T_1 + T_2)/2$ とすると，h_r は次式で近似できる．

$$\begin{aligned} q &= \varepsilon_1\sigma(T_1^4 - T_2^4) = \varepsilon_1\sigma(T_1^3 + T_1^2T_2 + T_1T_2^2 + T_2^3)(T_1 - T_2) \\ &\approx 4\varepsilon_1\sigma T_m^3(T_1 - T_2) = h_r(T_1 - T_2) \end{aligned}$$

上記(2)，(3)の場合も同様に有効ふく射熱伝達率が定義できる．

T_1 = 310 K, T_2 = 300 K のとき，厳密解と有効ふく射熱伝達率を用いたときの伝熱量の差異は 0.1% 以下である．

表 1.2　各伝熱形態の熱流束のまとめ

伝導伝熱：	$q = -k\dfrac{\mathrm{d}T}{\mathrm{d}x}$
対流熱伝達：	$q = h(T_1 - T_2)$
ふく射伝熱：	$q = \varepsilon_1\sigma(T_1^4 - T_2^4)$

【例 1.7】図 1.11 に示すように，容量 1ℓ，容器表面積 $A = 0.06\,\mathrm{m^2}$ のステンレス魔法瓶に $T_1 = 370\,\mathrm{K}$, $m = 1\,\mathrm{kg}$ のお湯が入っている．お湯の温度が $T_2 = 360\,\mathrm{K}$ となる時間を推定せよ．ただし，魔法瓶外壁の温度は $T_0 = 300\,\mathrm{K}$ とし，ステンレス内面の放射率を $\varepsilon = 0.1$ とする．栓からの放熱は無視する．

【解 1.7】$T_m = ((T_1 + T_2)/2 + T_0)/2 = 332.5\,\mathrm{K}$ とすると，例 1.6 と式(1.9)より，

$h_r = 4\sigma T_m^3/(1/\varepsilon + 1/\varepsilon - 1) = 0.4388\ \mathrm{W/(m^2 \cdot K)}$

となる．放熱量は $\dot{Q} = h_r A(T - T_0)$ で表わされる．容器の熱容量を無視すると，お湯の温度変化は，エネルギー収支より次式となる．

$$mc_p\frac{dT}{dt} = -h_r A(T - T_0) \tag{1.12}$$

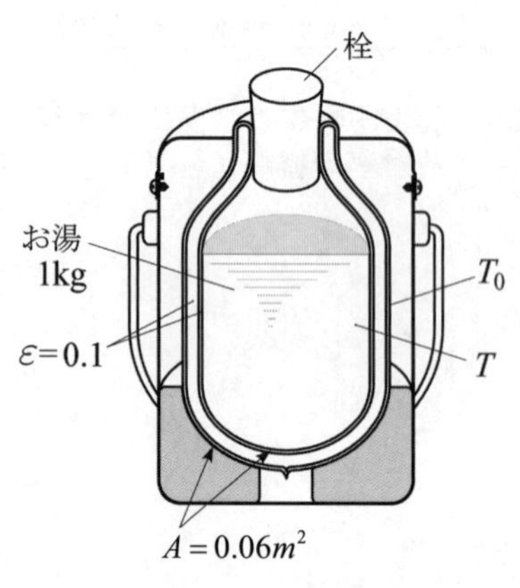

図 1.11　真空隔壁で断熱された魔法瓶の放熱

ここでは，巻末見開きの物性値で温度 360 K における水の定圧比熱 c_p を用いる．式(1.12)の微分方程式を解くと，温度が T_2 となる時間 t は，

$$t=\frac{mc_p}{h_r A}\ln(\frac{T_1-T_0}{T_2-T_0})=\frac{1\times4202}{0.4388\times0.06}\ln(\frac{70}{60})=2.46\times10^4\,\mathrm{s}\approx7h$$

お湯が約 7 時間で 360 K まで低下する．

1・7　熱力学と伝熱との関係 (relation between thermodynamics and heat transfer)

伝熱と熱力学には密接な関係がある．系との境界を通して物質が移動しない閉じた系(closed system)について熱力学第 1 法則(the first law of thermodynamics)を適用する．伝熱で扱う多くの場合，外部に対してする仕事や系の運動エネルギーが無視できる場合が多い．

単位時間当たりに境界から流入する熱と流出する熱量を Q_{in}, Q_{out}，系内の生成熱量を Q_v とする．閉じた系のエネルギー保存の法則は，次式で表すことができる．図 1.12 に示すように，系の単位時間当たりの内部エネルギーの変化量 dE / dt (W) は，

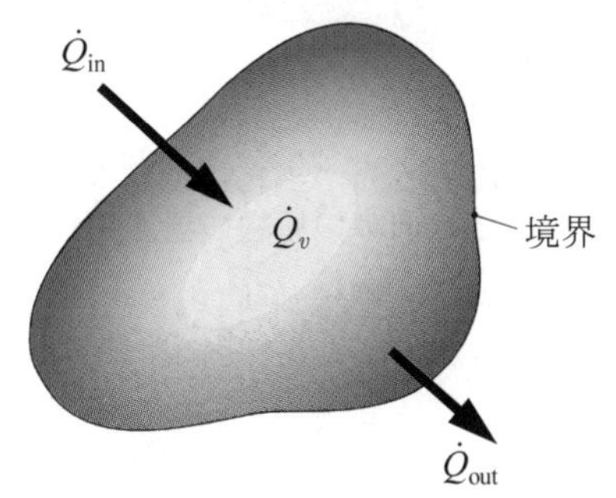

図 1.12　閉じた系における エネルギー保存則

$$\frac{\mathrm{d}E}{\mathrm{d}t}=\dot{Q}_{in}-\dot{Q}_{out}+\dot{Q}_v \tag{1.13}$$

となる．系が体積 V の均質物質で構成されるとき，式(1.13)は，

$$c\rho V\frac{\mathrm{d}T}{\mathrm{d}t}=\dot{Q}_{in}-\dot{Q}_{out}+V\dot{q}_v \tag{1.14}$$

となる．ここで，c, ρ, V は，それぞれ系の比熱 (J/(kg・K))，密度 (kg/m^3)，体積 (m^3) であり，$\dot{q}_v$ (W/m^3) は単位体積・単位時間当たりの発熱量である．系の体積が変わらないと仮定しているので，定圧比熱と定積比熱は等しく c で表している．

種々の伝熱問題を解くときに境界(boundary)における熱収支を考える必要がある．この場合は，図 1.13 に示すように，厚さと内部の質量が存在しない仮想の検査体積(control volume)，つまり検査面(control surface)を考える．これは，質量がない閉じた系と考えることができる．熱力学第 1 法則より，境界における検査面の熱収支は，式(1.13)から，

$$\dot{Q}_{in}-\dot{Q}_{out}=0 \tag{1.15}$$

と表される．検査面には体積がないので，式(1.15)の関係は，非定常状態における過渡伝熱現象の場合も物体内部に発熱を伴う場合にも適用できることに注意する．

図 1.13 の検査面の熱流束について，式(1.15)を適用する．固体の熱伝導による熱流束 q_{cond} と対流によって流体に移動する熱流束 q_{conv}，ふく射によって周囲と熱交換する熱流束 q_{rad} を考えると，式(1.15)は，次式で表される．

$$q_{cond}-q_{conv}-q_{rad}=0 \tag{1.16}$$

それぞれの熱流束は，与えられた条件によって計算することができる．

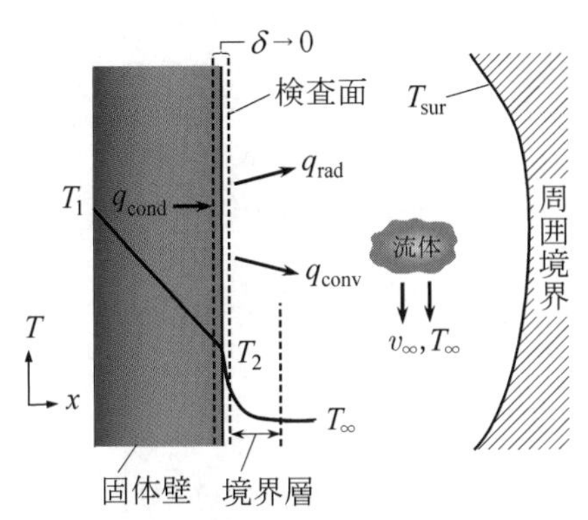

図 1.13　境界面におけるエネルギー収支

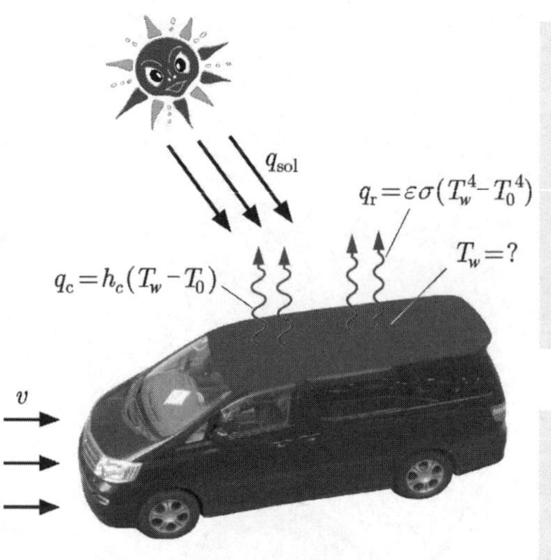

図 1.14 直射日光が当たっているときの車の屋根の温度

【例 1.8】図 1.14 に示すように，外気の温度が $T_0 = 300\,\mathrm{K}$ のとき，$q_{sol} = 700\,\mathrm{W/m^2}$ の日射を吸収する自動車の屋根の温度を推定する．自動車が静止している時の自然対流熱伝達率を $h_c = 1.3\,\mathrm{W/(m^2 \cdot K)}$，自動車が $v = 15\,\mathrm{m/s}$ で走行している時の強制対流熱伝達率を $h_c = 34\,\mathrm{W/(m^2 \cdot K)}$ とするとき，屋根の表面温度 T_w を計算せよ．ただし，屋根の裏面は断熱されているものとし，屋根の放射率を $\varepsilon = 0.9$ とする．

【解 1.8】屋根の裏面が断熱条件なので，式(1.15)の $q_{cond} = 0$ であるから，

$$q_{sol} - h_c(T_w - T_0) - \varepsilon\sigma(T_w^4 - T_0^4) = 0$$

つまり，

$$T_w - T_0 = q_{sol} / [h_c + \varepsilon\sigma(T_0^3 + T_0^2 T_w + T_0 T_w^2 + T_w^3)] \tag{1.17}$$

を満足する T_w を反復法で求めることになる．まず，T_w を仮定して式(1.17)右辺に代入し，T_w を新たに計算する．その値を右辺に代入することを繰り返して収束解を得る．自然対流熱伝達と強制対流熱伝達の場合では，表面温度の収束解は，それぞれ 375 K と 317 K になる．

1・8 単位・物性値・有効数字 (unit, properties and significant digit)

国際単位系(SI, The International System of Units)は，表紙見開きに示す基本単位と，補助単位や組立単位からなる．この基本単位と組立単位を用いて，速度や体積などの物理量(physical quantity)を表す．伝熱に関連する代表的な物理量や物性値(property)または熱物性値(thermophysical property)をあげ，その単位(unit)を表 1.3 に示す．

表 1.3 伝熱の物理量と単位

物理量	単位
体積	$\mathrm{m^3}$
密度 ρ	$\mathrm{kg/m^3}$
速度・流速 v	m/s
熱容量 C	J/K
比熱 c	J/(kg・K)
伝熱量 $\dot{Q}$	W
熱流束 q	$\mathrm{W/m^2}$
熱伝導率 k	W/(m・K)
熱伝達率 h	$\mathrm{W/(m^2 \cdot K)}$
熱拡散率 α	$\mathrm{m^2/s}$
粘度 η	Pa・s
動粘度 ν	$\mathrm{m^2/s}$
表面張力 σ	N/m
質量濃度 ρ_i	$\mathrm{kg/m^3}$
物質伝達率 h_m	$\mathrm{kg/(m^2 \cdot s)}$
物質拡散係数	$\mathrm{m^2/s}$

SI は長さ，質量，時間を基本とした絶対単位系の 1 つである．伝熱工学を学ぶ学生は，SI を使用することが求められている．本書では原則的に SI を使った記述を行う．その他の単位も各国で使用されてきたが，国際度量衡総会では，これら従来単位の多くを推奨していない．しかし，SI 以外の単位系が，いまだに産業界や実生活で使用されていることも事実である．表紙見開きの表に，それらの単位と SI への換算係数を示す．

伝熱計算には，物性値(property)を物性値表などから計算し，使用する場合が多い．このとき，求める物性値は温度などによって定められるが，必ずしも必要な温度が表に記載されているとは限らない．そこで，物性値表の値から線形補間によって必要な物性値を推定することがある．

いま，物性値 f が，温度や圧力などの状態量 x の関数 $f(x)$ で表される場合を考える．x が物性値表の値 x_1 と x_2 の間にある場合，求める物性値 $f(x)$ は次式で線形補間される．

$$f(x) = \frac{(x - x_1) f(x_2) + (x_2 - x) f(x_1)}{x_2 - x_1} \tag{1.18}$$

物性値 f が，状態量 x と y の関数 $f(x, y)$ であり，それを取り囲む状態量 x_1，x_2 と y_1，y_2 の物性値が表で与えられている場合，求める物性値は次式で線形

補間される．

$$f(x,y)=\frac{\begin{Bmatrix}(y-y_1)(x-x_1)f(x_2,y_2)+(y-y_1)(x_2-x)f(x_1,y_2)\\+(y_2-y)(x-x_1)f(x_2,y_1)+(y_2-y)(x_2-x)f(x_1,y_1)\end{Bmatrix}}{\{(x_2-x_1)(y_2-y_1)\}} \quad (1.19)$$

熱伝達の推定式には，壁面温度や周囲の流体温度の物性値を使用する．流体の物性値は温度の関数で与えられるが，壁面の加熱条件が熱流束一定で与えられる場合，壁面温度は熱伝達率によって変化するため，反復計算によって流体物性値を推定して熱伝達率を計算することが多い．

【例 1.9】直径 $d=1\,\mathrm{mm}$ のニクロム線を温度 $T_0=300\,\mathrm{K}$ の水中に水平に設置して水を加熱する．10 A の電流を流したとき，ニクロム線の表面温度 T_w を推定せよ．ただし，ニクロム線 1 m 当たりの抵抗は $R=1.38\,\Omega/\mathrm{m}$ とし，水の物性値は表 1.4 の値を線形補間して使用する．

【解 1.9】伝熱量はニクロム線 1 m 当たり $\dot{Q}=i^2R=138\,\mathrm{W/m}$ である．
熱流束は $q=\dot{Q}/(\pi d)=4.393\times10^4\,\mathrm{W/m^2}$，となる．水平円柱の自然対流による熱伝達率は，ヌセルト数 $Nu=hd/\lambda$ とレイリー数 $Ra=g\beta(T_w-T_0)d^3/(\alpha\nu)$ の関数として，次式で与えられる．[(3)]

$$Nu=0.850Ra^{0.188},\ 10^2<Ra<10^4 \quad (1.20)$$

液体の場合，上式の無次元数の物性値は膜温度(film temperature) $T_f=(T_w+T_0)/2$ で評価する．ヌセルト数が与えられると，ニクロム線表面温度は次式で求められる．

$$T_w=T_0+q/h$$

初期推定値の壁温を $T_w^0=310\,\mathrm{K}$ と置いて上式で壁面温度を計算すると，$T_w^1=329.9\,\mathrm{K}$ となる．物性値を置き換えながら表計算ソフトウエアで反復計算すると，表 1.5 の結果となり，壁温の収束値は $T_w=324\,\mathrm{K}$ となる．

表 1.4　水の物性値

物性値	300 K	360 K
熱伝導率 k (W/(m・K))	6.104×10^{-1}	6.710×10^{-1}
動粘度 ν (m²/s)	8.573×10^{-7}	3.378×10^{-7}
熱拡散率 α (m²/s)	1.466×10^{-7}	1.651×10^{-7}
体膨張係数 β (1/K)	2.630×10^{-4}	6.990×10^{-4}

表 1.5　ニクロム線表面温度の反復計算例

反復回数	T_w(K)	Ra	Nu	h (W/(m²・K))
初期値	310	2.433×10^2	2.388	1.470×10^3
1	329.9	9.881	3.108	1.944
2	322.6	6.700	2.889	1.796
3	324.4	7.456	2.948	1.836
4	323.9	7.240	2.931	1.825
5	324.1	7.299	2.936	1.828
収束値	324.0	7.286	2.935	1.827

実際の伝熱計算において，有効数字(significant digit)を意識しながら計算をすることが大切である．電卓やコンピュータの計算では大きな桁数の数値を求めることができるが，実際の現象では，その計算結果の桁数が有意なものとは限らない．また，計算途中で有効数桁数の小さいパラメータが入る場合，結果はその有効桁数に依存する．実用的な温度計測では，温度の絶対値の測定精度は 0.1 K 程度である．伝熱の実験式の多くは有効桁数が 3 桁以下であるので，それ以上の数値を計算しても意味がない場合が多い．また，沸騰熱

伝達のように，加熱面温度と飽和温度の差を用いる場合は，有効桁数はさらに減少することがある．

本書では，多くの場合，有効桁数を4桁に取って，最終の答を3桁で表している．また，計算途中で値を表記した場合は，その数値を使用して以後の計算を行っている．

第1章の文献

(1) 日本機械学会編，JSME テキストシリーズ 熱力学 (2002) 日本機械学会．

(2) 日本機械学会編，JSME テキストシリーズ 伝熱工学 (2005) 日本機械学会．

(3) Incropera, F.P. and DeWitt. D.P., *Introducution to Heat Transfer*, 4th Ed., (2002), John Wiley &Sons.

第 2 章

伝導伝熱

Conductive heat transfer

2・1　熱伝導の基礎 (basic of heat conduction)

2・1・1　熱伝導方程式 (heat conduction equation)

物体の中に温度こう配が存在すると，熱は熱伝導(heat conduction)により高温部から低温部へ移動する．単位面積，単位時間当たりの伝熱量である熱流束(heat flux) q (W/m^2) は，フーリエの法則(Fourier's law)により次のように表される．

$$q=-k\frac{\partial T}{\partial x} \tag{2.1}$$

ここで，k (W/(m・K)) は熱伝導率(thermal conductivity)である．

図 2.1 に示すように直交（デカルト）座標において，物体内の任意の位置における微小検査体積 dxdydz 内の熱量保存則は次式で表される．

$$\rho c\frac{\Delta T}{\Delta t}\mathrm{d}x\mathrm{d}y\mathrm{d}z=(q_x-q_{x+\mathrm{d}x})\mathrm{d}y\mathrm{d}z+(q_y-q_{y+\mathrm{d}y})\mathrm{d}x\mathrm{d}z +(q_z-q_{z+\mathrm{d}z})\mathrm{d}x\mathrm{d}y+\dot{q}_v\mathrm{d}x\mathrm{d}y\mathrm{d}z \tag{2.2}$$

ここで，ρ (kg/m^3) は物質の密度，c (J/(kg・K)) は比熱である．また，$\dot{q}_v$ (W/m^3) は検査体積内での単位時間，単位体積あたりの内部発熱量を表す．式(2.2)に式(2.1)を代入すると，次の熱伝導方程式(heat conduction equation)が得られる．

$$\rho c\frac{\partial T}{\partial t}=\frac{\partial}{\partial x}\left(k\frac{\partial T}{\partial x}\right)+\frac{\partial}{\partial y}\left(k\frac{\partial T}{\partial y}\right)+\frac{\partial}{\partial z}\left(k\frac{\partial T}{\partial z}\right)+\dot{q}_v \tag{2.3}$$

k が一定とみなせる場合，この熱伝導方程式は，

$$\frac{\partial T}{\partial t}=\alpha\left(\frac{\partial^2 T}{\partial x^2}+\frac{\partial^2 T}{\partial y^2}+\frac{\partial^2 T}{\partial z^2}\right)+\frac{\dot{q}_v}{\rho c} \tag{2.4}$$

となる．ここで，$\alpha=k/(\rho c)$ (m^2/s) は熱拡散率(thermal diffusivity)または温度伝導率と呼ばれる物性値である．円柱座標 (r,θ,z) および球座標 (r,θ,ϕ) における熱伝導方程式を表 2.1 に示す．

【例 2.1】　検査体積内の熱収支から球内の 1 次元非定常熱伝導方程式を導け．

【解 2.1】図 2.2 に示す微小要素を考える．r 方向の熱流束 q_r は

$$q_r=-k\frac{\partial T}{\partial r}$$

である．半径 r の位置における r 方向の熱量 $\dot{Q}$ は，

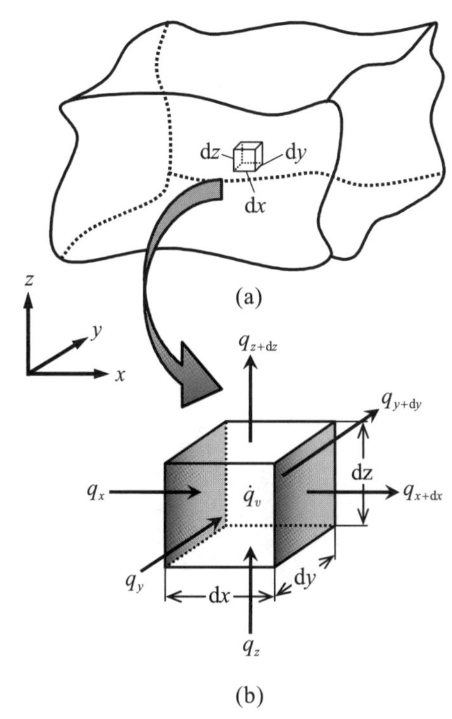

図 2.1　直交座標系の微小検査体積と熱伝導

表 2.1　主要な座標系に対する熱伝導方程式

直交	$\rho c\frac{\partial T}{\partial t}=\frac{\partial}{\partial x}\left(k\frac{\partial T}{\partial x}\right)+\frac{\partial}{\partial y}\left(k\frac{\partial T}{\partial y}\right)+\frac{\partial}{\partial z}\left(k\frac{\partial T}{\partial z}\right)+\dot{q}_v$
円筒	$\rho c\frac{\partial T}{\partial t}=\frac{1}{r}\frac{\partial}{\partial r}\left(kr\frac{\partial T}{\partial r}\right)+\frac{1}{r^2}\frac{\partial}{\partial \theta}\left(k\frac{\partial T}{\partial \theta}\right)+\frac{\partial}{\partial z}\left(k\frac{\partial T}{\partial z}\right)+\dot{q}_v$
球	$\rho c\frac{\partial T}{\partial t}=\frac{1}{r^2}\frac{\partial}{\partial r}\left(kr^2\frac{\partial T}{\partial r}\right)+\frac{1}{r^2\sin^2\phi}\frac{\partial}{\partial \theta}\left(k\frac{\partial T}{\partial \theta}\right)+\frac{1}{r^2\sin\phi}\frac{\partial}{\partial \phi}\left(k\sin\phi\frac{\partial T}{\partial \phi}\right)+\dot{q}_v$

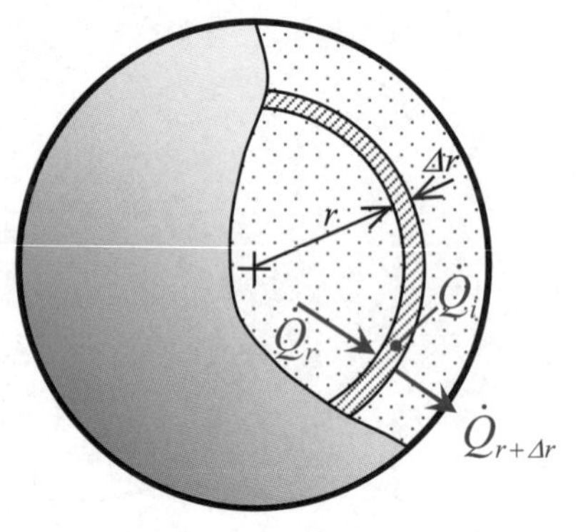

図 2.2　球の熱伝導

$$\dot{Q}_r = -4\pi r^2 k \frac{\mathrm{d}T}{\mathrm{d}r}$$

また，半径 $r+\Delta r$ の位置における熱量 $\dot{Q}_{r+\Delta r}$ は次式となる．

$$\dot{Q}_{r+\Delta r} = \dot{Q}_r + \frac{\mathrm{d}\dot{Q}_r}{\mathrm{d}r}\Delta r = \dot{Q}_r + \frac{\mathrm{d}}{\mathrm{d}r}\left[-4\pi r^2 k \frac{\mathrm{d}T}{\mathrm{d}r}\right]\Delta r$$

さらに，検査体積内の内部エネルギーの変化は，

$$\dot{Q}_i = \rho c \frac{\partial T}{\partial t} 4\pi r^2 \Delta r$$

となる．検査体積内の熱収支式は次式で与えられ，

$$\dot{Q}_i = \dot{Q}_r - \dot{Q}_{r+\Delta r}$$

整理をすると次式を得る．

$$\rho c \frac{\partial T}{\partial t} = \frac{1}{r^2}\frac{\partial}{\partial r}\left(r^2 k \frac{\partial T}{\partial r}\right)$$

2·1·2　境界条件 (boundary condition)

熱伝導における代表的な境界条件を表 2.2 に示す．境界面に垂直方向に x 軸をとり，境界面（または物体表面）を $x=0$ とする．表には，表面の温度が規定される第 1 種境界条件，表面の熱流束が規定される第 2 種境界条件，表面で対流熱伝達条件が与えられる第 3 種境界条件および接触面の温度と熱流束が規定される場合について示す．

表 2.2　各種境界条件

第 1 種境界条件	第 2 種境界条件		第 3 種境界条件
表面温度が規定される場合	熱流束が規定される場合	断熱条件	熱伝達率が規定される場合
$T_s(t)$, $T(t,x)$, x	$q(t)$, $T(t,x)$, $\left.\frac{\partial T}{\partial x}\right\|_{x=0}$, x	$\left.\frac{\partial T}{\partial x}\right\|_{x=0}$, 断熱壁, $T(t,x)$, x	$T_s(t)$, T_∞, h, $T(t,x)$, $\left.\frac{\partial T}{\partial x}\right\|_{x=0}$, $\left.-k\frac{\partial T}{\partial x}\right\|_{x=0} = h(T_\infty - T_s)$, x
$T_{x=0} = T_s(t)$	$-k\left(\frac{\partial T}{\partial x}\right)_{x=0} = q(t)$	$\left(\frac{\partial T}{\partial x}\right)_{x=0} = 0$	$-k\left(\frac{\partial T}{\partial x}\right)_{x=0} = h\{T_\infty - T_s(t)\}$

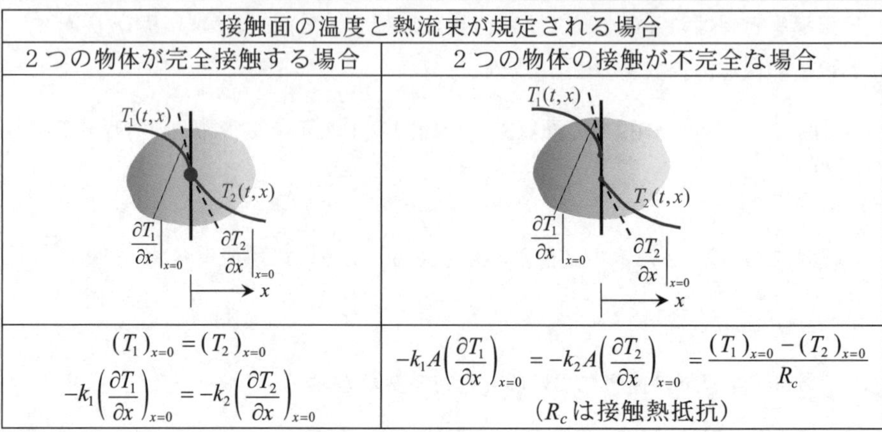

接触面の温度と熱流束が規定される場合	
2 つの物体が完全接触する場合	2 つの物体の接触が不完全な場合
$T_1(t,x)$, $T_2(t,x)$, $\left.\frac{\partial T_1}{\partial x}\right\|_{x=0}$, $\left.\frac{\partial T_2}{\partial x}\right\|_{x=0}$, x	$T_1(t,x)$, $T_2(t,x)$, $\left.\frac{\partial T_1}{\partial x}\right\|_{x=0}$, $\left.\frac{\partial T_2}{\partial x}\right\|_{x=0}$, x
$(T_1)_{x=0} = (T_2)_{x=0}$ $-k_1\left(\frac{\partial T_1}{\partial x}\right)_{x=0} = -k_2\left(\frac{\partial T_2}{\partial x}\right)_{x=0}$	$-k_1 A\left(\frac{\partial T_1}{\partial x}\right)_{x=0} = -k_2 A\left(\frac{\partial T_2}{\partial x}\right)_{x=0} = \frac{(T_1)_{x=0} - (T_2)_{x=0}}{R_c}$ （R_c は接触熱抵抗）

2・2　定常熱伝導 (steady-state conduction)

2・2・1　一次元定常熱伝導 (one dimensional steady-state conduction)

物体内に内部発熱がなく，温度分布が時間的に変化しない定常状態で，温度が x 方向あるいは半径 r にだけ変化する 1 次元問題を考える. 表 2.3 は平板，円筒および球座標系の基礎方程式，温度分布の一般解，境界温度一定での温度分布の解および伝熱量を整理して示したものである.

表 2.3　各種 1 次元熱伝導に対する基礎式，一般解，境界条件および伝熱量

温度場	基礎方程式	一般解	境界条件 $r=r_1 : T=T_1$ $r=r_2 : T=T_2$	伝熱量
平板	$\dfrac{d^2T}{dx^2}=0$	$T=Ax+B$	$\dfrac{T-T_1}{T_2-T_1}=\dfrac{x-x_1}{x_2-x_1}$	$\dot{Q}=k\dfrac{T_1-T_2}{L}A$
円筒	$\dfrac{1}{r}\dfrac{d}{dr}\left(r\dfrac{dT}{dr}\right)=0$	$T=A\ln r+B$	$\dfrac{T-T_1}{T_2-T_1}=\dfrac{\ln(r/r_1)}{\ln(r_2/r_1)}$	$\dot{Q}=\dfrac{2\pi Lk(T_1-T_2)}{\ln(r_2/r_1)}$
球殻	$\dfrac{1}{r^2}\dfrac{d}{dr}\left(r^2\dfrac{dT}{dr}\right)=0$	$T=\dfrac{A}{r}+B$	$\dfrac{T-T_1}{T_2-T_1}=\dfrac{r_2}{r_2-r_1}\left(1-\dfrac{r_1}{r}\right)$	$\dot{Q}=\dfrac{4\pi k(T_1-T_2)}{(1/r_1-1/r_2)}$

【例 2.2】厚さ 20mm のコンクリート（$k=1.6\mathrm{W/(m\cdot K)}$）の壁がある. 内側の表面温度 T_1 が 30℃，外側の表面温度 T_2 が 5℃のとき，壁の面積 1.5m^2 を通過する単位時間あたりの熱量を求めよ.

【解 2.2】図 2.3 に示すように，定常状態では，コンクリート壁の断面を通過する熱量はどこでも一定であるので，板内部の温度勾配 dT/dx も一定となる. 壁を通過する熱量 $\dot{Q}$ は

$$\dot{Q}=qA=-k\frac{T_2-T_1}{L}A=-1.6[\mathrm{W/(m\cdot K)}]\times\frac{5[℃]-30[℃]}{20\times10^{-3}[\mathrm{m}]}\times1.5[\mathrm{m^2}]=3000$$
$$=3.0\mathrm{kW}$$

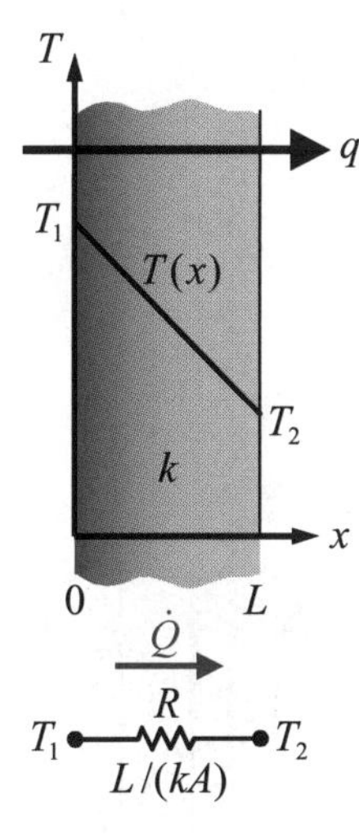

図 2.3　平板内の定常伝熱

【例 2.3】(1)図 2.4 に示す 1 次元定常の円筒内の熱伝導方程式が次式で与えられることを検査体積内の熱収支から導け.

$$\frac{d}{dr}\left(r\frac{dT}{dr}\right)=0$$

(2)基礎式を解いて，温度分布が次式で表されることを示せ.

$$\frac{T-T_1}{T_2-T_1}=\frac{\ln(r/r_1)}{\ln(r_2/r_1)}$$

(3)伝熱量 $\dot{Q}$ が次式で表されることを示せ.

$$\dot{Q}=\frac{2\pi Lk(T_1-T_2)}{\ln(r_2/r_1)}$$

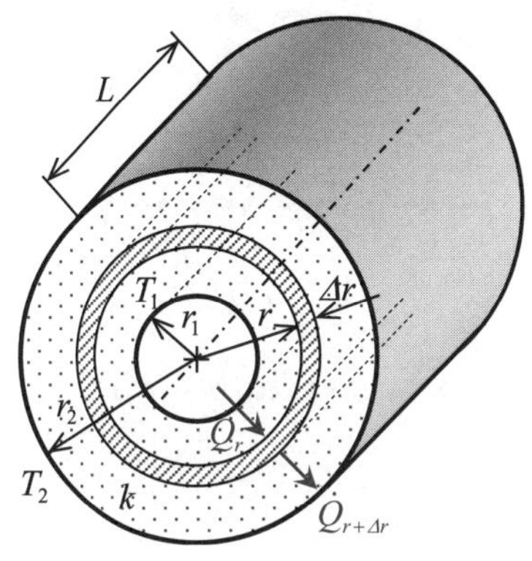

図 2.4　円筒の熱伝導

【解 2.3】(1)　図 2.4 に示す微小要素を考える．r 方向の熱流束 q_r は

$$q_r = -k\frac{\mathrm{d}T}{\mathrm{d}r}$$

である．半径 r の位置における r 方向の熱量 $\dot{Q}$ は，

$$\dot{Q}_r = -2\pi rLk\frac{\mathrm{d}T}{\mathrm{d}r}$$

また，半径 $r+\Delta r$ の位置における熱量 $\dot{Q}_{r+\Delta r}$ は次式となる．

$$\dot{Q}_{r+\Delta r} = \dot{Q}_r + \frac{\mathrm{d}\dot{Q}_r}{\mathrm{d}r}\Delta r = \dot{Q}_r + \frac{\mathrm{d}}{\mathrm{d}r}\left[-2\pi rLk\frac{\mathrm{d}T}{\mathrm{d}r}\right]\Delta r$$

定常状態での熱収支は

$$\dot{Q}_r - \dot{Q}_{r+\Delta r} = 0$$

となり，熱伝導方程式は以下のようになる．

$$\frac{\mathrm{d}}{\mathrm{d}r}\left(r\frac{\mathrm{d}T}{\mathrm{d}r}\right) = 0$$

(2)　基礎方程式は次式で表わされる．

$$\frac{\mathrm{d}}{\mathrm{d}r}\left(r\frac{\mathrm{d}T}{\mathrm{d}r}\right) = 0$$

境界条件は，$r = r_1$ で $T = T_1$，$r = r_2$ で $T = T_2$ である．

温度分布の一般解は，基礎方程式を二回積分することにより求められる．

$$r\frac{\mathrm{d}T}{\mathrm{d}r} = C_1,\ T = C_1 \ln r + C_2 \qquad (C_1, C_2：任意定数)$$

境界条件より T_1 と T_2 は以下のように求められる．

$$T_1 = C_1 \ln r_1 + C_2,\quad T_2 = C_1 \ln r_2 + C_2$$

C_1, C_2 を解き，温度分布の一般解に代入すれば，次式となる．

$$\frac{T - T_1}{T_2 - T_1} = \frac{\ln(r/r_1)}{\ln(r_2/r_1)}$$

(3)　伝熱量 $\dot{Q}$ は，

$$\dot{Q} = -2\pi rLk\frac{\mathrm{d}T}{\mathrm{d}r}$$

となる．(2)で求めた温度分布を微分し，上式に代入すると $\dot{Q}$ が求まる．

$$\dot{Q} = \frac{2\pi Lk(T_1 - T_2)}{\ln(r_2/r_1)}$$

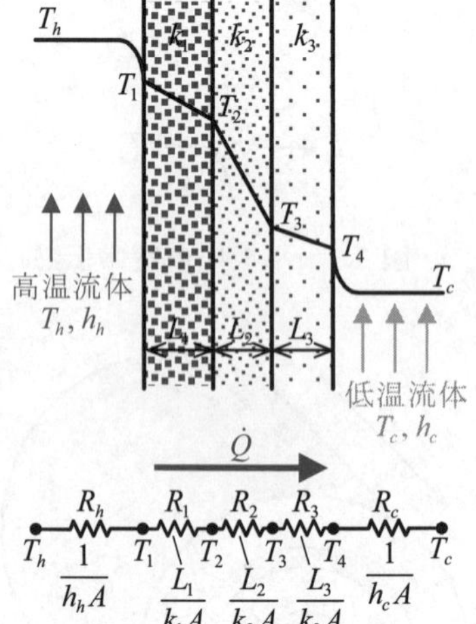

図 2.5　多層平板の熱伝導

2・2・2　熱抵抗と熱通過率 (thermal resistance and overall heat-transfer coefficient)

(a)　平板

図 2.5 に示すように，熱伝導率が異なる複数の平板からなる多層平板を通過する熱流束は次のように表される．

$$q = \frac{(T_h - T_c)}{\dfrac{1}{h_h} + \dfrac{L_1}{k_1} + \dfrac{L_2}{k_2} + \dfrac{L_3}{k_3} + \dfrac{1}{h_c}} \tag{2.5}$$

ここで，熱通過率(overall heat-transfer coefficient)　$K(\mathrm{W/(m^2 \cdot K)})$ は，

$$\frac{1}{K} = \frac{1}{h_h} + \frac{L_1}{k_1} + \frac{L_2}{k_2} + \frac{L_3}{k_3} + \frac{1}{h_c} \tag{2.6}$$

であり，総括熱抵抗(total thermal resistance)　$R_t(\mathrm{K/W})$ は次式で表わされる．

$$R_t = \frac{1}{A}\left(\frac{1}{h_h} + \frac{L_1}{k_1} + \frac{L_2}{k_2} + \frac{L_3}{k_3} + \frac{1}{h_c}\right) = \frac{1}{A}\left(\frac{1}{h_h} + \sum_{i=1}^{3}\frac{L_i}{k_i} + \frac{1}{h_c}\right) = \frac{1}{KA} \tag{2.7}$$

面積 A の平板の場合，伝熱量 $\dot{Q}$ は次のように求められる．

$$\dot{Q} = \frac{T_h - T_c}{R_t} \tag{2.8}$$

熱通過率，総括熱抵抗および総括熱抵抗の逆数である熱コンダクタンス(thermal conductance) $C(\mathrm{W/K})$ をまとめて表 2.4 に示す．

表 2.4　熱抵抗と熱通過率

熱通過率 $(\mathrm{W/(m^2 \cdot K)})$

$$K = \frac{1}{1/h_h + \sum L/k + 1/h_c}$$

総括熱抵抗 $(\mathrm{K/W})$

$$R_t = \frac{1}{\mathrm{A}}\left(\frac{1}{h_h} + \sum\frac{L}{k} + \frac{1}{h_c}\right)$$

熱コンダクタンス $(\mathrm{W/K})$

$$C = \frac{A}{1/h_h + \sum L/k + 1/h_c}$$

【例 2.4】図 2.6 に示すように，それぞれ厚さが異なる無限平板 A, B が密着している．定常状態でその両端の温度が T_1, T_2 であった．両平板の熱伝導率を k_A, k_B とし，以下の問いに答えよ．

(1) 両平板の境界の温度 T_m を表せ．

(2) 単位時間，単位面積あたりの熱量 $\dot{Q}$ を表せ．

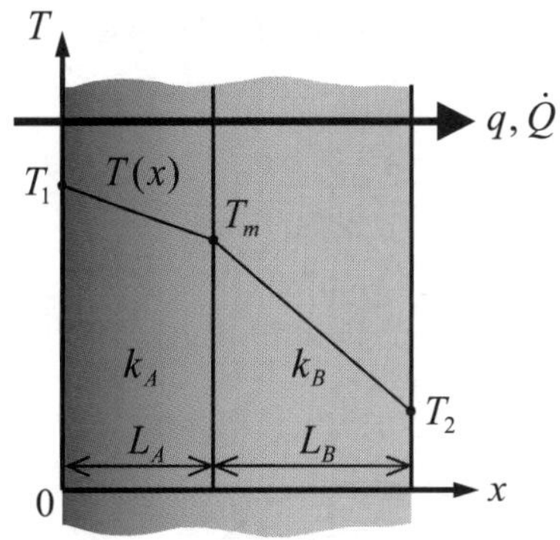

図 2.6　多層平板の定常熱伝導

【解 2.4】(1)　定常状態では，それぞれの平板の断面を通過する熱量は一定であるので，両平板を通過する単位時間，単位面積あたりの熱量は

$$\dot{Q} = k_A \frac{T_1 - T_m}{L_A} = k_B \frac{T_m - T_2}{L_B} \tag{2.9}$$

となる．これより，両平板の境界温度 T_m は次式で求められる．

$$T_m = \frac{T_1 k_A L_B + T_2 k_B L_A}{k_A L_B + k_B L_A} \tag{2.9}$$

(2)　式(2.10)を式(2.9)に代入することにより，単位時間，単位面積あたりの熱量 $\dot{Q}$ が得られる．

$$\dot{Q} = \frac{T_1 - T_2}{\left(\dfrac{L_A}{k_A} + \dfrac{L_B}{k_B}\right)}$$

【例 2.5】

(1)　厚さ 3mm のガラス $(k = 1.1\mathrm{W/(m \cdot K)})$ の窓がある．室内温度 $T_i = 20℃$,外気温度 $T_o = -10℃$ として，外気への損失熱流束 q_1 を求めよ．ただし，室内側の熱伝達率 $h_i = 5\mathrm{W/(m^2 \cdot K)}$ ，外気側の熱伝達率 $h_o = 15\mathrm{W/(m^2 \cdot K)}$ とする．

(2)　このガラス窓を厚さ 5mm の空気層 $(k_a = 0.024\mathrm{W/(m \cdot K)})$ を含む 2 重ガラス（それぞれのガラス厚さは 3mm）にした場合の損失熱流束 q_2 を求めよ．ただし，ガラス間の空気は静止しており，対流は無いものとする．

【解 2.5】(1) ガラスを通過する熱流束 q_1 は，総括熱抵抗 R_t を用いることにより以下のように求められる．

$$q_1=\frac{\dot{Q}}{A}=\frac{T_i-T_o}{AR_t}=\frac{T_i-T_o}{\dfrac{1}{h_i}+\dfrac{\delta_1}{k}+\dfrac{1}{h_o}}$$

$$=\frac{20[℃]-(-10[℃])}{\dfrac{1}{5[\mathrm{W/(m^2\cdot K)}]}+\dfrac{0.003[\mathrm{m}]}{1.1[\mathrm{W/(m\cdot K)}]}+\dfrac{1}{15[\mathrm{W/(m^2\cdot K)}]}}=111\mathrm{W/m^2}$$

(2) 二重ガラスを通過する熱流束 q_2 は，総括熱抵抗 R_t を用いることにより以下のように求められる．

$$q_2=\frac{\dot{Q}}{A}=\frac{T_i-T_o}{AR_t}=\frac{T_i-T_o}{\dfrac{1}{h_i}+\dfrac{\delta_1}{k}+\dfrac{\delta_2}{k_a}+\dfrac{\delta_1}{k}+\dfrac{1}{h_o}}=\frac{20-(-10)}{\dfrac{1}{5}+2\times\dfrac{0.003}{1.1}+\dfrac{0.005}{0.024}+\dfrac{1}{15}}$$

$$=62.4\mathrm{W/m^2}$$

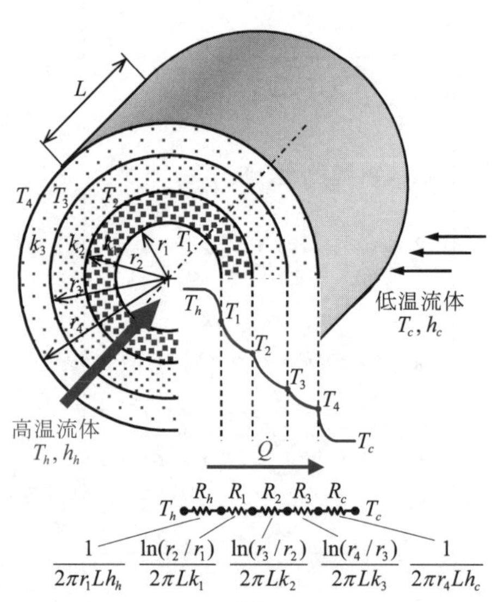

図 2.7　多層円筒の熱伝導

(b) 円筒および球殻

図 2.7 に示すような多層円筒の場合，N 層を通過する伝熱量 $\dot{Q}$ は

$$\dot{Q}=\frac{2\pi L}{\dfrac{1}{h_hr_1}+\displaystyle\sum_{j=1}^{N}\frac{1}{k_j}\ln\frac{r_{j+1}}{r_j}+\dfrac{1}{h_cr_{N+1}}}(T_h-T_c) \tag{2.10}$$

となる．この場合の総括熱抵抗 R_t は，以下のように求められる．

$$R_t=\frac{1}{2\pi L}\left(\frac{1}{r_1h_h}+\sum_{j=1}^{N}\frac{1}{k_j}\ln\frac{r_{j+1}}{r_j}+\frac{1}{r_{N+1}h_c}\right) \tag{2.11}$$

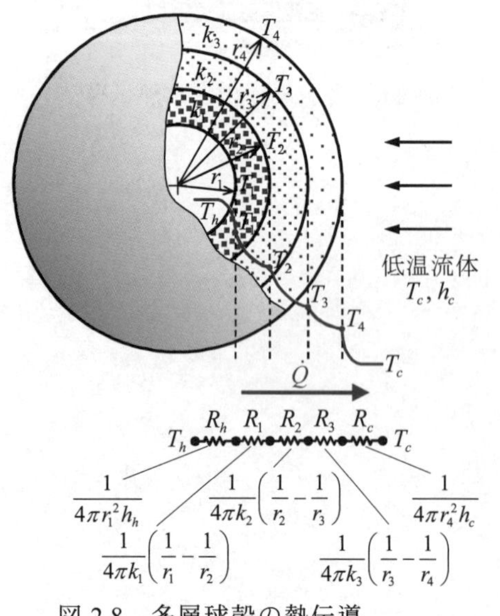

図 2.8　多層球殻の熱伝導

図 2.8 に示すような多層球殻の場合，N 層を通過する伝熱量 $\dot{Q}$ は

$$\dot{Q}=\frac{4\pi}{\dfrac{1}{h_hr_1^2}+\displaystyle\sum_{j=1}^{N}\frac{1}{k_j}\left(\frac{1}{r_j}-\frac{1}{r_{j+1}}\right)+\dfrac{1}{h_cr_{N+1}^2}}(T_h-T_c) \tag{2.12}$$

となる．この場合の総括熱抵抗 R_t は，以下のように求められる．

$$R_t=\frac{1}{4\pi}\left(\frac{1}{h_hr_1^2}+\sum_{j=1}^{N}\frac{1}{k_j}\left(\frac{1}{r_j}-\frac{1}{r_{j+1}}\right)+\frac{1}{h_cr_{N+1}^2}\right) \tag{2.13}$$

【例 2.6】(1)　半径 r_1 の円柱に半径 r_2 まで保温材（熱伝導率 k）を巻く．円柱の表面温度は T_1 であり，保温材の外表面は温度 T_∞ の流体にさらされており，熱伝達率は h である．保温材を通過する熱量は保温材の半径 r_2 に対してどのように変化するか．

(2)　熱伝達率が $h=h_0r_2^m$ の関数で表される場合，保温材を通過する熱量は保温材の半径 r_2 に対してどのように変化するか．

【解 2.6】(1)　保温材の軸方向長さを L とする．保温材内壁面から外部流体までの総括熱抵抗を考えて通過熱量 $\dot{Q}$ を求めると，

$$\dot{Q}=\frac{T_1-T_\infty}{R_t}$$

$$R_t(r_2)=\frac{1}{2\pi L}\left(\frac{1}{k}\ln\frac{r_2}{r_1}+\frac{1}{hr_2}\right)$$

$$\frac{\mathrm{d}R_t(r_2)}{\mathrm{d}r_2}=\frac{1}{2\pi L}\left(\frac{1}{kr_2}-\frac{1}{hr_2^2}\right)=\frac{1}{2\pi Lhr_2^2}\left(\frac{hr_2}{k}-1\right)$$

表 2.5 のように，$hr_2/k<1$ の範囲では保温材の半径 r_2 を増加させるとむしろ伝熱量が増加する．これは r_2 の増加に伴う熱伝導の抵抗の増加よりも表面積の増加に伴う熱伝達の抵抗の減少の効果が大きいことによる．

(2)　熱伝達率が半径に依存し，$h=h_0r_2^m$ の関数で表される場合，

$$R_t(r_2)=\frac{1}{2\pi L}\left(\frac{1}{k}\ln\frac{r_2}{r_1}+\frac{1}{hr_2}\right)=\frac{1}{2\pi L}\left(\frac{1}{k}\ln\frac{r_2}{r_1}+\frac{1}{h_0r_2^{1+m}}\right)$$

$$\frac{\mathrm{d}R_t(r_2)}{\mathrm{d}r_2}=\frac{1}{2\pi L}\left(\frac{1}{kr_2}-\frac{1+m}{h_0r_2^{2+m}}\right)$$
$$=\frac{1+m}{2\pi Lh_0r_2^{2+m}}\left(\frac{h_0r_2^{1+m}}{k(1+m)}-1\right)$$

この場合，表 2.6 に示すように，$h_0r_2^{1+m}/k(1+m)<1$ の範囲で保温材の半径 r_2 を増加させると伝熱量が増加する．

表 2.5　$R_t(r_2)$ の増減表

	$\frac{hr_2}{k}<1$	$\frac{hr_2}{k}=1$	$\frac{hr_2}{k}>1$
$\frac{\mathrm{d}R_t(r_2)}{\mathrm{d}r_2}$	−	0	+
$R_t(r_2)$	↘	最小	↗
$\dot{Q}$	↗	最大	↘

表 2.6　$R_t(r_2)$ の増減表

		$\frac{h_0r_2^{1+m}}{k(1+m)}=1$	
$\frac{\mathrm{d}R_t(r_2)}{\mathrm{d}r_2}$	−	0	+
$R_t(r_2)$	↘	最小	↗
$\dot{Q}$	↗	最大	↘

2・2・3　内部発熱を伴う熱伝導 (heat conduction with thermal energy generation)

図 2.9 に示すような物体内に単位時間，単位体積あたりの発熱量 $\dot{q}_v$ がある場合，平板内の定常 1 次元熱伝導方程式は次式で表される．

$$\frac{\mathrm{d}}{\mathrm{d}x}\left(k\frac{\mathrm{d}T}{\mathrm{d}x}\right)+\dot{q}_v=0 \tag{2.14}$$

境界条件が，$x=0$ で $T=T_1$，$x=L$ で $T=T_2$ で与えら，熱伝導率 k が温度に依存しない場合，平板内の温度分布は次式となる．

$$T=-\frac{\dot{q}_v}{2k}x^2+\left(\frac{T_2-T_1}{L}+\frac{\dot{q}_vL}{2k}\right)x+T_1 \tag{2.15}$$

また，この場合の熱流束 $q(x)$ は

$$q(x)=\dot{q}_vx-\left(k\frac{T_2-T_1}{L}+\frac{\dot{q}_vL}{2}\right) \tag{2.16}$$

で表され，平板内で一定とはならず，位置の関数として表される。

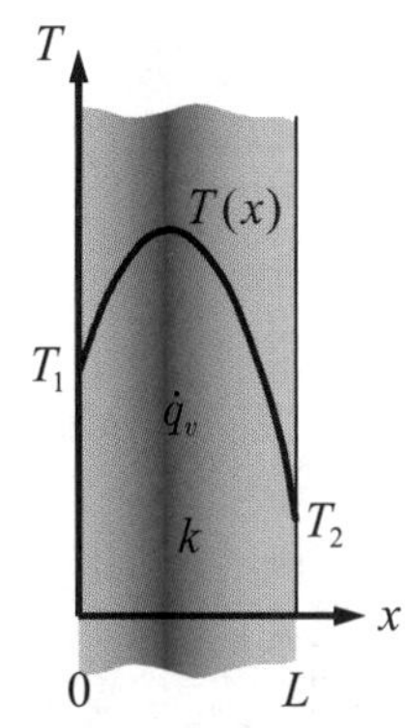

図 2.9　内部発熱がある場合の平板内熱伝導

【例 2.7】　図 2.10 に示すようなマイクロ波による加熱を受ける厚さ L の平板がある．マイクロ波による発熱は，照射される面を $x=0$ としたとき，単位時間・単位体積あたりの発熱量は $\dot{q}_v=\dot{q}_{v0}\exp(-ax)$ により表される．マイクロ波の照射面および裏面の温度が T_0 に保たれていたとき，平板内の温度分布を求めよ．また，平板内での最大温度およびその位置を求めよ．

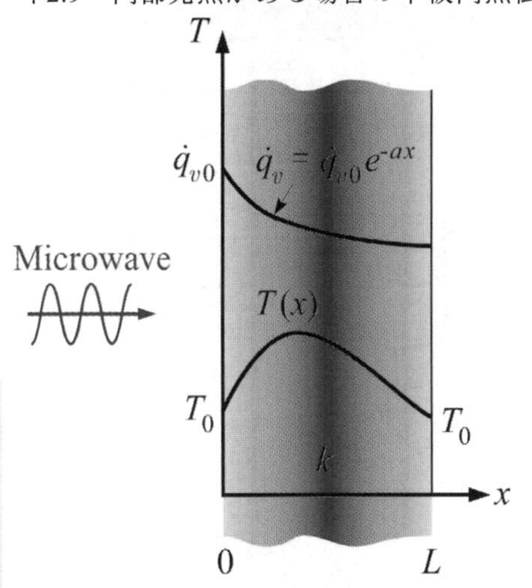

図 2.10　マイクロ波による発熱がある場合の平板内熱伝導

【解 2.7】(1) 熱伝導方程式は，

$$\frac{\mathrm{d}^2T}{\mathrm{d}x^2}+\frac{\dot{q}_{v0}}{k}\exp(-ax)=0$$

境界条件は，$x=0$ で $T=T_0$，$x=L$ で $T=T_0$．

熱伝導方程式を積分すると

$$\frac{\mathrm{d}T}{\mathrm{d}x}=\frac{\dot{q}_{v0}}{ak}\exp(-ax)+C_1,\ T=-\frac{\dot{q}_{v0}}{a^2k}\exp(-ax)+C_1x+C_2$$

（C_1, C_2：任意定数）

境界条件より

$$T_0=-\frac{\dot{q}_{v0}}{a^2k}+C_2,\quad T_0=-\frac{\dot{q}_{v0}}{a^2k}\exp(-aL)+C_1L+C_2$$

が得られ，任意定数 C_1, C_2 は，

$$C_2=T_0+\frac{\dot{q}_{v0}}{a^2k},\quad C_1=\frac{\dot{q}_{v0}}{a^2kL}[\exp(-aL)-1]$$

のように定められ，平板内の温度分布は次式となる．

$$T=T_0+\frac{\dot{q}_{v0}}{a^2k}\left\{[1-\exp(-ax)]-[1-\exp(-aL)]\left(\frac{x}{L}\right)\right\}$$

(2) 平板内において最大温度となる位置は，$\mathrm{d}T/\mathrm{d}x=0$ より

$$x=-\frac{1}{a}\ln\left[\frac{1-\exp(-aL)}{aL}\right]$$

となり，最大温度は次式で得られる．

$$T_{\max}=T_0+\frac{\dot{q}_{v0}}{a^2k}\left\{1-\frac{[1-\exp(-aL)]}{aL}\left[1-\ln\frac{1-\exp(-aL)}{aL}\right]\right\}$$

2·2·4　拡大伝熱面 (heat transfer from extended surfaces)

一般に，伝熱面を大きくすれば伝熱量を増加させることができるために拡大伝熱面(extended surface)が多く用いられる．伝熱面積を拡大するため伝熱面から突出している部分をフィン(fin)と呼び，拡大伝熱面をフィン付伝熱面(finned surface)という．

いま，図 2.11 に示すように，厚さ δ の平板の内側に温度 T_h の高温流体が流れており，温度 T_c の低温流体へフィン付面を通して放熱が生じている場合を考える．フィンがない場合の伝熱量は，次式で求められる．

$$\dot{Q}=\frac{(T_h-T_c)}{\dfrac{1}{A}\left(\dfrac{1}{h_h}+\dfrac{\delta}{k}+\dfrac{1}{h_c}\right)} \tag{2.17}$$

ここで，A は平板の伝熱面積，k は平板の熱伝導率，h_h および h_c はそれぞれ高温側および低温側の熱伝達率である．

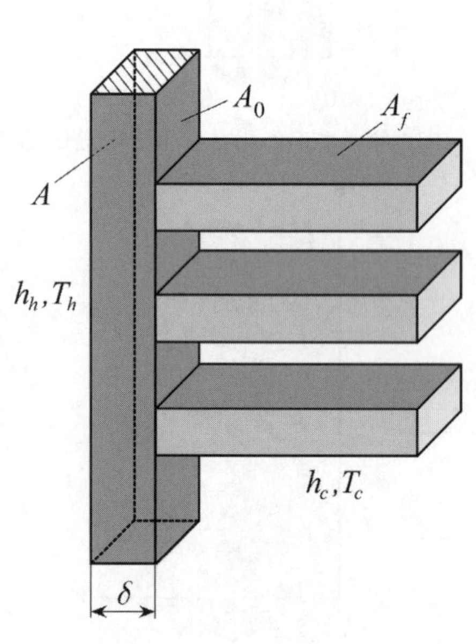

図 2.11　フィンによる拡大伝熱面

フィンを取り付けると，低温側の伝熱面積はフィン表面の面積 A_f とフィンの付け根部分を除く平板の面積 A_0 の和（A_f+A_0）に増加する．この増加した面積，すなわちフィン表面すべての温度が根元の温度と等しい理想的な場合，伝熱量は次式で求められる．

$$\dot{Q}=\frac{(T_h-T_c)}{\dfrac{1}{Ah_h}+\dfrac{\delta}{Ak}+\left(\dfrac{1}{A_0+A_f}\right)\dfrac{1}{h_c}} \tag{2.18}$$

しかし，実際にはフィン部の温度は低温流体への放熱により先端に向うほど低下するため，フィンによる面積増加がそのまま伝熱量の増加とはならない．実際の伝熱量は式(2.18)より小さく，次式で表される．

$$\dot{Q}=\frac{(T_h-T_c)}{\dfrac{1}{Ah_h}+\dfrac{\delta}{Ak}+\left(\dfrac{1}{A_0+\eta A_f}\right)\dfrac{1}{h_c}} \tag{2.19}$$

ここで，ηはフィン効率(fin efficiency)と呼ばれ，フィンからの実際の伝熱量と，フィン全体が根元温度に等しいとしたときの伝熱量との比，すなわち，

$$\eta=\frac{\text{フィンからの放熱量}}{\text{フィン全体が根元温度に等しいとしたときのフィンからの放熱量}} \tag{2.20}$$

で定義される．

一例として，図 2.12 に示すように断面積が一様な矩形フィンでフィン先端が断熱条件とみなされる場合のフィン効率ηは次式となる．

$$\eta=\frac{\sqrt{hPkA}(T_0-T_\infty)\tanh(mL)}{hPL(T_0-T_\infty)}=\frac{\tanh(mL)}{mL} \tag{2.21}$$

ここで$m=\sqrt{hP/(kA)}$である．

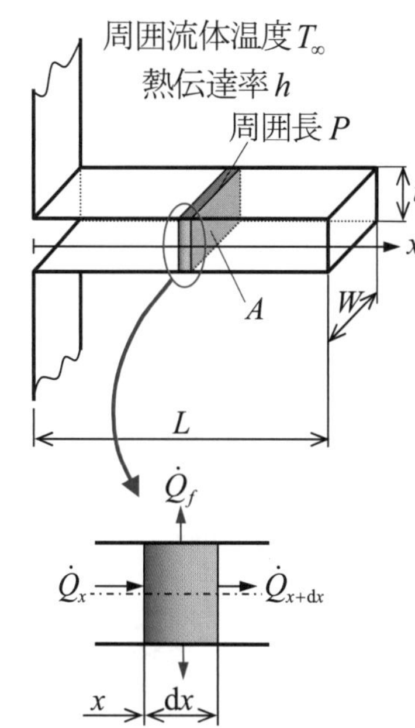

図 2.12　矩形フィンの熱収支

【例 2.8】直径3cm，長さ20cmのアルミニウム棒（$k=237\mathrm{W/(m\cdot K)}$）が200℃の等温壁から突出している．この棒は，温度20℃の周囲流体に熱伝達率15W/(m$^2\cdot$K)で放熱している．棒から失われる熱量を計算せよ．

【解 2.8】先端が断熱されている断面積が一様な棒のフィン効率は式(2.21)より以下のように求められる．

$$\eta=\frac{\tanh(mL)}{mL}=\frac{\tanh\left(L\sqrt{\dfrac{hP}{kA}}\right)}{L\sqrt{\dfrac{hP}{kA}}}=\frac{\tanh\left(L\sqrt{\dfrac{4h}{kD}}\right)}{L\sqrt{\dfrac{4h}{kD}}}$$

$$=\frac{\tanh\left(0.2\times\sqrt{\dfrac{4\times15}{237\times0.03}}\right)}{0.2\times\sqrt{\dfrac{4\times15}{237\times0.03}}}=0.900$$

したがって，棒からの放熱量は，フィン効率にフィン全体が根元温度に等しいとしたときのフィンからの伝熱量を掛けることにより求められる．

$$\dot{Q}=\eta hPL(T_0-T_\infty)=0.900\times15\times\pi\times0.03\times0.2\times(200-20)=45.8\mathrm{W}$$

2・3　非定常熱伝導 (unsteady-state conduction)

2・3・1　過渡熱伝導 (transient conduction)

実際の伝熱現象では，温度場が時間とともに変化する非定常現象が重要である場合が多い．ここでは過渡熱伝導(transient conduction)について扱う．

いま，初期温度T_iの平板が，温度T_∞の周囲環境にさらされるときの過渡熱伝導について，物体の体積Vと表面積Sを用いて次式で定義される特性長さ

$$L = V/S \tag{2.23}$$

を代表長さとした無次元座標

$$X = \frac{x}{L},\ Y = \frac{y}{L},\ Z = \frac{z}{L} \tag{2.24}$$

と，無次元温度

$$\theta = \frac{T - T_\infty}{T_i - T_\infty} \tag{2.25}$$

を考える．

これらを式(2.4)の熱伝導方程式に代入すると，次式が得られる．

$$\frac{\partial \theta}{\partial Fo} = \frac{\partial^2 \theta}{\partial X^2} + \frac{\partial^2 \theta}{\partial Y^2} + \frac{\partial^2 \theta}{\partial Z^2} + \dot{G} \tag{2.26}$$

ここで，

$$Fo = \frac{\alpha t}{L^2} \tag{2.27}$$

は，時間の無次元数を表すフーリエ数(Fourier number)であり，

$$\dot{G} = \frac{\dot{q}_v L^2}{k(T_i - T_\infty)} \tag{2.28}$$

は，無次元加熱率である．

一方，境界面で熱伝達率が規定される場合（第3種境界条件）に対して無次元化を行うと，表2.2の第3種境界条件の式は次式となる．

$$\left(\frac{\partial \theta}{\partial X}\right)_s = Bi\ \theta_s \tag{2.29}$$

ここで，T_sを物体表面温度，k(W/(m·K))を物体の熱伝導率として，無次元表面温度θ_sとビオ数(Biot number) Biはそれぞれ，

$$\theta_s = \frac{T_s - T_\infty}{T_i - T_\infty} \tag{2.30}$$

$$Bi = \frac{hL}{k} \tag{2.31}$$

で定義される．

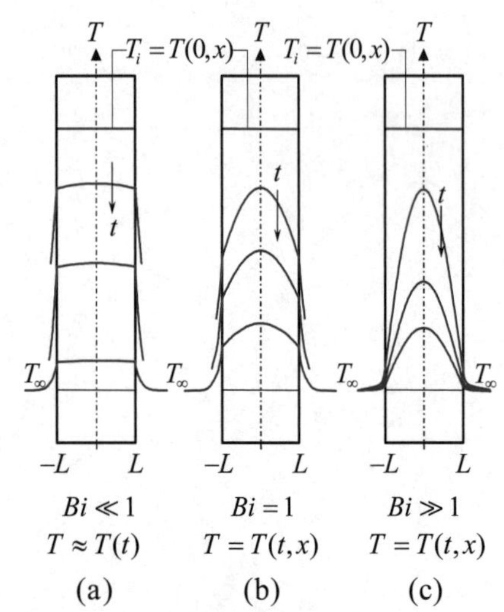

図2.13　ビオ数の大きさによる平板内過渡温度分布の違い

図2.13に示すように過渡熱伝導はビオ数によって様相が異なる．図2.13(a)に示すように，$Bi \ll 1$では，平板の温度分布はほぼ一様であり，温度の時間変化は，物体の熱容量と表面からの伝熱量のみの関係となる．**集中熱容量モデル**(lumped capacitance model)はこの場合に相当する．

図2.13(c)に示すように，$Bi \gg 1$では，表面温度が瞬時に外部環境温度とほ

ぼ等しくなり，表面温度一定の第 1 種境界条件が適用できる．この場合，平板内の温度分布は熱伝達率によらず，位置と時間，または無次元位置とフーリエ数のみの関数となる．

$Bi \approx 1$では，上記の簡略化ができないため，非定常熱伝導方程式を直接解析して温度分布を求める必要がある．

【例 2.9】　直径11 mmのパチンコ玉と，一辺が1 mのレンガの立方体，厚さ20 cmの十分大きなグラスウール断熱壁が空気中に置かれているとき，ビオ数および，フーリエ数が 1 になる時間を計算せよ．ただし，パチンコ玉とレンガおよびグラスウールの熱物性値，および自然対流とふく射伝熱をあわせた総括熱伝達率は，下記の値とする．

	k (W/(m·K))	c (J/(kg·K))	ρ (kg/m^3)	h (W/(m^2·K))
パチンコ玉	43.0	465	7850	12
レンガ	0.72	835	1920	10
グラスウール	0.051	870	15.9	6

【解 2.9】　パチンコ玉とレンガおよびグラスウール壁の特性長さは，式(2.23)より求める．熱拡散率は$\alpha = k/(c\rho)$ (m^2/s) で求められる．その値を使って，ビオ数と，フーリエ数が 1 となる時間t (s)を計算すると，下表となる．物体の物性値および形状によってビオ数や特性時間が大きく異なることが分かる．

	L (m)	α (m^2/s)	Bi	$t(Fo=1)$ (s)
パチンコ玉	1.83×10^{-3}	1.18×10^{-5}	5.11×10^{-4}	0.284
レンガ	0.167	4.49×10^{-7}	2.32	6.21×10^{4}
グラスウール	0.1	3.69×10^{-6}	11.8	2.71×10^{3}

2・3・2　半無限固体の 1 次元解 (one dimensional solution in semi-infinite solid)

半無限固体(semi-infinite solid)とは図 2.14 に示すように境界面($x=0$)からx方向に無限の広がりをもつ物体を意味する．一般に，1 次元非定常熱伝導問題では，温度に対する初期条件が 1 つと境界条件が 2 つで解が得られるのに対し，半無限固体の場合には，一方の境界条件は$x \to \infty$の無限遠方で温度一定として与えられる．

固体内で発熱がなく，初期温度がT_iで一様の場合を考えると，1 次元熱伝導方程式および初期条件はそれぞれ次のように書き表される．

熱伝導方程式：

$$\frac{\partial T}{\partial t} = \alpha \frac{\partial^2 T}{\partial x^2} \tag{2.32}$$

初期条件：

$$x>0,\ t=0:\quad T=T_i \tag{2.33}$$

初期温度T_iの半無限固体が表面から加熱されるときの温度の時間変化を以下の境界条件で考える．

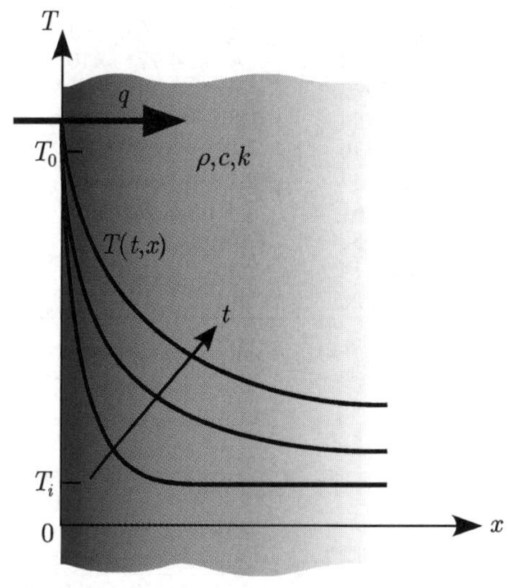

図 2.14　第 1 種境界条件における無限物体内の過渡温度分布

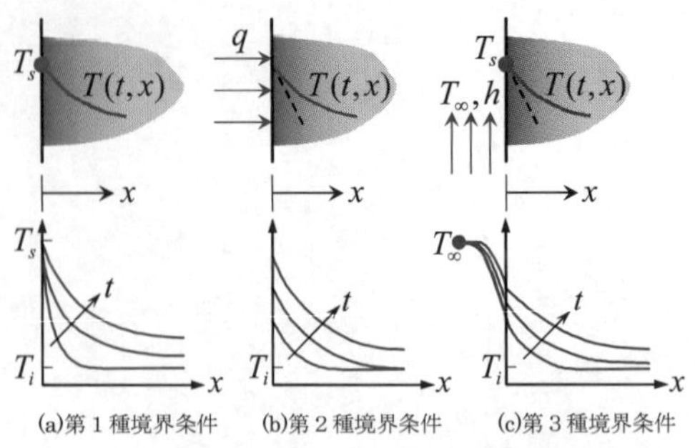

図 2.15　半無限固体の境界条件

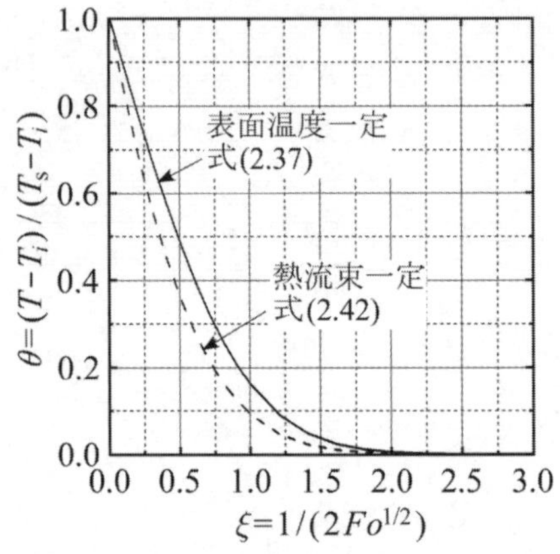

図 2.16　表面温度一定と熱流束一定の場合の過渡熱伝導温度分布

(1)　第１種境界条件（温度一定）：　図 2.15(a)に示すように温度一定の境界条件に対する半無限物体の１次元非定常熱伝導問題を考える．この場合の境界条件は，

$$t > 0, \quad x = 0: \quad T = T_s \tag{2.34}$$

$$t > 0, \quad x \to \infty: \quad T = T_i \tag{2.35}$$

であり，$\theta = (T - T_i)/(T_s - T_i)$ とおき，フーリエ数を $Fo = \alpha t / x^2$ で定義すると，その解は，

$$\theta = \left\{1 - \mathrm{erf}\left(\frac{x}{2\sqrt{\alpha t}}\right)\right\} = \left\{1 - \mathrm{erf}\left(\frac{1}{2\sqrt{F_0}}\right)\right\} \tag{2.36}$$

すなわち，

$$\begin{aligned} T &= T_i + (T_s - T_i)\left\{1 - \mathrm{erf}\left(\frac{x}{2\sqrt{\alpha t}}\right)\right\} \\ &= T_i + (T_s - T_i)\,\mathrm{erfc}\left(\frac{x}{2\sqrt{\alpha t}}\right) \end{aligned} \tag{2.37}$$

となる．ここで， $\mathrm{erf}(\xi)$ は誤差関数(error function)，また $\mathrm{erfc}(\xi)$ は余誤差関数(complementary error function)で，それぞれ次式で定義される．

$$\mathrm{erf}(\xi) = \frac{2}{\sqrt{\pi}} \int_0^{\xi} e^{-y^2}\,\mathrm{d}y \tag{2.38}$$

$$\mathrm{erfc}(\xi) = 1 - \mathrm{erf}(\xi) \tag{2.39}$$

図 2.16 に余誤差関数で表した温度分布を，表 2.7 にその値を示す．

表 2.7　余誤差関数の値

ξ	余誤差関数	ξ	余誤差関数
0	1.00000	0.8	2.5790×10^{-1}
0.01	0.98872	0.9	2.0309×10^{-1}
0.02	0.97744	1.0	1.5730×10^{-1}
0.04	0.95489	1.2	8.9686×10^{-2}
0.06	0.93238	1.4	4.7715×10^{-2}
0.08	0.90992	1.6	2.3652×10^{-2}
0.1	0.88754	1.8	1.0909×10^{-2}
0.2	0.77730	2.0	4.6777×10^{-3}
0.3	0.67137	2.2	1.8628×10^{-3}
0.4	0.57161	2.4	6.8851×10^{-4}
0.5	0.47950	2.6	2.3603×10^{-4}
0.6	0.39614	2.8	7.5013×10^{-5}
0.7	0.32220	3.0	2.2090×10^{-5}

$T_0 = -10$ ℃

x

土壌　$T_i = 5$ ℃　水道管

図 2.17　地中に埋設した水道管

【例 2.10】　寒冷地では気温-10℃の日が 10 日間続く場合がある．地中に埋設された水道管の凍結を防止するために，土壌温度を 0℃以上に保つ必要がある．水道管の埋設深さを計算せよ．ただし，土壌の密度，熱伝導率，比熱を $\rho = 1300\mathrm{kg/m^3}$, $k = 0.29\,\mathrm{W/(m\cdot K)}$, $c = 0.76\mathrm{kJ/(kg\cdot K)}$ とし，土壌の初期温度 $T_i = 5$℃ とする．（図 2.27）

【解 2.10】土壌の物性値より，熱拡散率は $\alpha = k/(\rho\cdot c) = 2.935\times10^{-7}\,\mathrm{m^2/s}$ となる．土壌表面が外気温と等しいとすると，10 日 (8.64×10^5s) 後に深さ x の地点での温度が 0℃以上とする必要がある．この時の無次元温度は $\theta = 1/3$ であるから，図 2.16 を参照して， $\xi = 1/(2Fo^{1/2}) = 0.68$ である．したがって，

$$Fo = \frac{\alpha t}{x^2} = \frac{2.935\times10^{-7}\times8.64\times10^5}{x^2} = 0.5406$$

より， $x = 0.6845\,\mathrm{m}$ となる．つまり，水道管を約 70 cm 以上深く埋設する必要がある．

【例 2.11】初期温度がそれぞれ $T_{1,i}$, $T_{2,i}$ の 2 つの半無限物体を接触させる場合の非定常熱伝導問題を考える．このとき接触面では，物体 1 と物体 2 において温度と熱流束がそれぞれ等しくなる．物体内の温度分布は図 2.18 となり，接触面の温度は次式で表される．

$$T_S = \frac{\sqrt{\rho_1 c_1 k_1} T_{1,i} + \sqrt{\rho_2 c_2 k_2} T_{2,i}}{\sqrt{\rho_1 c_1 k_1} + \sqrt{\rho_2 c_2 k_2}}$$

図 2.19 に示すように，0℃のフォームポリスチレン断熱材に温度 37℃のヒトの皮膚が触れた場合，また，鉄に触れた場合の接触面の温度を計算せよ．

【解 2.11】 フォームポリスチレン断熱材と鉄について巻末見開きの物性値を用い，ヒトの皮膚の物性値を $\rho = 1050\,\mathrm{kg/m^3}$, $k = 0.45\,\mathrm{W/(m \cdot K)}$, $c = 3600\,\mathrm{J/(kg \cdot K)}$ として，その値を上式に代入する．断熱材と鉄の接触面温度はそれぞれ 35.8℃，2.68℃となる．つまり，低温環境では断熱材は暖かく感じるが，鉄は冷たく感じることになる．

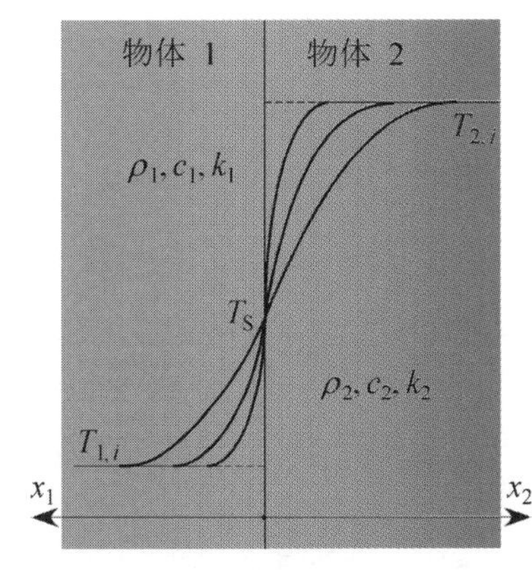

図 2.18　2 つの半無限物体が接した場合の過渡温度分布

(2)　第 2 種境界条件（熱流束一定）：　表面の熱流束 $q(\mathrm{W/m^2})$ が一定の境界条件の場合には，温度分布は次式となる．

$$\begin{aligned} \frac{k(T - T_i)}{q\sqrt{\alpha t}} &= \frac{2}{\sqrt{\pi}} \exp\left(-\frac{x^2}{4\alpha t}\right) - \frac{x}{\sqrt{\alpha t}} \mathrm{erfc}\left(\frac{x}{2\sqrt{\alpha t}}\right) \\ &= \frac{2}{\sqrt{\pi}} \exp\left(-\frac{1}{4Fo}\right) - \frac{1}{\sqrt{Fo}} \mathrm{erfc}\left(\frac{1}{2\sqrt{Fo}}\right) \end{aligned} \tag{2.40}$$

上式で $x = 0$ とすると，表面の温度が次のように求められる．

$$T_s = T_i + \frac{2q_e\sqrt{\alpha t}}{k\sqrt{\pi}} \tag{2.41}$$

式(2.40)と(2.41)より無次元温度分布は，

$$\theta = \frac{T - T_i}{T_s - T_i} = \exp(-\xi^2) - \sqrt{\pi}\,\xi\,\mathrm{erfc}(\xi) \tag{2.42}$$

で与えられる．ここで，

$$\xi = \frac{1}{2\sqrt{Fo}} = \frac{x}{2\sqrt{\alpha t}} \tag{2.43}$$

である．式(2.42)の無次元温度分布を図 2.16 に示す．

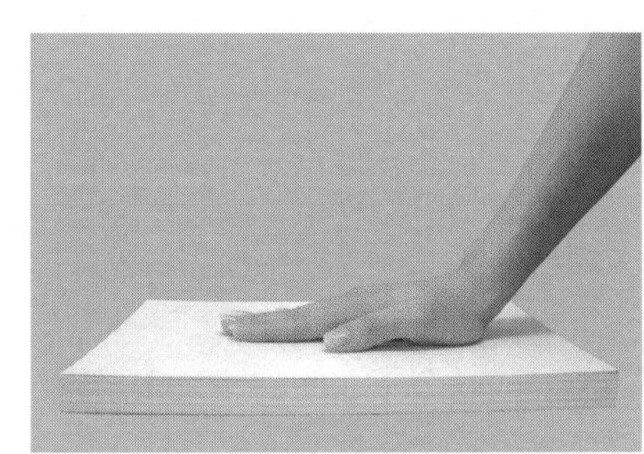

図 2.19　ヒトが断熱材にふれたときの接触面温度

(3)　第 3 種境界条件（熱伝達率一定）：　物体が温度 T_∞ の流体中に置かれ，物体表面で熱伝達（熱伝達率 h）が生じる場合の物体内温度分布は次式となる．

$$\begin{aligned} \theta = \frac{T - T_i}{T_\infty - T_i} &= \mathrm{erfc}\left(\frac{x}{2\sqrt{\alpha t}}\right) - \exp\left(\frac{hx}{k} + \frac{h^2 \alpha t}{k^2}\right) \mathrm{erfc}\left(\frac{x}{2\sqrt{\alpha t}} + \frac{h\sqrt{\alpha t}}{k}\right) \\ &= \mathrm{erfc}\left(\frac{1}{2\sqrt{Fo}}\right) - \exp\left(Bi + Bi^2 Fo\right) \mathrm{erfc}\left(\frac{1}{2\sqrt{Fo}} + Bi\sqrt{Fo}\right) \end{aligned} \tag{2.44}$$

この場合，無次元温度分布はフーリエ数とビオ数の関数として与えられる．

【例 2.12】　温度 100℃のサウナにヒトが入ったとき，1 分後の皮膚表面温度を推定せよ．ただし，ヒト組織の初期温度は 37℃とし，皮膚の物性値は前例題のものを使用する．発汗，血流などは考えない．また，対流熱伝達と有効ふく射熱伝達をそれぞれ $h_c = 3.8\ \mathrm{W/(m^2 \cdot K)}$, $h_r = 5.5\ \mathrm{W/(m^2 \cdot K)}$ とする．

【解 2.12】　解 2.11 に示す皮膚の物性値を用いると，$\alpha = 1.190 \times 10^{-7}\ \mathrm{m^2/s}$ である．

まず，$t = 60\,\mathrm{s}$ 後における皮膚内の温度上昇域の深さを検討する．図 2.16 より $\xi = 2$ のとき物体内部の温度は初期温度のままであると見なせる．このとき，$Fo = 1/16$ で，$x = \sqrt{16\alpha t} = 10.69\ \mathrm{mm}$ となる．人体の大部分では，温度変化は表面部分のみと見なせるので，半無限固体の仮定を適用する．

総括熱伝達率 $h_t = h_c + h_r = 9.3\ \mathrm{W/(m^2 \cdot K)}$ として，以下の無次元パラメータは，

$$\eta = h_t \sqrt{\alpha t} / k = 9.3 \times \sqrt{1.19 \times 10^{-7} \times 60} / 0.45 = 0.05522$$

となる．式(2.44)の第 2 式で $x = 0$ とおいて，皮膚表面温度は，

$$T_s = (T_\infty - T_i)\{\mathrm{erfc}(0) - \exp(\eta^2)\mathrm{erfc}(\eta)\} + T_i$$
$$= (100 - 37) \times \{1 - \exp(0.05522^2)\mathrm{erfc}(0.05522)\} + 37 = 40.7\ ℃$$

となる．

2・3・3　各種形状物体の過渡熱伝導の推定法 (estimation of transient conduction in various shapes)

工学において実用上問題となる幾何形状が複雑な物体の場合，あるいは，境界条件が時間的に変化する場合などの熱伝導解析の多くはコンピュータを使用した数値計算により取り扱われる．特に，**差分法**(finite difference method)や**有限要素法**(finite element method)が汎用プログラムとして入手可能な場合がある．

しかし，境界条件や形状が簡単な場合には，解が解析的に求められる場合がある．また，複雑な形状でも問題を単純化することにより，過渡熱伝導を推定することができる．

(1)　集中熱容量モデル

$Bi \ll 1$ では，物体内の温度分布を無視して熱容量だけを集中系として取り扱うことができる．このモデルを**集中熱容量モデル**(lumped capacitance model)という．

いま，体積 V, 密度 ρ，比熱 c，表面積 S の物体が，周囲温度 T_∞ の流体中に曝される場合について考える．高温物体が周囲流体に放熱し，微小時間 $\mathrm{d}t$ の間に物体温度 T が $\mathrm{d}T$ 変化したとすると，物体における熱量の収支は次式で表される．

$$c\rho V \frac{\mathrm{d}T}{\mathrm{d}t} = -hS(T - T_\infty) \tag{2.45}$$

ここで，h は物体と流体間の熱伝達率である．式(2.45)を積分し，$t = 0$ にお

ける初期条件 $T = T_i$ を用いて積分定数を決めると，次の解が得られる．

$$\theta = \frac{T - T_\infty}{T_i - T_\infty} = \exp\left(-\frac{hS}{c\rho V}t\right) = \exp(-Fo\,Bi) \tag{2.46}$$

無次元数 Fo, Bi の代表長さは式(2.23)で定義する．式(2.46)で表される物体温度の時間変化の様子を図 2.20 に示す．物体の温度は時間の経過にともない指数関数的に周囲温度に近づく．

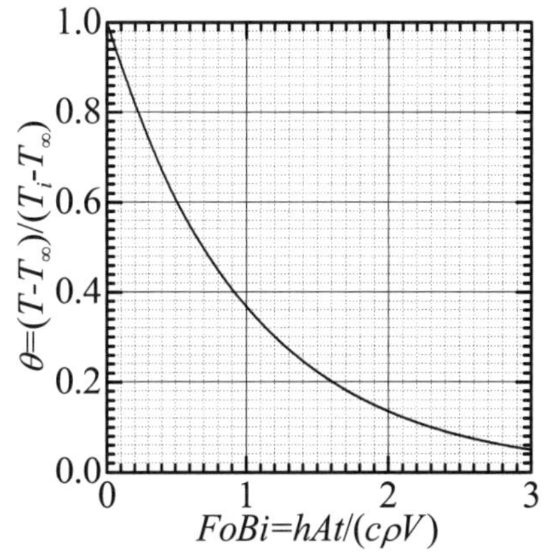

図 2.20　集中熱量系の過渡温度変化

【例 2.13】図 2.21 に示すように，厚さ 20 mm の十分大きい炭素鋼板が均一温度 $T_i = 800\,\mathrm{K}$ に加熱された後，$T_\infty = 300\,\mathrm{K}$ の空気流中で冷却される．空気との熱伝達率を $h = 80\,\mathrm{W/(m^2 \cdot K)}$ とすると，$T = 550\,\mathrm{K}$ となる時間を推定せよ．

【解 2.13】　巻末見開きの機械構造用炭素鋼の物性値を用いると，代表長さは $L = 0.01\,\mathrm{m}$ だから，ビオ数 $Bi = hL/k = 80 \times 0.01/43 = 1.860 \times 10^{-2}$ となり，集中熱容量モデルが適用できる．式(2.46)より，

$$-FoBi = \ln\theta = \ln\frac{550-300}{800-300} = -0.6931$$

となるから，$Fo = \alpha t/L^2 = 1.18 \times 10^{-5} \times t/0.01^2 = 37.26$．

つまり，$t = 316\,\mathrm{s}$ となる．

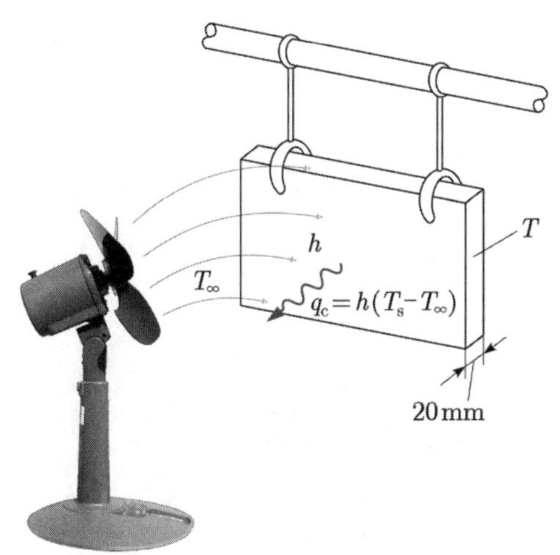

図 2.21　加熱鉄板を空冷したときの過渡温度変化

(2)　第 1 種境界条件（ビオ数無限大の場合）

厚さ $2L$ の平板(plane wall)が，初期温度一様で T_i の状態から，壁面温度が一定で T_∞ となる場合，つまり，ビオ数無限大の第 1 種境界条件の非定常熱伝導問題について考える．

$\theta = (T - T_\infty)/(T_i - T_\infty)$ とおくと，基礎式，初期条件，境界条件は以下のように表される．

$$\frac{\partial\theta}{\partial t} = \alpha\frac{\partial^2\theta}{\partial x^2} \tag{2.47}$$

$$t = 0,\quad L \ge x \ge 0:\quad \theta = 1 \tag{2.48}$$

$$t > 0,\quad x = 0:\quad \frac{\partial\theta}{\partial x} = 0 \tag{2.49}$$

図 2.22 は，第 1 種境界条件における過渡温度分布を示したものである．無次元温度分布はフーリエ数のみの関数となる．

図 2.23 は，第 1 種境界条件における各種形状物体の中心温度の過渡変化を示したものである．

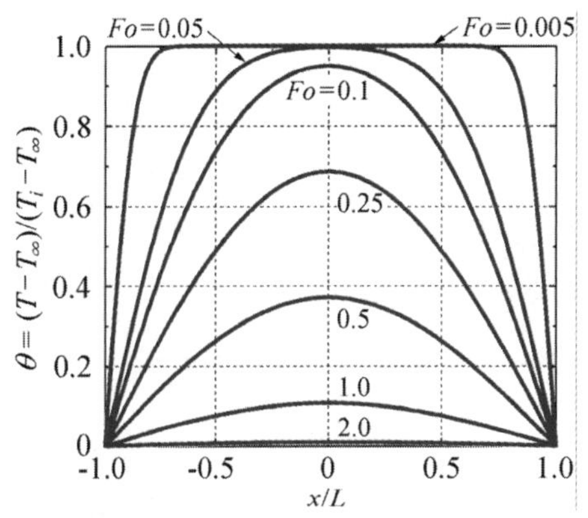

図 2.22　第 1 種境界条件 ($Bi \to \infty$) における平板の過渡温度分布

(3)　ビオ数が影響する場合

ビオ数が与えられる場合，つまり，第 3 種境界条件に対する各種形状物体の過渡熱伝導の推定法ついて考える．

平板，円柱，球の中心温度の変化は，$Fo > 0.2$ において，片対数グラフ上でほぼ直線となり，次式で表される．

$$\theta_c = A_1 \exp(-A_2 Fo) \tag{2.50}$$

表 2.8 は，式(2.50)のパラメータを各種ビオ数について示したものである．

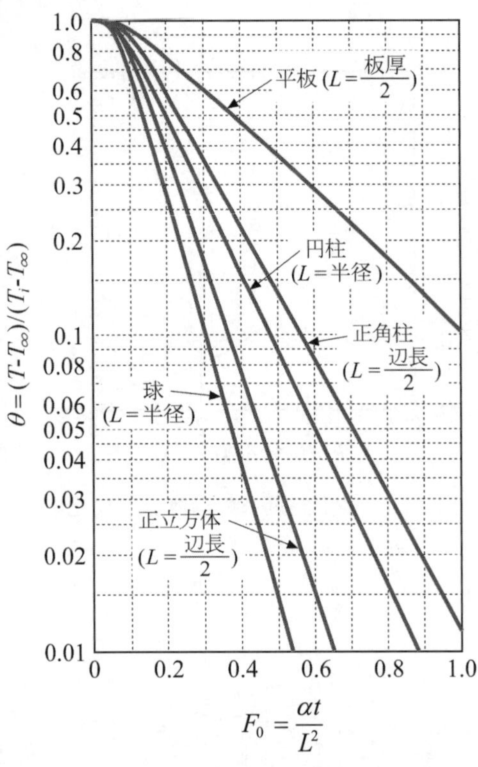

図 2.23　各種形状物体の中心部の過渡温度変化 ($Bi\to\infty$)

図 2.24　肉をオーブンで焼くときの過渡熱伝導

表 2.8　各種形状物体中心の過渡温度変化パラメータ ($Fo>0.2$)

	平板 L=板厚/2		円柱 L=半径		球 L=半径	
$Bi=hL/k$	A_1	A_2	A_1	A_2	A_1	A_2
0.01	1.002	0.010	1.003	0.020	1.003	0.030
0.02	1.003	0.020	1.005	0.040	1.006	0.060
0.04	1.007	0.039	1.010	0.079	1.012	0.119
0.06	1.010	0.059	1.015	0.118	1.018	0.178
0.08	1.013	0.078	1.020	0.157	1.024	0.236
0.1	1.016	0.097	1.025	0.195	1.030	0.294
0.2	1.031	0.187	1.048	0.381	1.059	0.577
0.3	1.045	0.272	1.071	0.557	1.088	0.848
0.4	1.058	0.352	1.093	0.725	1.116	1.108
0.5	1.070	0.427	1.114	0.885	1.144	1.359
0.6	1.081	0.497	1.135	1.037	1.171	1.599
0.7	1.092	0.563	1.154	1.182	1.198	1.829
0.8	1.102	0.626	1.172	1.320	1.224	2.051
0.9	1.111	0.685	1.190	1.452	1.249	2.263
1.0	1.119	0.740	1.207	1.577	1.273	2.467
2.0	1.179	1.160	1.338	2.558	1.479	4.116
3.0	1.210	1.422	1.419	3.199	1.623	5.239
4.0	1.229	1.599	1.470	3.641	1.720	6.030
5.0	1.240	1.726	1.503	3.959	1.787	6.607
6.0	1.248	1.821	1.525	4.198	1.834	7.042
7.0	1.253	1.895	1.541	4.384	1.867	7.379
8.0	1.257	1.954	1.553	4.531	1.892	7.647
9.0	1.260	2.002	1.561	4.651	1.911	7.865
10.0	1.262	2.042	1.568	4.750	1.925	8.045
20.0	1.270	2.238	1.592	5.235	1.978	8.914
30.0	1.272	2.311	1.597	5.411	1.990	9.225
40.0	1.272	2.349	1.599	5.501	1.994	9.383
50.0	1.273	2.372	1.600	5.556	1.996	9.479
100.0	1.273	2.419	1.602	5.669	1.999	9.673
∞	1.273	2.467	1.602	5.783	2.000	9.870

【例 2.14】　図 2.24 に示すように厚さ 1 cm の肉を温度 $T_\infty=200$℃のオーブンで肉を焼く．ふく射と対流を含む総括熱伝達率を $h_t=43\ \mathrm{W/(m^2\cdot K)}$ とし，肉の熱物性を $\rho=1100\ \mathrm{kg/m^3}$, $k=0.43\ \mathrm{W/(m\cdot K)}$, $c=3.3\ \mathrm{kJ/(kg\cdot K)}$ とする．初期温度 $T_i=10$℃を焼いて肉中心温度が $T_c=60$℃となる時間を推定せよ．ただし，肉の物性値の変化は無視する．

【解 2.14】　肉を代表長さ $L=5$ mm の平板と考え，ビオ数を計算すると，$Bi=h_tL/k=0.5$ 表 2.8 より式(2.50)のパラメータは $A_1=1.070$, $A_2=0.427$ である．中心温度が 60℃となる無次元温度は，
$\theta_c=(T_\infty-T_c)/(T_\infty-T_i)=0.7368$ であるから，式(2.50)を変形して，

$$Fo=\frac{\ln(\theta_c/A_1)}{-A_2}=0.8738$$

物性値より $\alpha=1.185\times10^{-7}\ \mathrm{m^2/s}$ だから，加熱時間は，
$t=FoL^2/\alpha=184\mathrm{s}$ となり，約 3 分で肉中心部まで加熱できる．

＝＝＝＝＝　練習問題　＝＝＝＝＝＝＝＝＝＝＝＝＝＝＝＝＝＝＝＝＝＝＝＝＝＝

【2・1】図 2.25 に示すように，それぞれ厚さ $\delta_1 = 0.5\text{cm}$ のモルタル $(k_1 = 1.4\text{W/(m}\cdot\text{K)})$ と厚さ $\delta_2 = 10\text{cm}$ のレンガ $(k_2 = 0.7\text{W/(m}\cdot\text{K)})$ からなる壁がある．室内の温度 $T_i = 20℃$，屋外の温度 $T_o = -10℃$，室内の空気熱伝達率 $h_1 = 6\text{W/(m}^2\cdot\text{K)}$，屋外の空気熱伝達率 $h_2 = 17\text{W/(m}^2\cdot\text{K)}$ として，以下の問いに答えよ．

(1) 1m^2 あたり壁を通して流れる熱量を求めよ．

(2) モルタルとレンガの境界温度 T_m を求めよ．

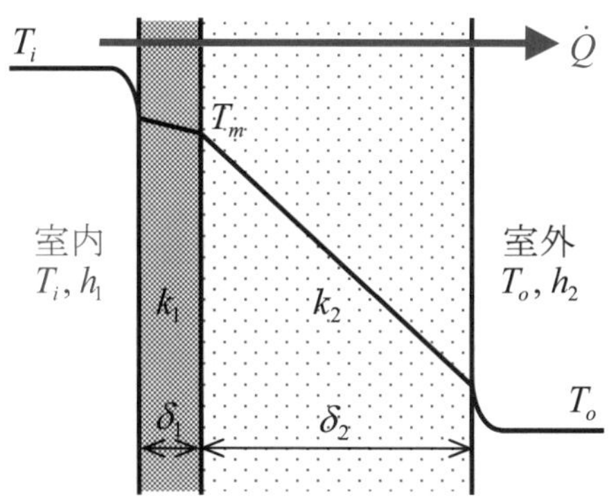

図 2.25　多層平板の定常熱伝導

【2・2】縦横 $L = 3\text{m}$，厚さ $\delta = 20\text{mm}$ のコンクリート壁 $(k = 1.2\text{W/(m}\cdot\text{K)})$ を通して室内から外気へ熱損失がある．外気温と室内温度がそれぞれ $T_o = 0℃$ と $T_i = 25℃$，室外と室内の対流熱伝達率をそれぞれ $h_o = 25\text{W/(m}^2\cdot\text{K)}$ と $h_i = 10\text{W/(m}^2\cdot\text{K)}$ として，以下の問に答えよ．

(1) 壁を通しての損失熱量 $\dot{Q}_W$ を求めよ．

(2) 壁に断熱材 $(k_m = 0.06\text{W/(m}\cdot\text{K)})$ を設置し損失熱量を 50%削減したい．断熱材の長さ δ_m を求めよ．

【2・3】長さ L の平板があり，平板内の熱の流れは定常一次元とする．平板両端の温度がそれぞれ $T_0(x=0)$, $T_L(x=L)$ とし，平板の熱伝導率 k が温度の一次関数 $k = aT + b$（ここで，a, b は定数）として表されるとき，平板内の温度分布を求めよ．

【2・4】A wire of radius $r_w = 1\text{mm}$ at uniform temperature T_w has an electrical resistance of $R_e = 0.066\Omega/\text{m}$ and an electrical current flow of $I = 10\text{A}$.

(1)What is the rate at which heat is dissipated per unit length of wire?

(2)The wire is in an environment having the temperature $T_\infty = 20℃$ and the heat transfer coefficient $h = 25\text{W}/(\text{m}^2\cdot\text{K})$. Estimate the temperature of wire.

(3)The wire is coated with insulator of a thermal conductivity $k = 0.1\text{W}/(\text{m}\cdot\text{K})$. Determine the thickness of insulator leading to the lowest temperature of the wire.

【2・5】図 2.26 に示す(1),(2),(3)のそれぞれに対し，熱流束 $q(\text{W/m}^2)$ を求めよ．ただし，熱の流れは一次元とし，物質 A, B の熱伝導率はそれぞれ，$k_A = 0.8\text{W/(m}\cdot\text{K)}$, $k_B = 0.2\text{W/(m}\cdot\text{K)}$ とする．

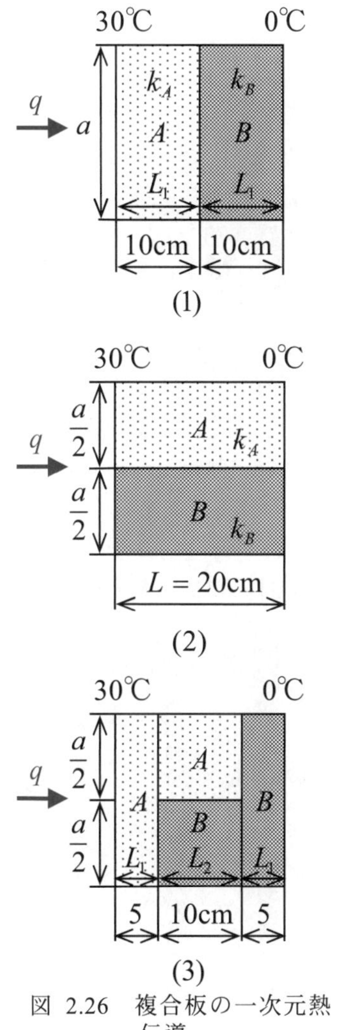

図 2.26　複合板の一次元熱伝導

【2・6】A nuclear reactor fuel element consists of uranium oxide fuel pin of radius $R = 6\text{mm}$ and thermal conductivity $k = 4.2\text{W}/(\text{m}\cdot\text{K})$. Consider steady-state conditions for which uniform heat generation occurs within the fuel at a volumetric rate $\dot{q}_v = 1.8\times10^8\,\text{W/m}^3$ and the outer surface temperature of the fuel is $T = 300℃$. Find the center temperature of the fuel.

【2・7】長さ L の細い棒が（断面積 A，周囲長さ P），温度 $T_1, T_2 (T_1 > T_2)$ の二つの等温壁に結合されている．この棒は温度 T_∞ の流体と対流熱伝達してい

る．(1)棒の内部の温度分布と(2)棒から失われる全熱損失の式を導け．

図 2.27　流水によるスイカの冷却

【2・8】 A steel ball in diameter of 11 mm is quenched from 1100 K in an oil bath that remains at 300 K. Then its central temperature reaches at 400 K. The average heat transfer coefficient is 350 W/(m^2 K). What is the time for the cooling process? Use the physical properties of steel in Example【2.9】.

【2・9】A watermelon of 30 cm-diameter is cooled in water flow at 10 ℃ as shown in Fig.2.27. Initially, the entire watermelon is at a uniform temperature of 30 ℃. Assume that the surface temperature of the watermelon to be 10 ℃, and the properties can be approximated by those of water. Determine how long it will take for the center of the watermelon to drop 15 ℃.

【2・10】 初期温度 $T_i = 300\,\mathrm{K}$ のアクリル樹脂表面に出力 $\dot{Q} = 0.1\,\mathrm{W}$ の CO_2 レーザーを照射して加熱する．レーザー光焦点の直径が $d = 100\,\mu\mathrm{m}$ の場合，表面温度が $T_s = 400\,\mathrm{K}$ に達する時間を計算せよ．ただし，レーザー光はアクリル表面で吸収され，その吸収率は $a = 0.9$ とする．

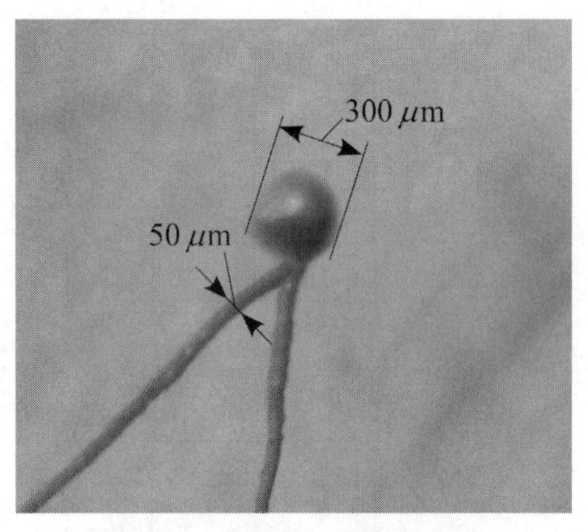

図 2.28　熱電対の顕微鏡写真

【2・11】 A sausage can be considered as a long cylinder whose diameter is $d = 1.5\,\mathrm{cm}$. The sausage initially at $T_i = 5\,℃$ is heated in boiling water at $T_\infty = 100\,℃$. The heat transfer coefficient at the surface of the sausage is estimated as $h = 300\,\mathrm{W/(m^2 \cdot K)}$. Estimate how long it will take for the center of the sausage to be heated at $T_c = 80\,℃$. Use the physical properties of meat in Example【2.14】.

【2・12】 図 2.28 に示すように，素線径 $50\,\mu\mathrm{m}$ の裸熱電対の接点が直径 $d = 300\,\mu\mathrm{m}$ の球となっている．この熱電対を水に挿入したとき，その無次元温度が $\theta = 1/e$ となる応答時間を求めよ．レイノルズ数が非常に小さいとき，球の熱伝達率を表すヌセルト数は $Nu = hd/k_f = 2$ とする．ただし k_f は流体の熱伝導率であり，水では $k_f = 0.6104\,\mathrm{W/(m \cdot K)}$ である．また，熱電対接点の熱伝導率は $k_m = 90.5\,\mathrm{W/(m \cdot K)}$，熱拡散率は $\alpha_m = 2.29 \times 10^{-5}\,\mathrm{m^2/s}$ とする．

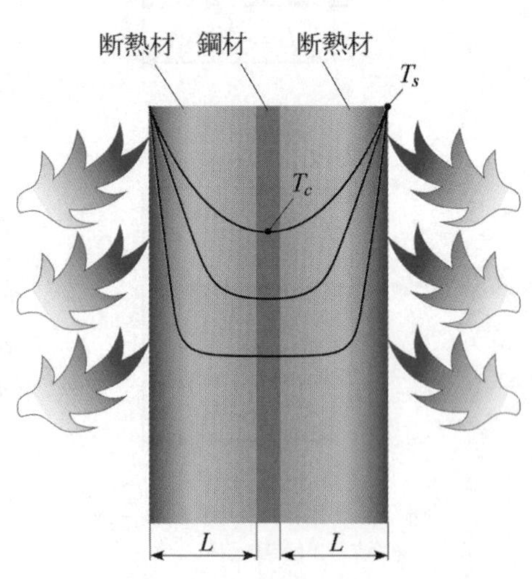

図 2.29　ビル鋼材の断熱

【2・13】高層ビルで火災が発生したとき，火災によるビルの倒壊を防ぐために，建物を支える構造用鋼材は，ある一定時間火災の高温から熱を遮断する必要がある．図 2.29 に示すように，ビル火災で断熱材表面が $T_s = 1500\,\mathrm{K}$ となっているとき，鋼材表面温度を 2 時間の間 $T_c = 870\,\mathrm{K}$ 以下に保つことを考える．火災前の断熱材温度が $T_i = 300\,\mathrm{K}$ のとき，鋼材を覆っているロックウール断熱材の最小厚さを求めよ．ただし，断熱材の熱拡散率は温度によらず一定で $\alpha = 9.0 \times 10^{-7}\,\mathrm{m^2/s}$ とし，鋼材の熱容量は無視する．

第3章

対流熱伝達

Convective Heat Transfer

3・1　対流熱伝達の概要 (introduction to convective heat transfer)

図 3.1　対流熱伝達

図 3.1 に示す扇風機の例のように，流体の移動（対流）による熱輸送が加わると，静止流体の熱伝導とは異なった伝熱形態となり，これを対流熱伝達(convective heat transfer)と呼ぶ．この形態では，流体の巨視的な輸送運動により，熱伝導に比べてはるかに多量の熱を移動させることができる．温度差による浮力で発生する対流を自然対流 (natural convection)または自由対流(free convection)と呼び，機械的な手段（ポンプやファンなど）により強制的に発生させられた対流を強制対流(forced convection)と呼び区別する．また，流体の駆動力が浮力と強制流動の両者に支配される場合を共存対流(mixed convection)または複合対流 (combined convection)と呼ぶ．

流速や物体の寸法が大きくなると，図 3.2（δ は境界層厚さ）に示すように，粘性支配の整然とした層流(laminar flow)から流速が時々刻々と不規則変動する乱流(turbulent flow)へと遷移する．乱流においてはこの不規則運動をする流体塊の効果が大きく，乱流混合(turbulent mixing)による運動量や熱の移動が分子拡散によるそれに比して支配的となる．乱流での運動量の混合や熱移動のレベルは層流におけるそれよりかなり高いものとなる．

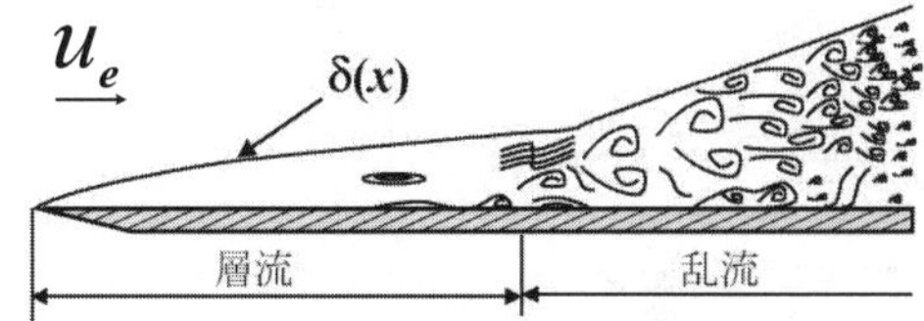

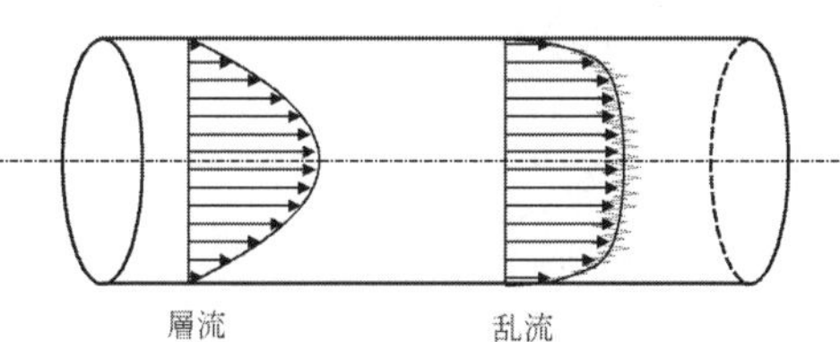

図 3.2 層流から乱流への遷移

【例 3.1】我々の生活のまわりから，強制対流，自然対流および混合対流の例を挙げよ．

【解 3.1】強制対流の例として，扇風機にあたり涼むこと，お風呂のお湯をかき混ぜることなど，自然対流の例として，加熱されるやかん中の水の動きや，あたたかなご飯からでる湯気の動きなどが挙げられる．また，共存対流の例としては，エアコンからの冷気や暖気の室内での動きなどが挙げられる．

固体表面から流体への熱伝達の大きさは，ニュートンの冷却法則(Newton's law of cooling)に従い，固体の温度 T_w と流体の温度 T_f との差に比例する．

$$q = h\left(T_w - T_f\right) \tag{3.1}$$

ここで比例定数 h を熱伝達率(heat transfer coefficient)と呼ぶ．熱伝達率 h を概算してみる．図 3.3 を参照し，固体表面に熱伝導のフーリエの法則を用いると，以下のように記述できる．

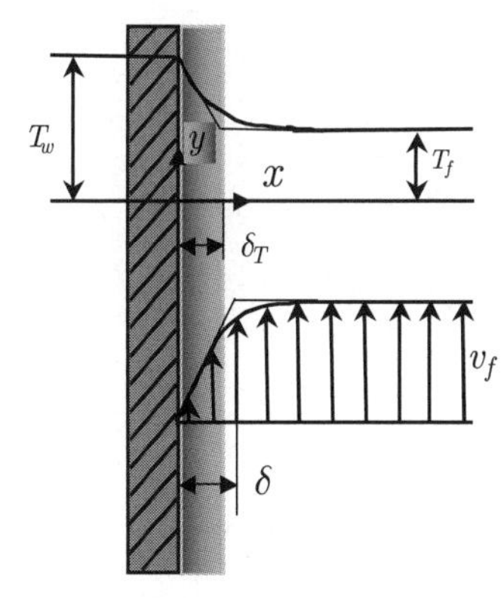

図 3.3　温度境界層および速度境界層

$$h \equiv \frac{q}{\left(T_w - T_f\right)} = \frac{-k \left.\frac{\partial T}{\partial x}\right|_{x=0}}{\left(T_w - T_f\right)} \approx \frac{k \frac{\left(T_w - T_f\right)}{\delta_T}}{\left(T_w - T_f\right)} \approx \frac{k}{\delta_T} \tag{3.2}$$

ここでkは流体の熱伝導率，δ_Tは温度境界層厚さ(thermal boundary layer thickness)である．熱伝達率は，熱伝導率や比熱などと異なり，流体の物性のみでは定まらず，物体形状や流れの条件に大きく依存する．一般には，hは表面の位置に依存するから，これを局所熱伝達率(local heat transfer coefficient)と呼ぶ．表面全体については，平均熱伝達率(average heat transfer coefficient) $\overline{h}$を用い，等温面の場合は次式となる．

$$\overline{h} \equiv \frac{1}{A}\int_A h\, dA \tag{3.3}$$

ここで，Aは表面積である．

【例 3.2】等温の平板において局所熱伝達率が，図 3.4 に示すように，前縁からの距離xの関数として$h = ax^{-0.5}$で与えられるものとする．この時，長さLの平板の平均熱伝達率$\overline{h}$を求めよ．

【解 3.2】式(3･3)より 0 からLまで積分する．

$$\overline{h} \equiv \frac{1}{L}\int_0^L h dx = \frac{1}{L}\int_0^L a x^{-0.5} dx = 2aL^{-0.5} = 2\left.h\right|_{x=L} \tag{3.4}$$

すなわち，平均熱伝達率$\overline{h}$は，板の後縁における局所熱伝達率$\left.h\right|_{x=L}$の 2 倍の値となる．

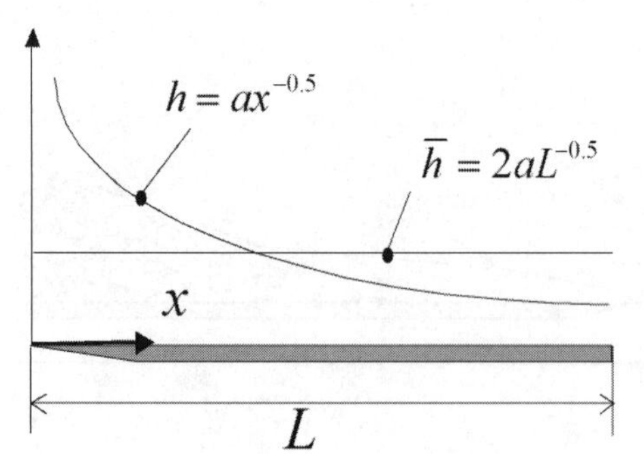

図 3.4　局所および平均熱伝達率

3・2　対流熱伝達の基礎方程式 (governing equations for convective heat transfer)

ニュートン流体の対流熱伝達の基礎式は，粘度，熱伝導率および比熱などの物性値が一定で内部発熱なしの場合，以下で与えられる．

$$\nabla \cdot \boldsymbol{u} = 0 \tag{3.5}$$

$$\frac{\mathrm{D}\boldsymbol{u}}{\mathrm{D}t} = -\frac{1}{\rho}\nabla p + \nu\nabla^2 \boldsymbol{u} + \boldsymbol{g} \tag{3.6}$$

$$\frac{\mathrm{D}T}{\mathrm{D}t} = \alpha\nabla^2 T \tag{3.7}$$

ここで

$$\frac{\mathrm{D}\phi}{\mathrm{D}t} \equiv \frac{\partial\phi}{\partial t} + \left(\boldsymbol{u}\cdot\nabla\right)\phi = \frac{\partial\phi}{\partial t} + u\frac{\partial\phi}{\partial x} + v\frac{\partial\phi}{\partial y} + w\frac{\partial\phi}{\partial z} \tag{3.8}$$

は実質微分(substantial derivative)を表す．　ここで，

$$\nu \equiv \mu/\rho \quad (\mathrm{m^2/s}) \tag{3.9}$$

は流体の動粘度(kinematic viscosity)，また，

$$\alpha = \frac{k}{\rho c_p} \quad (\mathrm{m^2/s}) \tag{3.10}$$

は流体の熱拡散率 (thermal diffusivity)である．なお，自然対流における温度差による密度変化については，別途，3・7 節において，近似的取り扱いを考える．

これらの式を，図 3.5(a)に示すデカルト座標系 (x, y, z) で表示すると表 3.1 のようになる．また，図 3.5(b)に示す円筒座標系 (x, r, θ) では，速度成分 (u, v, w) の単位ベクトルが空間的に変化することから，デカルト座標系よりも表現が複雑となり，表 3.2 のようになる．

表 3.1　デカルト座標に基づく非圧縮性流体の基礎方程式

連続の式

$$\frac{\partial u}{\partial x} + \frac{\partial v}{\partial y} + \frac{\partial w}{\partial z} = 0$$

ナビエ・ストークスの式

$$\frac{\mathrm{D}u}{\mathrm{D}t} = -\frac{1}{\rho}\frac{\partial p}{\partial x} + \nu\left(\frac{\partial^2 u}{\partial x^2} + \frac{\partial^2 u}{\partial y^2} + \frac{\partial^2 u}{\partial z^2}\right) + g_x$$

$$\frac{\mathrm{D}v}{\mathrm{D}t} = -\frac{1}{\rho}\frac{\partial p}{\partial y} + \nu\left(\frac{\partial^2 v}{\partial x^2} + \frac{\partial^2 v}{\partial y^2} + \frac{\partial^2 v}{\partial z^2}\right) + g_y$$

$$\frac{\mathrm{D}w}{\mathrm{D}t} = -\frac{1}{\rho}\frac{\partial p}{\partial z} + \nu\left(\frac{\partial^2 w}{\partial x^2} + \frac{\partial^2 w}{\partial y^2} + \frac{\partial^2 w}{\partial z^2}\right) + g_z$$

エネルギーの式

$$\frac{\mathrm{D}T}{\mathrm{D}t} = \alpha\left(\frac{\partial^2 T}{\partial x^2} + \frac{\partial^2 T}{\partial y^2} + \frac{\partial^2 T}{\partial z^2}\right)$$

表 3.2　円筒座標に基づく非圧縮性流体の基礎方程式

連続の式

$$\frac{\partial u}{\partial x} + \frac{1}{r}\frac{\partial (rv)}{\partial r} + \frac{1}{r}\frac{\partial w}{\partial \theta} = 0$$

ナビエ・ストークスの式

$$\frac{\partial u}{\partial t} + u\frac{\partial u}{\partial x} + v\frac{\partial u}{\partial r} + \frac{w}{r}\frac{\partial u}{\partial \theta} = -\frac{1}{\rho}\frac{\partial p}{\partial x} + \nu\left(\frac{\partial^2 u}{\partial x^2} + \frac{1}{r}\frac{\partial}{\partial r}\left(r\frac{\partial u}{\partial r}\right) + \frac{1}{r^2}\frac{\partial^2 u}{\partial \theta^2}\right) + g_x$$

$$\frac{\partial v}{\partial t} + u\frac{\partial v}{\partial x} + v\frac{\partial v}{\partial r} + \frac{w}{r}\frac{\partial v}{\partial \theta} - \frac{w^2}{r}$$
$$= -\frac{1}{\rho}\frac{\partial p}{\partial r} + \nu\left(\frac{\partial^2 v}{\partial x^2} + \frac{1}{r}\frac{\partial}{\partial r}\left(r\frac{\partial v}{\partial r}\right) - \frac{v}{r^2} + \frac{1}{r^2}\frac{\partial^2 v}{\partial \theta^2} - \frac{2}{r^2}\frac{\partial w}{\partial \theta}\right) + g_r$$

$$\frac{\partial w}{\partial t} + u\frac{\partial w}{\partial x} + v\frac{\partial w}{\partial r} + \frac{w}{r}\frac{\partial w}{\partial \theta} + \frac{vw}{r}$$
$$= -\frac{1}{\rho r}\frac{\partial p}{\partial \theta} + \nu\left(\frac{\partial^2 w}{\partial x^2} + \frac{1}{r}\frac{\partial}{\partial r}\left(r\frac{\partial w}{\partial r}\right) - \frac{w}{r^2} + \frac{1}{r^2}\frac{\partial^2 w}{\partial \theta^2} + \frac{2}{r^2}\frac{\partial v}{\partial \theta}\right) + g_\theta$$

エネルギーの式

$$\frac{\partial T}{\partial t} + u\frac{\partial T}{\partial x} + v\frac{\partial T}{\partial r} + \frac{w}{r}\frac{\partial T}{\partial \theta} = \alpha\left(\frac{\partial^2 T}{\partial x^2} + \frac{1}{r}\frac{\partial}{\partial r}\left(r\frac{\partial T}{\partial r}\right) + \frac{1}{r^2}\frac{\partial^2 T}{\partial \theta^2}\right)$$

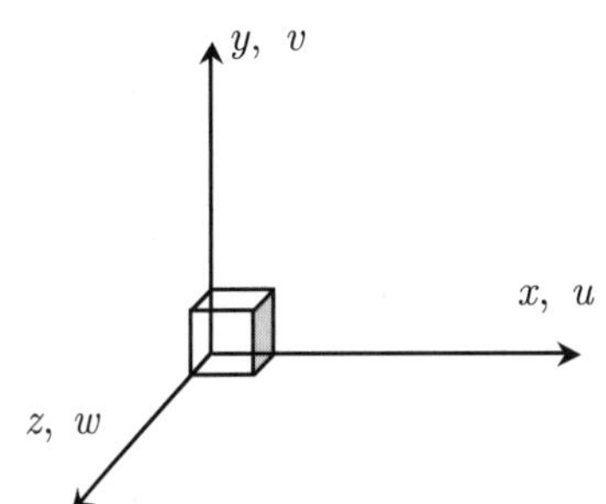

(a)デカルト座標系

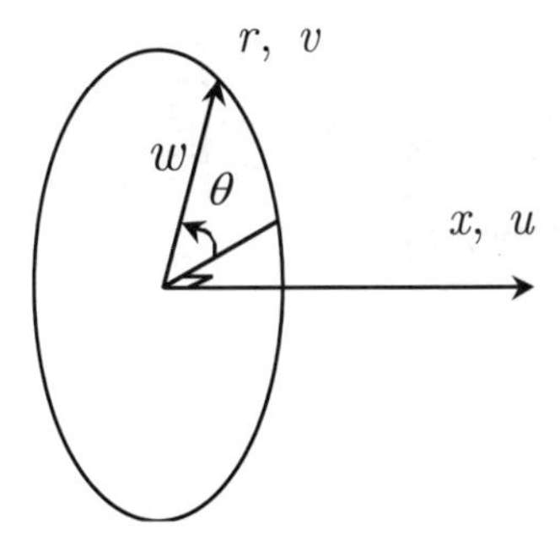

(b)円 筒 座 標

図 3.5　座標系

【例 3.3】円管で発達した層流において $v = w = 0$ が成立することに留意し，円筒座標系で書かれた支配方程式を簡略化せよ．

【解 3.3】連続の式より $u = u(r)$，r および θ 方向の運動量の式より $p = p(x)$ が分かり，x 方向の運動量の式およびエネルギーの式は，次のように簡略化される．

$$-\frac{1}{\rho}\frac{dp}{dx} + \nu\frac{1}{r}\frac{d}{dr}\left(r\frac{du}{dr}\right) = 0 \tag{3.11}$$

$$u\frac{\partial T}{\partial x} = \alpha\left(\frac{\partial^2 T}{\partial x^2} + \frac{1}{r}\frac{\partial}{\partial r}\left(r\frac{\partial T}{\partial r}\right)\right) \tag{3.12}$$

なお，エネルギーの式の右辺第 1 項は，加熱開始点近傍を除き，十分小さいため無視しうる．

図 3.6 に示す二次元物体まわりの層流粘性流を，物体形状に沿う座標を設定し考えてみる．ここで，x を物体表面に沿う座標および y を物体表面に垂直外向きにとる座標とする．プラントルは，物体表面に沿う流れが十分速い場合，速度および温度境界層は極めて薄く，定常二次元問題に対して，次の境界層方程式(boundary layer equations)が成立することを示した．

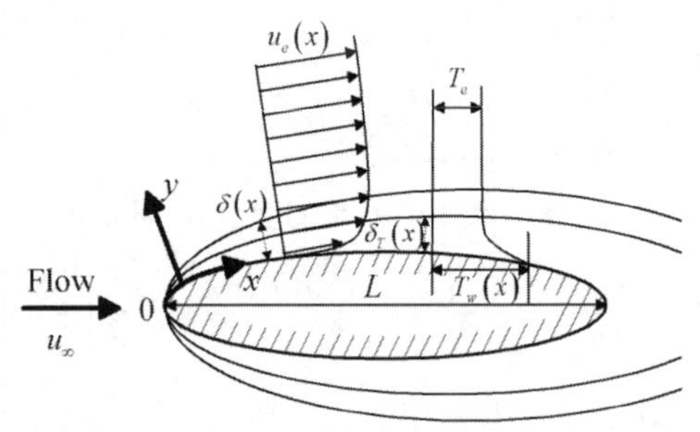
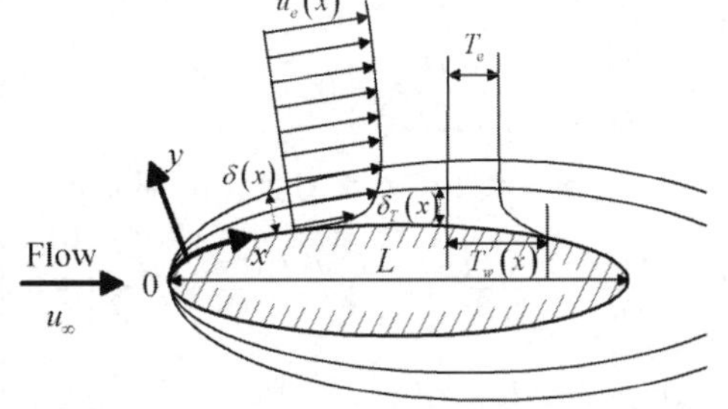

図 3.6　境界層流

$$\frac{\partial u}{\partial x}+\frac{\partial v}{\partial y}=0 \tag{3.13}$$

$$u\frac{\partial u}{\partial x}+v\frac{\partial u}{\partial y}=u_e\frac{\mathrm{d}u_e}{\mathrm{d}x}+\nu\frac{\partial^2 u}{\partial y^2} \tag{3.14}$$

$$u\frac{\partial T}{\partial x}+v\frac{\partial T}{\partial y}=\alpha\frac{\partial^2 T}{\partial y^2} \tag{3.15}$$

ここで境界条件は以下で与えられる．

$$y=0\ :\ u=v=0,\quad T=T_w(x) \tag{3.16a}$$

$$y=\infty\ :\ u=u_e(x),\quad T=T_e=\text{const.} \tag{3.16b}$$

【例 3.4】層流境界層方程式の各項の大きさを考える手続きより，図 3.7 に示す等温水平平板（u_e, T_w は一定）の後縁（$x=L$）における粘性境界層厚さ δ および温度境界層厚さ δ_T の大きさが，以下で表されることを示せ．

$$\delta\sim\left(\frac{\nu L}{u_e}\right)^{1/2} \tag{3.17}$$

$$\delta_T\sim\frac{1}{Pr^{1/2}}\left(\frac{\nu L}{u_e}\right)^{1/2} : Pr\ll 1,\quad \delta_T\sim\frac{1}{Pr^{1/3}}\left(\frac{\nu L}{u_e}\right)^{1/2} : Pr\gg 1 \tag{3.18}$$

ここで，Pr はプラントル数(Prandtl number)である．

$$Pr\equiv\frac{\nu}{\alpha}=\frac{\mu c_p}{k}\ :\ \text{プラントル数} \tag{3.19}$$

プラントル数は水銀で 0.025 程度，気体で 1 程度，また潤滑油で数千というように流体の種類より大きく異なる値をとる．このプラントル数が 1 より十分に大きいか小さいかによって，ヌセルト数(Nusselt number) Nu_L が，レイノルズ数(Reynolds number) Re_L とプラントル数 Pr の関数として，二種の漸近式で表現しうることを示せ．

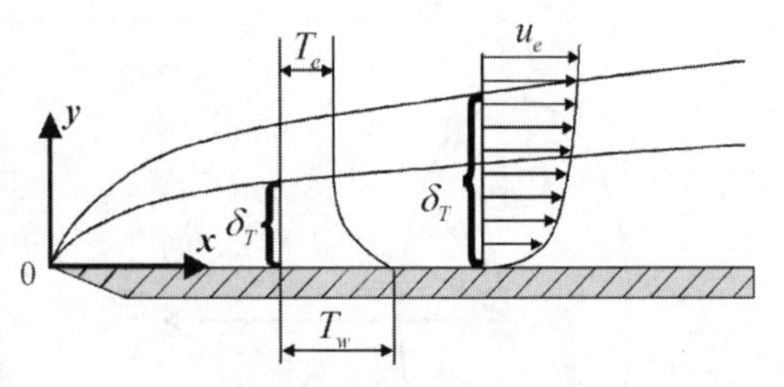

図 3.7　平板に発達する境界層

$$Nu_L\sim Pr^{1/2}Re_L^{\ 1/2} : Pr\ll 1,\ Nu_L\sim Pr^{1/3}Re_L^{\ 1/2}\ : Pr\gg 1 \tag{3.20}$$

ここで $Nu_L\equiv\dfrac{hL}{k}$ ： ヌセルト数 (3.21)

$Re_L\equiv\dfrac{u_e L}{\nu}$ ： レイノルズ数 (3.22)

【解 3.4】速度と長さの大きさは $u\sim u_e$，$x\sim L$，$y\sim\delta$ で見積もることができる．連続の式(3.13)より $v_e\sim u_e(\delta/L)$ と見積もることができるから，運動量の式(3.14)における慣性項はいずれも $u(\partial u/\partial x)$，$v(\partial u/\partial y)\sim u_e^{\ 2}/L$ の大きさであることが分かる．これらが粘性項 $\nu\left(\partial^2 u/\partial y^2\right)\sim\nu u_e/\delta^2$ とバランスするはずであるから $u_e^{\ 2}/L\sim\nu u_e/\delta^2$ となり，粘性境界層厚さ δ の大きさは，

$$\delta \sim \left(\frac{\nu L}{u_e}\right)^{1/2} \quad \text{すなわち} \quad \frac{\delta}{L} \sim \frac{1}{Re_L{}^{1/2}}$$

となる．通常の速度の流れでは $Re_L \gg 1$ の場合が多く，プラントルの境界層近似（$\delta / L \ll 1$ ）が多くの流れにおいて有効であることが分かる．同様にエネルギーの式（3.15）より，次式が導ける．

$$\delta_T \sim \left(\frac{\alpha L}{u|_{y=\delta_T}}\right)^{1/2}$$

ここで，温度境界層の外縁 $y = \delta_T$ における速度の大きさがプラントル数の大きさにより異なることに留意する．

$$\delta_T > \delta \ (Pr \ll 1): \qquad u|_{y=\delta_T} \sim u_e$$

$$\delta_T < \delta \ (Pr \gg 1): \qquad u|_{y=\delta_T} \sim u_e(\delta_T/\delta) \sim u_e \delta_T (u_e/\nu L)^{1/2}$$

すなわち，

$$\delta_T \sim \frac{1}{Pr^{1/2}}\left(\frac{\nu L}{u_e}\right)^{1/2} \ : Pr \ll 1, \qquad \delta_T \sim \frac{1}{Pr^{1/3}}\left(\frac{\nu L}{u_e}\right)^{1/2} \ : Pr \gg 1$$

式（3.2）より，ヌセルト数の大きさは $Nu_L = \dfrac{hL}{k} \sim \dfrac{L}{\delta_T}$，すなわち，

$$Nu_L \sim Pr^{1/2} Re_L{}^{1/2} \ : Pr \ll 1 \qquad Nu_L \sim Pr^{1/3} Re_L{}^{1/2} \ : Pr \gg 1$$

となる．$Nu_L / Re_L{}^{1/2}$ は Pr に依存し，図 3.8 に示すような変化を示す．

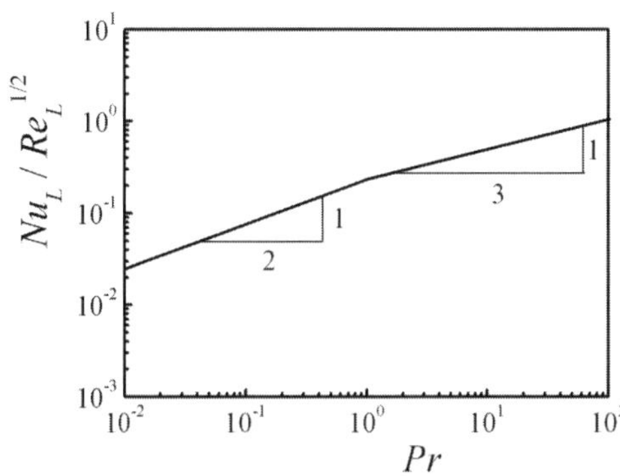

図 3.8　ヌセルト数に対するプラントル数

3・3　管内流の層流強制対流 (laminar forced convection in conduits)

円管流れでは，入口の一様速度 u_B，すなわち断面平均速度(mean velocity)，と管径 d に基づくレイノルズ数が

$$Re_d = \frac{u_B d}{\nu} = \frac{4\dot{m}}{\pi \mu d} \approx 2300 \tag{3.23}$$

程度で乱流となる．ここで $\dot{m}$(kg/s) は質量流量(mass flow rate)である．この遷移レイノルズ数(critical Reynolds number)以下では円管流れは層流を保つ．

流体が一様な速度 u_B で流路に流入すると，図 3.9 に示すように，速度境界層が入口より発達し，ついにはその境界層が管断面中央で合流する．この合流地点までの長さを速度助走区間(hydrodynamic entrance region) L_u と呼び，層流と乱流の場合，それぞれ，以下で見積もることができる．

$$L_u / d \approx 0.05\, Re_d \quad ：層流（Re_d \le 2300） \tag{3.24a}$$

$$L_u / d \approx 10 \quad ：乱流（Re_d > 2300） \tag{3.24b}$$

合流地点の下流に実現される速度分布が不変となる流れを十分に発達した流れ(fully-developed flow)と呼ぶ．一般に，乱流の助走区間は層流のそれより

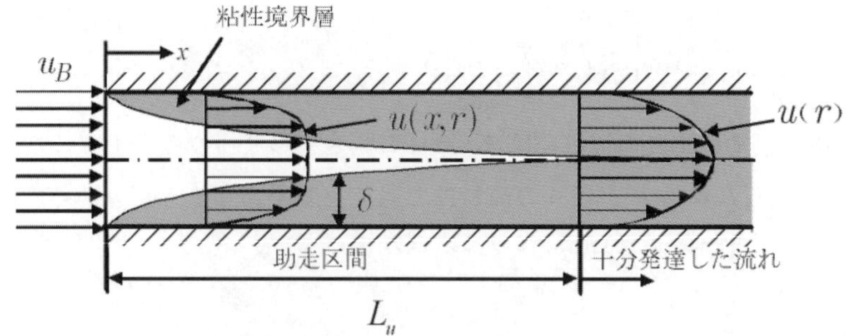

図 3.9 管内流の助走区間

短く，L_u/d はレイノルズ数に依存しなくなる．

速度場と同様に，温度場にも助走区間が存在する．加熱開始点より温度境界層が発達し，ついに温度境界層が管断面中央で合流するが，それまでの区間を温度助走区間(thermal entrance region)と呼び，それより下流の温度場を十分に発達した温度場(fully-developed temperature field)と呼ぶ．この十分に発達した温度場では温度分布が相似となる．温度助走区間の長さ L_T の見積もりには次式を用いればよい．

$$L_T/d \approx 0.05\,Re_d Pr = 0.05\,Pe_d \quad ：層流（Re_d \le 2300） \tag{3.25a}$$

$$L_T/d \approx 10 \quad ：乱流（Re_d > 2300） \tag{3.25b}$$

一般に管路の抵抗を表す無次元量として，管摩擦係数(Moody friction factor) λ_f が用いられる．

$$\lambda_f = \frac{8\tau_w}{\rho {u_B}^2} = -\frac{2d_h}{\rho {u_B}^2}\frac{dp}{dx} \tag{3.26}$$

ここで，τ_w は壁応力(wall shear stress)，また d_h は水力直径(hydraulic diameter)，すなわち「断面積を周長で除した値の 4 倍」の値で，平行平板流路で流路高さの 2 倍，円管路で直径そのものに対応する．

平行平板間および円管内で十分に発達した層流の速度分布および，管摩擦係 λ_f はそれぞれ以下で与えられる．

平行平板：

$$u = \frac{1}{2\mu}\left(-\frac{\mathrm{d}p}{\mathrm{d}x}\right)\left(H^2 - y^2\right) = \frac{3}{2}u_B\left(1-\left(\frac{y}{H}\right)^2\right) \tag{3.27}$$

$$\lambda_f = \frac{96}{Re_{d_h}} \tag{3.28}$$

ここで水力直径 $d_h = 4\,H$ である．

円管：

$$u = \frac{1}{4\mu}\left(-\frac{\mathrm{d}p}{\mathrm{d}x}\right)\left(R^2 - r^2\right) = 2u_B\left(1-\left(\frac{r}{R}\right)^2\right) \tag{3.29}$$

$$\lambda_f \equiv \frac{8\tau_w}{\rho {u_B}^2} = -\frac{2d}{\rho {u_B}^2}\frac{\mathrm{d}p}{\mathrm{d}x} = \frac{64}{Re_d} \tag{3.30}$$

【例 3.5】内径 1 cm の円管に油が，流量 0.14 kg/s で流れている．油は，入口より一様な速度で流入するものとし，速度助走区間を求めよ．さらに，管摩擦係数 λ_f を用い，十分に発達した流れの区間における管軸 1 m 当りの圧力損失を求めよ．なお，油はニュートン流体とし，密度 $\rho = 860\,\mathrm{kg/m^3}$，粘度 $\mu = 0.0172\,\mathrm{Pa \cdot s}$ とする．

【解 3.5】平均速度は

$$u_B = \frac{4\dot{m}}{\rho\pi d^2} = \frac{4\times0.14[\mathrm{kg/s}]}{860\left[\mathrm{kg/m^3}\right]\times3.14\times0.01^2\left[\mathrm{m^2}\right]} = 2.07\ [\mathrm{m/s}]$$

であり，

$$Re_d = \frac{\rho u_B d}{\mu} = \frac{860\left[\mathrm{kg/m^3}\right]\times2.07[\mathrm{m/s}]\times0.01[\mathrm{m}]}{0.0172[\mathrm{kg/(m\cdot s)}]} = 1035 < 2300$$

層流と考えられる．助走区間は式(3.24a) より

$$L_u \approx 0.05\,Re_d d = 0.05\times1035\times0.01[\mathrm{m}] = 0.52\ [\mathrm{m}]$$

十分に発達した流れの管摩擦係数 λ_f は

$$\lambda_f = \frac{64}{Re_d} = \frac{64}{1035} = 0.0618$$

であり，管 1 m 当りの圧力損失は

$$\Delta p = \lambda_f \frac{\rho u_B{}^2}{2d} x = 0.0618\times\frac{860\left[\mathrm{kg/m^3}\right]\times2.07^2\left[\mathrm{m^2/s^2}\right]}{2\times0.01[\mathrm{m}]}\times1[\mathrm{m}] = 1.14\times10^4[\mathrm{Pa}]$$

管内流においては，参照温度差として，通常，壁温 T_w と流体の混合平均温度(bulk mean temperature) T_B との差をとり，これで熱流束を除したものを熱伝達率 $h = q/(T_w - T_B)$ と定義する．混合平均温度は，注目する流路断面における流体温度を代表する温度であり，次式で定義される．

$$T_B(x) \equiv \frac{\int_A \rho c_p uT\,\mathrm{d}A}{\int_A \rho c_p u\,\mathrm{d}A} = \frac{\int_A uT\,\mathrm{d}A}{u_B A} \tag{3.31}$$

十分に発達した温度場では温度が相似となるため熱伝達率が一定となる．

壁面の加熱（または冷却）に関しては，　二種類の漸近的境界条件，すなわち，等熱流束壁条件(constant wall heat flux)と等温壁条件(constant wall temperature)がある．実際に実現されるすべての熱境界条件 (thermal boundary condition)は，この二種類の漸近的境界条件の間にあるものと考えられる．ここでは，流体を加熱する場合（$T_w > T_B$）を想定するが，冷却の場合（$T_w < T_B$）でも得られる結果は数学的に等値であり，そのまま適用できる．

等熱流束壁条件下の平行平板間および円管内における十分に発達した流れの温度分布およびヌセルト数 Nu_{d_h} および Nu_d は以下で与えられる．

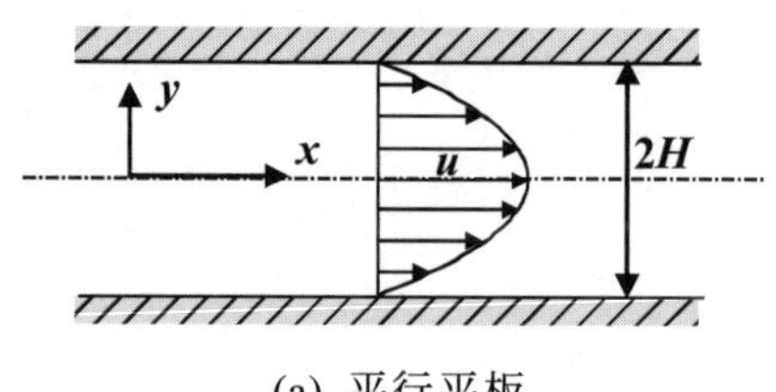

(a) 平行平板

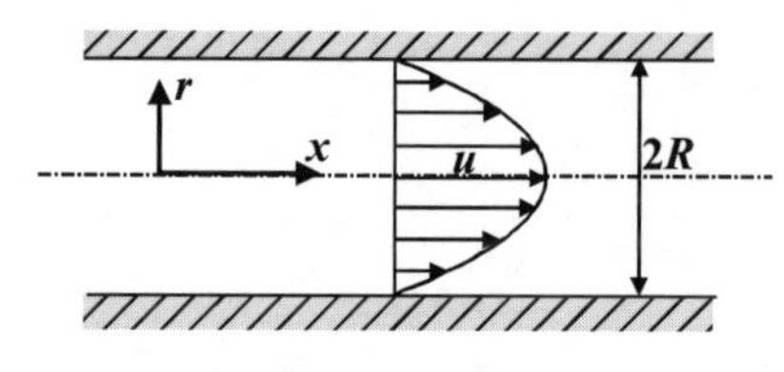

(b) 円管

図 3.10　十分に発達した流れ

平行平板（等熱流束）：

$$\frac{T-T_w}{T_B-T_w}=\frac{35}{136}\left(5-6\eta^2+\eta^4\right) \tag{3.32}$$

$$Nu_{d_h}\equiv\frac{h(4H)}{k}=\frac{140}{17}=8.24 \tag{3.33}$$

円管（等熱流束）：

$$\frac{T-T_w}{T_B-T_w}=\frac{8}{11}\left(3-4\eta^2+\eta^4\right) \tag{3.34}$$

$$Nu_d\equiv\frac{hd}{k}=\frac{48}{11}=4.36 \tag{3.35}$$

ここで無次元変数 η は平面座標および円筒座標において，

$$\eta=\frac{y}{H}\quad および\quad \eta=\frac{r}{R} \tag{3.36}$$

と定義し，図 3.10 に示すように，その原点を流路の中心にとる．これらの温度分布を，図 3.11 に示す．なお，壁面での無次元温度勾配はヌセルト数に対応している．等温壁条件および等熱流束条件下の平行平板および円管で十分に発達した温度場におけるヌセルトの値を表 3.3 に示す．

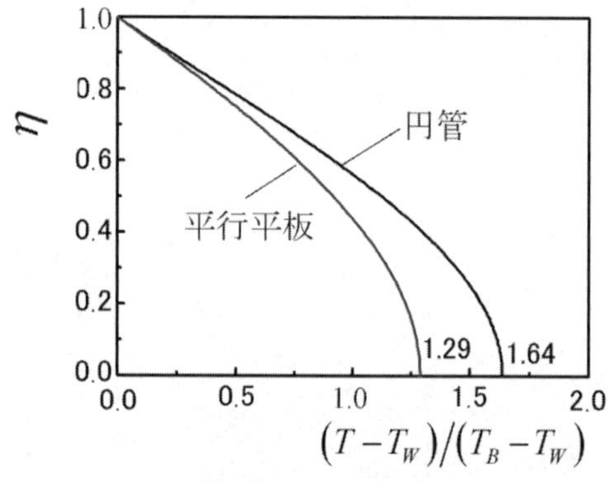

図 3.11　等熱流束壁条件下で十分に発達した温度分布

表 3.3 ヌセルト数の漸近値（代表寸法：水力直径）

加熱条件	平行平板	円管
等熱流束	8.24	4.36
等温	7.54	3.66

【例 3.6】温度 20℃の水が，内径 6 cm，長さ 10 m の円管の入口から流入し，一定の熱流束 $q=800\text{W/m}^2$ で加熱されるものとする．管材の耐熱性の問題から内壁の温度は 80℃以下に抑える必要がある．円管に流す水の流量を，最低でもいくらに設定する必要があるか．

【解 3.6】最高温度となる出口の壁温を 80℃以下に保てばよい．その時の熱伝達率を，十分に発達した場合の層流のヌセルト数（表 3.3）を用いて予測する．まず，仮の水の熱伝導率として，物性値表より温度 80℃の値を読み取り以下のように h を求める．

$$h=Nu_d\frac{k}{d}=4.36\times\frac{0.667}{0.06}=48.5\ \text{W}/\left(\text{m}^2\cdot\text{K}\right)$$

したがって，仮の出口混合平均温度は以下のようになる．

$$T_B=T_w-\frac{q}{h}=80-\frac{800}{48.5}=63.5℃$$

そこで，膜温度 $(63.5+80)/2=71.8$℃を用いて，もう一度，物性値表より熱伝導率の値を読み取り，再度，出口混合平均温度を算出する．

$$h=4.36\times\frac{0.661}{0.06}=48.0\ \text{W}/\left(\text{m}^2\cdot\text{K}\right),\quad T_B=80-\frac{800}{48.0}=63.3℃$$

新しい膜温度は $(63.3+80)/2=71.7$℃となり，仮定した膜温度とほぼ一致する．したがって，この計算値 63.3℃を出口混合平均温度とする．（一般に，等熱流束条件下においては，物性値の更新が必要となるが，温度変化が大きくないときは，これを省略する場合も多い．）

熱バランスの関係 $c_p\dot{m}\left(T_B(L)-T_B(0)\right)=\pi dqL$ より，最低必要となる水の流量を決定する．

$$\dot{m} = \frac{\pi dqL}{c_p(T_B(L) - T_B(0))} = \frac{3.14 \times 0.06 \times 800 \times 10}{4180 \times (63.3 - 20)} = 0.00833 \text{ kg/s}$$

なお，この時のレイノルズ数は

$$Re_d = \frac{u_B d}{\nu} = \frac{4\dot{m}}{\pi \mu d} = \frac{4 \times 0.00832}{3.14 \times 6.53 \times 10^{-4} \times 0.06} = 271 < 2300$$

であるから，仮定のとおり層流である．また助走区間は式（3.25a）より

$$L_T = 0.05 d Re_d Pr = 0.05 \times 0.06 \times 271 \times 4.34 = 3.53 \text{ m} < 10 \text{ m}$$

したがって，仮定のとおり，出口では十分発達した温度場が形成されている．

入口から十分下流の等温加熱開始点でハーゲン・ポアズイユ流れを想定する円管路温度助走区間(thermal entrance region in a circular tube)の解析は，グレツ問題(Graetz problem)と呼ばれ，グレツやヌセルトをはじめ多くの研究者の興味を引いた．プラントル数が十分に大きい場合は，温度境界層の発達に比べ速度境界層の発達が極めて早い．したがって，円管入口から加熱が開始されたとしても，温度助走区間の長さに比して速度助走区間は無視しうる程短く，図 3.12 に示すように，温度助走区間全域で十分に発達した速度場にあると考えて支障ない．すなわち，グレツ問題の解はプラントル数が十分に大きい場合の解をも包含すると考えてよい．

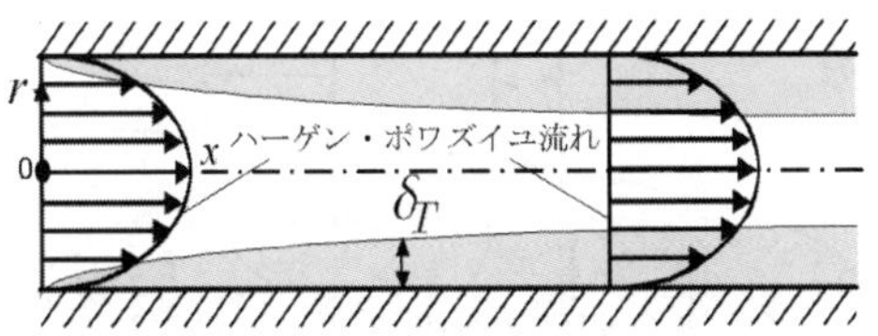

図 3.12 温度助走区間問題（グレツ問題，高プラントル数）

等温度壁条件の場合，グレツ問題の漸近解は以下で与えられる．

$$Nu_d(x^*) \approx 1.08 x^{*-1/3} \qquad x^* < 0.01 \tag{3.37a}$$

$$Nu_d(x^*) \approx 3.66 \qquad x^* > 0.05 \tag{3.37b}$$

ここで

$$x^* = \frac{(x/d)}{Re_d Pr} = \frac{(x/d)}{Pe_d} \tag{3.38}$$

すなわち，図 3.13 に示すように，局所ヌセルト数は下流に向かうにしたがい減少し，十分発達した温度場に対応する値 3.66 に漸近していく．

なお，等熱流束壁条件下で同様の解析を行い，漸近解を求めると以下を得る．

$$Nu_d(x^*) = 1.30 x^{*-1/3} \qquad x^* < 0.01 \tag{3.39a}$$

$$Nu_d(x^*) \approx 4.36 \qquad x^* > 0.05 \tag{3.39b}$$

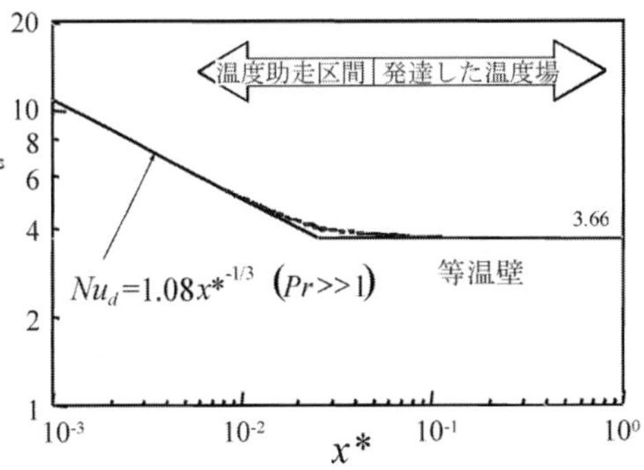

図 3.13　助走区間の局所ヌセルト数

【例 3.7】管内の内壁温度が一様な場合，長さ L の加熱（または冷却）管の平均ヌセルト数 $\overline{Nu_d} = \bar{h}d/k$ を求める式を式（3.37a）および（3.37b）より導け．

【解 3.7】漸近解の交点は$(1.08/3.66)^3 = 0.026$であるから，

$L^* < 0.026$の場合

$$\overline{Nu_d} = \frac{1}{L^*}\int_0^{L^*} 1.08x^{*-1/3}dx^* = 1.62L^{*-1/3}$$

$L^* > 0.026$の場合

$$\overline{Nu_d} = \frac{1}{L^*}\left(\int_0^{0.026} 1.08x^{*-1/3}dx^* + 3.66\left(L^* - 0.026\right)\right) = 3.66 + \frac{0.0470}{L^*}$$

なお，これらの結果は次の Shah の相関式に極めて近い．

$L^* < 0.03$の場合

$$\overline{Nu_d} = 1.615L^{*-1/3} - 0.2 \tag{3.40a}$$

$L^* > 0.03$の場合

$$\overline{Nu_d} = 3.657 + \frac{0.0499}{L^*} \tag{3.40b}$$

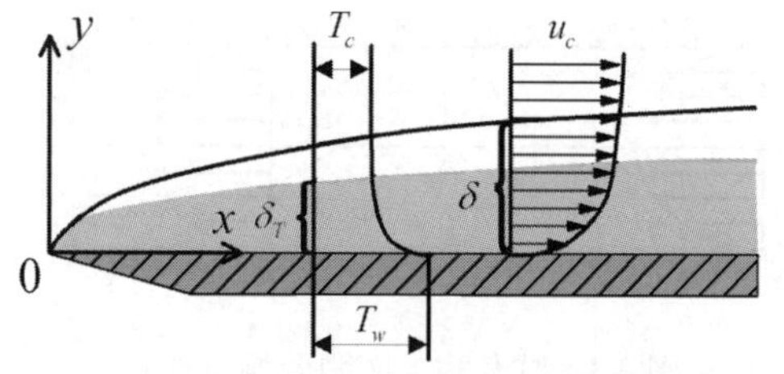

図 3.14　平板に発達する境界層

【例 3.8】壁面温度が 80℃に保たれた内径 22 mm の円管に 20℃の水が流量 0.01 kg/s で流入する．出口の混合平均温度を 50℃にしたい．必要となる管の長さ L を求めよ．

【解 3.8】まず，Shah の相関式より$\overline{Nu_d}$を求め，管全体の加熱量を次式で算出する．

$$\dot{Q} = (\pi dL)\bar{h}\Delta T_{lm} = \pi Lk\overline{Nu_d}\Delta T_{lm} \tag{3.41}$$

ここで，管内で変化する水温と壁温の平均温度差としては，次の対数平均温度差 ΔT_{lm} を用いる（練習問題【3・2】および第 7 章参照）．

$$\Delta T_{lm} = \left(T_B(L) - T_B(0)\right)\Big/\ln\left(\frac{T_w - T_B(0)}{T_w - T_B(L)}\right) \tag{3.42}$$

温度$(20+50)/2 = 35$℃における物性値を表より読み取り，レイノルズ数を算出し，層流であるかを確認した後，L^*とΔT_{lm}を求める．

$$Re_d = \frac{u_B d}{\nu} = \frac{4\dot{m}}{\pi\mu d} = \frac{4\times 0.01}{3.14\times 7.25\times 10^{-4}\times 0.022} = 799 < 2300$$

したがって，層流である．

$$L^* = \frac{L}{d\,Re_d Pr} = \frac{L}{0.022\times 799\times 4.88} = \frac{L}{85.8}$$

$$\Delta T_{lm} = (50-20)\Big/\ln\left(\frac{80-20}{80-50}\right) = 43.3℃$$

等温壁では，ΔT_{lm}は算術平均温度差（$T_w - 0.5(T_B(L) + T_B(0)) = 45℃$）に近い．$L^* > 0.03$を仮定し，Shah の式(3.40b)を(3.41)に代入すると

$$\dot{Q} = \dot{m}c_p\left(T_B(L) - T_B(0)\right) = \pi k\Delta T_{lm}L\overline{Nu_d}$$

$$0.01\times 4180\times(50-20) = 3.14\times 0.622\times 43.3\times(3.657L + 0.0499\times 85.8)$$

となり，$L = 2.88$ m を得る．$L^* = L/85.8 = 2.88/85.8 = 0.0336 > 0.03$　であり，仮定を満たす．

3・4 物体まわりの強制対流層流熱伝達 (laminar forced convection from a body)

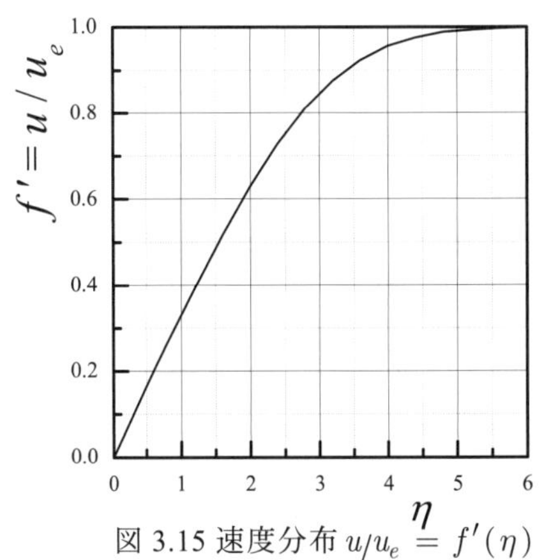

図 3.15 速度分布 $u/u_e = f'(\eta)$

図 3.14 に示すように，一様な速度 u_e で流れる温度 T_e の流体中に，一定の壁温 T_w に加熱された平板が流れに平行に置かれている．この問題は，ラジエータのフィンからの放熱のモデルとして，実際の放熱設計の観点からも重要視されている．一般に，境界層外縁速度 u_e および板の長さ L に基づくレイノルズ数が $Re_L = u_e L/\nu < 5\times10^5$ の範囲にあれば，層流状態にあると考えてよく，ブラジウス(Blasius)により速度分布が，ポールハウゼン(Pohlhausen)により温度分布が，図 3.15 および 3.16 に示すように求められている．ここでは，次の変数変換を用いている．

$$\eta = \frac{y}{\sqrt{\nu x/u_e}},\quad f(\eta) = \frac{\psi}{\sqrt{\nu x u_e}},\quad \theta(\eta) = \frac{T - T_e}{T_w - T_e} \tag{3.43}$$

局所摩擦係数(local friction coefficient)および平均摩擦係数(average skin friction coefficient)は以下で与えられる．

$$C_{f_x} \equiv \frac{2\tau_w}{\rho {u_e}^2} = \frac{2}{\rho {u_e}^2}\mu\left.\frac{\partial u}{\partial y}\right|_{y=0} = \frac{2f''(0)}{Re_x^{1/2}} = \frac{0.664}{Re_x^{1/2}} \tag{3.44}$$

$$\bar{C}_f \equiv \left(\frac{2}{\rho {u_e}^2}\right)\frac{1}{L}\int_0^L \tau_w dx = \frac{1.328}{Re_L^{1/2}} \tag{3.45}$$

温度分布は無次元流れ関数 $f(\eta)$ の結果を用いて次式より決定することができる．

$$\theta = 1 - \frac{\int_0^\eta \exp\left(-\frac{Pr}{2}\int_0^\eta f d\eta\right) d\eta}{\int_0^\infty \exp\left(-\frac{Pr}{2}\int_0^\eta f d\eta\right) d\eta} \tag{3.46}$$

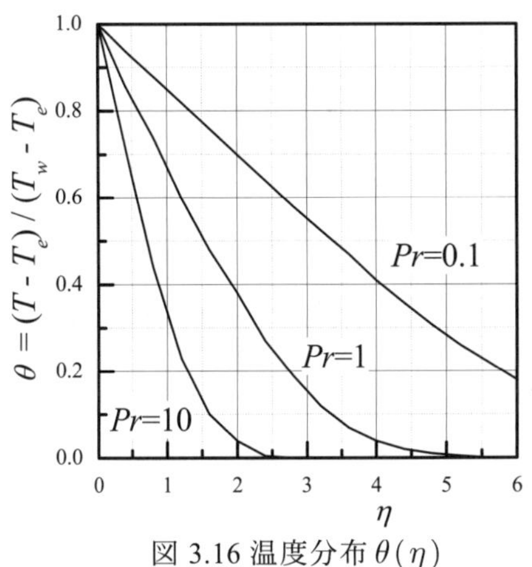

図 3.16 温度分布 $\theta(\eta)$

$0.5 < Pr < 15$ において，局所ヌセルト数 (local Nusselt number)および平均ヌセルト数(average Nusselt number)は次式で算出できる．

$$Nu_x \equiv \frac{q_w x}{(T_w - T_e)k} = -\theta'(0)Re_x^{1/2} = 0.332 Re_x^{1/2} Pr^{1/3} \quad (\ 0.5 < Pr < 15\ ) \tag{3.47}$$

$$\overline{Nu_L} \equiv \frac{\bar{h}L}{k} = \frac{\int_0^L q_w dx}{(T_w - T_e)k} = 0.664 {Re_L}^{1/2} Pr^{1/3} \quad (0.5 < Pr < 15) \tag{3.48}$$

図 3.17 に示すように非加熱部が $0 \le x \le x_0$ の平板先端に存在する場合の局所ヌセルト数の算出には次式を用いる．

$$Nu_x / {Re_x}^{1/2} = \frac{0.332 Pr^{1/3}}{\left(1 - (x_0/x)^{3/4}\right)^{1/3}} \quad (x > x_0) \tag{3.49}$$

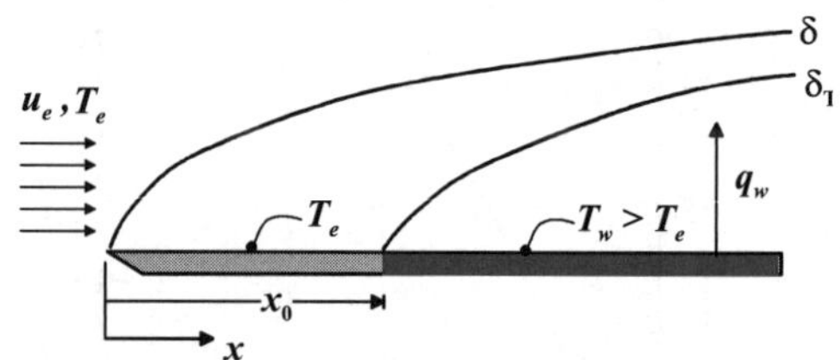

図 3.17 非加熱部が存在する場合

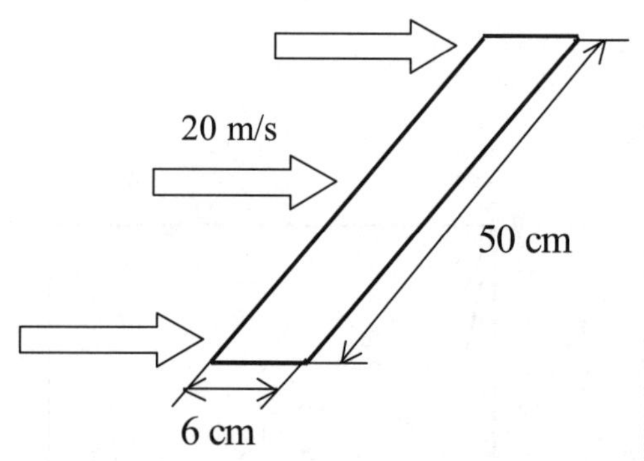

図 3.18 一様流中の加熱平板

【例 3.9】図3.18に示すように, 長さ 6 cmで幅 50 cmの平板上を温度 20℃の空気が速度 20m/s で流れている．平板表面が一様な温度 60℃に保たれる時，その表面（片面）からの単位幅当たりの放熱量はいくらか．

【解 3.9】膜温度$(20+60)/2=40$℃における空気の物性値を読み取り，レイノルズ数を算出すると

$$Re_L = u_e L/\nu = 20\times 0.06/1.70\times 10^{-5} = 7.06\times 10^4 < 5\times 10^5$$

であるから，，層流である．平均熱伝達率は式(3.48)より

$$\bar{h} = \overline{Nu_L}\frac{k}{L} = 0.664 Re_L{}^{1/2} Pr^{1/3}\frac{k}{L}$$

$$= 0.664\times\left(7.06\times 10^4\right)^{1/2}\times 0.711^{1/3}\times\frac{0.0272}{0.06} = 71.4\ \mathrm{W/\left(m^2\cdot K\right)}$$

となるので，放熱量は，以下のように求められる．

$$\dot{Q} = \bar{h}A\left(T_w - T_e\right) = 71.4\times\left(0.06\times 0.5\right)\times\left(60-20\right) = 85.7\ \mathrm{W}$$

【例 3.10】水平平板上を流れる液体金属（$Pr \ll 1$）の層流強制対流熱伝達に適用できる平均熱伝達率の式を導け．

【解 3.10】粘性境界層は温度境界層に比べ極めて薄いから，温度境界層全体にわたり $df/d\eta = u/u_e = 1$ と近似しうる．すなわち，$f(\eta)=\eta$. これを，式（3.46）に代入し温度分布が求められる．

$$\theta = 1 - \frac{\int_0^{\eta}\exp\left(-\frac{Pr}{4}\eta^2\right)\mathrm{d}\eta}{\int_0^{\infty}\exp\left(-\frac{Pr}{4}\eta^2\right)\mathrm{d}\eta} = 1 - \mathrm{erf}\left(\frac{Pr^{1/2}}{2}\eta\right) \qquad (3.50)$$

ここで $\mathrm{erf}(z)$ は誤差関数である．したがって局所ヌセルト数は

$$Nu_x = -\theta'(0) Re_x^{1/2} = \left(\frac{Pr}{\pi}\right)^{1/2} Re_x^{1/2} = 0.564 Re_x^{1/2} Pr^{1/2} \qquad (3.51)$$

となる．また，平均ヌセルト数は以下のとおりとなる．

$$\overline{Nu_L} \equiv \frac{\bar{h}L}{k} = \frac{\int_0^L q_w \mathrm{d}x}{(T_w - T_e)k} = 1.13 Re_L{}^{1/2} Pr^{1/2} \qquad (Pr \ll 1 \qquad (3.52)$$

この関係は，図 3.8 の結果とも符合する．

Smith-Spalding は二次元任意形状物体(two-dimensional body of arbitrary shape)の等温壁からの層流強制対流熱伝達を考え，局所ヌセルト数が，任意の外縁速度分布関数 $u_e(x)$ に応じて，以下で算出できることを示した．

$$Nu_x / Re_x{}^{1/2} = 0.332 Pr^{0.35}\left(\frac{u_e{}^{2.95Pr^{0.07}-1} x}{\int_0^x u_e{}^{2.95Pr^{0.07}-1}\mathrm{d}x}\right)^{1/2} \qquad (3.53)$$

ここで $Re_x = u_e(x)x/\nu$ は x と $u_e(x)$ に基づく局所ヌセルト数である．上の式を，図 3.19 に示すような，$u_e(x) = C_u x^m$（直角くさび $m = 1/3$，垂直平板 $m = 1$）が成立するくさび流れの層流強制対流熱伝達に適用すると以下を得る．

$$Nu_x / Re_x^{1/2} = 0.332 Pr^{0.35}\left(1 + \left(2.95 Pr^{0.07} - 1\right)m\right)^{1/2} \tag{3.54}$$

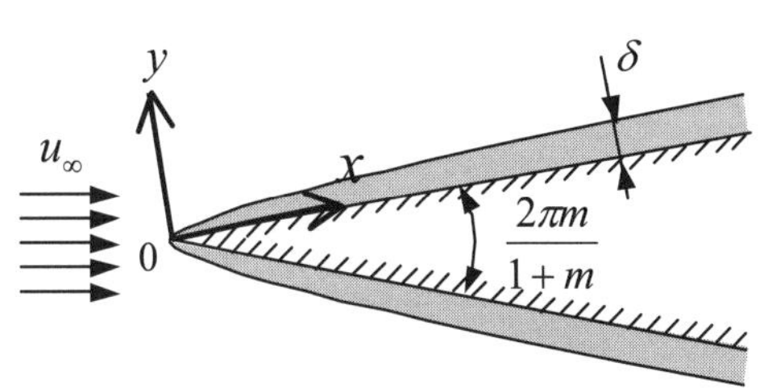

図 3.19 くさび流れ

また，一様な（近寄り）速度 u_∞ に置かれた半径 R の円柱の前方よどみ点近傍では $u_e(x) = 2u_\infty(x/R)$ が成立するから，上式より以下を得る．

$$h = 0.570 Pr^{0.385}\left(\frac{2u_\infty R}{\nu}\right)^{1/2}\frac{k}{R} = \text{const.} \tag{3.55}$$

3・5 乱流熱伝達の概要 (introduction to turbulent convective heat transfer)

工業上遭遇する流れのほとんどが，速度および温度が不規則に変動する乱流である．したがって，乱流対流熱伝達(turbulent convective heat transfer)の見積もりは，工業的応用において決して避けては通れない重要な課題である.層流を保つか，乱流に遷移するかは，レイノルズ数に依存する．初期乱れにも依存するが，一般に，管内流では $Re_d > 2300$ で，平板境界層流れでは $Re_x > 5\times10^5$ となる下流で，乱流に遷移する．図 3.20(a)に示すように，滑らかな平面上に発達する乱流境界層の完全乱流域(fully-turbulent layer)内の平均速度は相似な対数速度分布となり，これを壁法則(law of the wall)と呼ぶ．

$$\frac{u}{(\tau_w/\rho)^{1/2}} = \frac{1}{\kappa}\ln\left\{\frac{(\tau_w/\rho)^{1/2} y}{\nu}\right\} + B \tag{3.56}$$

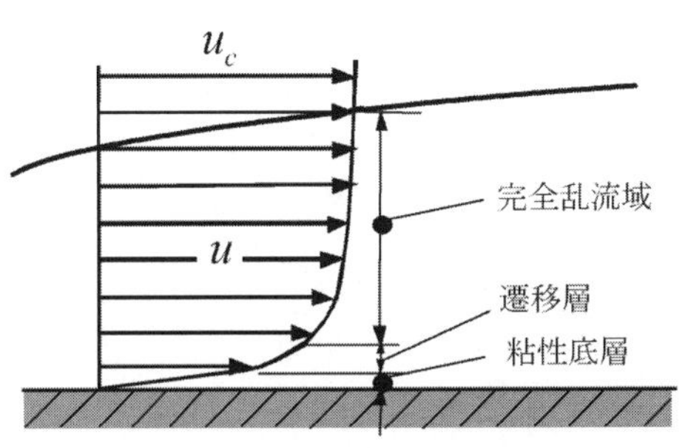

(a)乱流境界層

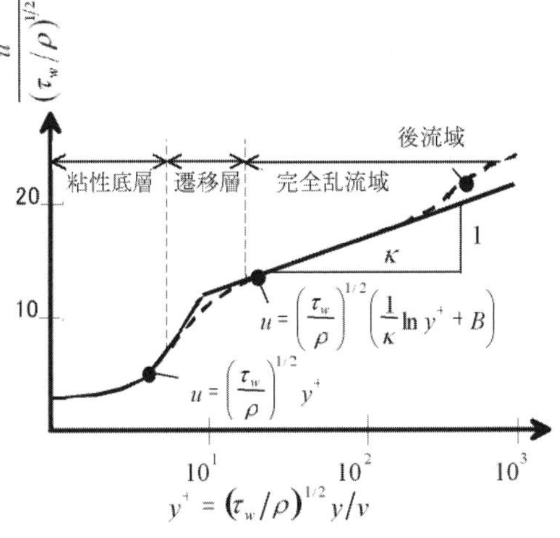

(b)対数速度分布

図 3.20 乱流境界層

ここで，カルマン定数 κ および積分定数 B は,(κ, B)=(0.40, 5.5)　または (0.41, 5.0) の値をとる．乱流境界層の大部分を占める対数速度分布(式(3.56))を，片対数表示で図 3.20(b)に示す．実際は，同図に示すように，層流の線形速度分布から成る粘性底層(viscous sublayer)，この線形速度分布と対数速度分布が滑らかに接続する遷移層（buffer layer）および境界層外縁の影響を受ける後流域(wakelike layer)がそれぞれ存在する．

管摩擦係数の経験式としては，ブラジウスの式(Blasius formula)および White の式が知られている．

$$\lambda_f = 0.3164 Re_d^{-1/4}\left(3\times10^3 < Re_d < 10^5\right)\text{:Blasius} \tag{3.57}$$

$$\lambda_f = 1.02\left(\log_{10} Re_d\right)^{-2.5}\left(3\times10^3 < Re_d < 10^8\right)\text{: White} \tag{3.58}$$

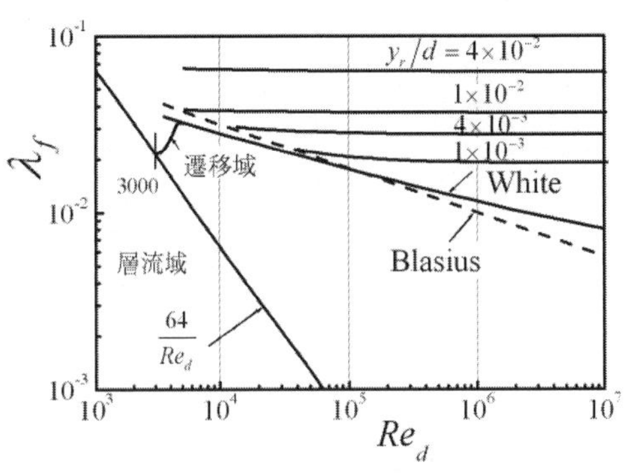

図 3.21 管摩擦係数

図 3.21 にブラジウスの式と White の式を層流の管摩擦係数の式(3.30)と共に示す．なお図中の水平線は，粗さの高さ y_r を有する粗面の管摩擦係数を示す．

3・6 強制対流乱流熱伝達 (turbulent forced convective heat transfer)

円管内乱流熱伝達の見積もりにおいては，等温および等熱流束の両方の実験データと良く一致する Dittus-Boelter の式(Dittus-Boelter equation)を用いればよい．

$$Nu_d = 0.023 Re_d^{0.8} Pr^n \left(10^3 < Re_d < 10^7,\ 0.7 < \mathrm{Pr} < 160,\ L/d > 10\right) \tag{3.59}$$

ここで

$n = 0.4$ ：流体を加熱する場合 (3.60a)

$n = 0.3$ ：流体を冷却する場合 (3.60b)

【例 3.11】内径 8 cm で長さ 5 m の円管の中を暖気が質量流量 0.04 kg/s で流れている．外気温度 20 ℃で，管の外壁と外気間の熱伝達率は 15 W/(m^2·K) とする．出口地点の，管外壁から外気への熱流束が 400W/m^2 であるとき，出口温風の混合平均温度はいくらか．なお，円管の肉厚は十分薄く，その熱抵抗は無視しうるものとする．

【解 3.11】膜温度 60 ℃を仮定し，空気の物性値を読み取り，レイノルズ数を算出すると

$$Re_d = \frac{u_B d}{\nu} = \frac{4\dot{m}}{\pi \mu d} = \frac{4 \times 0.04}{3.14 \times 2.01 \times 10^{-5} \times 0.08} = 3.17 \times 10^4 > 2300$$

となるので，乱流であり，助走区間は式 (3.25b) より次のとおりである．

$$L_T \approx 10 \times 0.08 = 0.8 \text{ m} < 5 \text{ m}$$

すなわち，5 m 先では十分発達した温度場が形成されている．Dittus-Boelter の式(3.59)より，

$$h = 0.023 Re_d^{0.8} Pr^{0.3} \frac{k}{d}$$

$$= 0.023 \times (3.17 \times 10^4)^{0.8} \times 0.709^{0.3} \times \frac{0.0287}{0.08} = 29.7 \text{ W/}\left(\text{m}^2 \cdot \text{K}\right)$$

出口の混合平均体温度は $q = h(T_B - T_w) = h_a(T_w - T_a)$ の関係より

$$T_B = T_a + \left(\frac{1}{h} + \frac{1}{h_a}\right) q = 20 + \left(\frac{1}{29.7} + \frac{1}{15}\right) \times 400 = 60.1 \text{ ℃}$$

となる．出口壁温は $T_w = 20 + 400/15 = 46.7$℃ であるから，膜温度は $(60.1 + 46.7)/2 = 53.4$℃ となる．この膜温度における値を，物性値表より読み取り，再び計算を行う．

$$Re_d = \frac{u_B d}{\nu} = \frac{4\dot{m}}{\pi \mu d} = \frac{4 \times 0.04}{3.14 \times 1.98 \times 10^{-5} \times 0.08} = 3.22 \times 10^4$$

$$h = 0.023 \times (3.22 \times 10^4)^{0.8} \times 0.710^{0.3} \times \frac{0.0288}{0.08} = 30.2 \text{ W/}\left(\text{m}^2 \cdot \text{K}\right)$$

$$T_B = T_a + \left(\frac{1}{h} + \frac{1}{h_a}\right) q = 20 + \left(\frac{1}{30.2} + \frac{1}{15}\right) \times 400 = 59.9 \text{ ℃}$$

一回目の計算でほぼ正確な値が得られていることがわかる．

水平平板上の乱流(turbulent flow over a flat plate)の局所および平均摩擦係数は以下で与えられる．

$$C_{fx} = 0.0593 Re_x^{-1/5} \left(5\times10^5 < Re_x < 10^7\right) \tag{3.61}$$

$$\bar{C}_f = \frac{5}{4} C_{fx}\Big|_{x=L} = 0.0741 Re_L^{-1/5} \tag{3.62}$$

図 3.22 に示すように，前縁から遷移点 x_{tr} まで層流で，その下流から乱流に遷移する場合，平均熱伝達率は次式で与えられる．

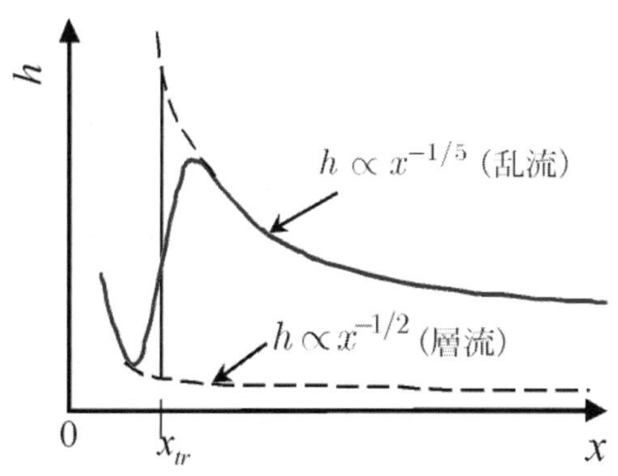

図 3.22 平板上の熱伝達率の変化

$$\overline{Nu_L} = Pr^{1/3}\left\{0.037\left(Re_L^{4/5} - Re_{x_{tr}}^{4/5}\right) + 0.662 Re_{x_{tr}}^{1/2}\right\} \tag{3.63a}$$

ここで $Re_{x_{tr}}$ =5×10^5 とすれば，

$$\overline{Nu_L} = Pr^{1/3}\left(0.037 Re_L^{4/5} - 873\right) \tag{3.63b}$$

なお，$x_{tr} << L$ のときは層流域が無視しうるから次式で近似できる．

$$\overline{Nu_L} = 0.037 Re_L^{4/5} Pr^{1/3} \tag{3.64}$$

【例 3.12】一定温度 75 ℃に保たれた長さ 1 m，幅 50 cm の平板に沿って 15 ℃の空気が 30 m/s で流れてくるとき，一面からの強制対流による放熱量を求めよ．ただし，前縁から 30 cm のところで層流から乱流に遷移することがわかっている．

【解 3.12】膜温度 $(75+15)/2 = 45$℃の物性値を読み取り，レイノルズ数を算出すると，以下のようになる．

$$Re_{x_{tr}} = \frac{u_e x_{tr}}{\nu} = \frac{30\times0.3}{1.75\times10^{-5}} = 5.14\times10^5\text{，}\quad Re_L = \frac{u_e L}{\nu} = \frac{30\times1}{1.75\times10^{-5}} = 1.71\times10^6$$

式(3.63a)よりヌセルト数は，以下のようになる．

$$\overline{Nu_L} = 0.711^{1/3}$$
$$\times\left\{0.037\left(\left(1.71\times10^6\right)^{4/5} - \left(5.14\times10^5\right)^{4/5}\right) + 0.662\times\left(5.14\times10^5\right)^{1/2}\right\} = 2.40\times10^3$$

したがって平均熱伝達率は，以下のように求められる．

$$\bar{h} = \overline{Nu_L}\frac{k}{L} = 2.40\times10^3\times\frac{0.0276}{1} = 66.2\ \mathrm{W/\left(m^2\cdot K\right)}$$

一面からの放熱量は次のように求められる．

$$\dot{Q} = \bar{h}LW(T_w - T_e) = 66.2\times1\times0.5\times(75-15) = 1.98\times10^3\ \mathrm{W}$$

流れに垂直に置かれた円柱(cylinder)からの強制対流は，熱交換器をはじめ種々の熱流体機器との関連から注目されてきた．工業的には，よどみ点近傍の層流から乱流を経てはく離に至る円周で平均した平均熱伝達率が要求される場合が多い．Zhukauskas は多くの実験データに基づき，各レイノルズ数範囲に対して次式を提案している．

$$\left(\frac{\overline{h}d}{k}\right)\Big/ Pr^{0.36}\left(\frac{Pr}{Pr_w}\right)^{1/4} = \begin{cases} 0.51Re_d^{\ 0.5} & : 40 < Re_d < 10^3 \\ 0.26Re_d^{\ 0.6} & : 10^3 < Re_d < 2\text{x}10^5 \\ 0.076Re_d^{\ 0.7} & : 2\text{x}10^5 < Re_d < 10^6 \end{cases} \tag{3.65}$$

球(sphere)からの強制対流熱伝達については，広範囲のレイノルズ数およびプラントル数域に適用できる Whitaker の相関式が知られている．

$$\frac{\overline{h}d}{k} = 2 + \left(0.4Re_d^{\ 1/2} + 0.06Re_d^{\ 2/3}\right)Pr^{0.4}\left(\frac{\mu}{\mu_w}\right)^{1/4} \tag{3.66}$$

$$0.71 < Pr < 380,\quad 3.5 < Re_d < 7.6\times10^4$$

添字 w 付き以外の物性値は，すべて周囲温度に基づく値を用いるものとする．

流れに垂直に置かれた円管群(tube bank)からの熱伝達については，碁盤配列(aligned arrangement)と千鳥配列(staggered arrangement)の両配列について，Zhukauskas の相関式が知られている．ここで，S_L および S_T は，図 3.23 に示すように，管群の横間隔および縦間隔である．

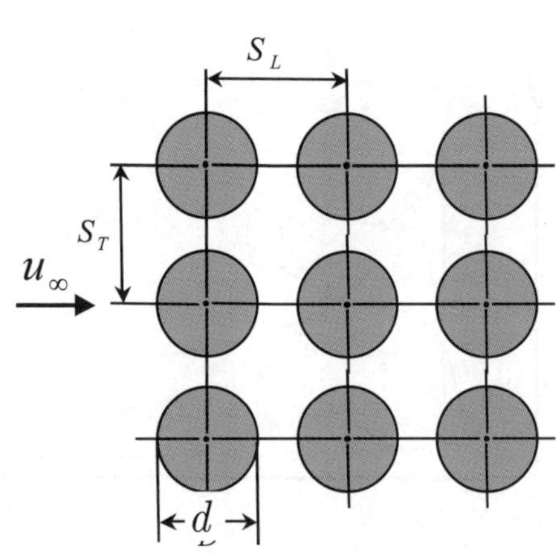

(a) 碁盤配列

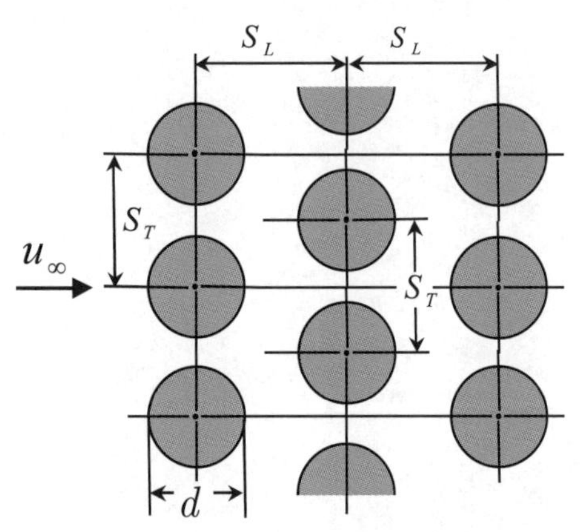

(b) 千鳥配列

図 3.23 円管群

碁盤配列

$$\frac{\left(\dfrac{\overline{h}d}{k}\right)}{Pr^{0.36}\left(\dfrac{Pr}{Pr_w}\right)^{1/4}} = \begin{cases} 0.80Re_{d\max}^{\ 0.4} & : 10 < Re_{d\max} < 10^2 \\ 0.51Re_{d\max}^{\ 0.5} & : 10^2 < Re_{d\max} < 10^3 \\ 0.27Re_{d\max}^{\ 0.63} & : 10^3 < Re_{d\max} < 2\times10^5\ (S_T/S_L > 0.7) \\ 0.021Re_{d\max}^{\ 0.84} & : 2\times10^5 < Re_{d\max} < 2\times10^6 \end{cases} \tag{3.67}$$

千鳥配列

$$\frac{\left(\dfrac{\overline{h}d}{k}\right)}{Pr^{0.36}\left(\dfrac{Pr}{Pr_w}\right)^{1/4}} = \begin{cases} 0.90Re_{d\max}^{\ 0.4} & : 10 < Re_{d\max} < 10^2 \\ 0.51Re_{d\max}^{\ 0.5} & : 10^2 < Re_{d\max} < 10^3 \\ 0.35(S_T/S_L)^{0.2}\ Re_{d\max}^{\ 0.60} & : S_T/S_L < 2,\ 10^3 < Re_{d\max} < 2\times10^5 \\ 0.40Re_{d\max}^{\ 0.60} & : S_T/S_L > 2,\ 10^3 < Re_{d\max} < 2\times10^5 \\ 0.022Re_{d\max}^{\ 0.84} & : 2\times10^5 < Re_{d\max} < 2\times10^6 \end{cases}$$

$$\text{管の列数} \geq 10,\quad 0.7 \leq Pr \leq 500 \tag{3.68}$$

ここで壁温に基づく Pr_w 以外の物性値はすべて流体の管群入口温度と出口温度の算術平均温度に基づく値を用いるものとする．また $Re_{d\max} = u_{\max}d/\nu$ は以下に定義する速度 $u_{\max}$ に基づくレイノルズ数である．

$$u_{\max} = u_\infty S_T/(S_T - d) \quad \text{：碁盤配列} \tag{3.69}$$

$$u_{\max} = u_\infty S_T \Big/ \mathrm{Min}\left((S_T - d),\ 2\left(\sqrt{S_L^{\ 2} + \left(\frac{S_T}{2}\right)^2} - d\right)\right) \quad \text{：千鳥配列} \tag{3.70}$$

ここで u_∞ は管群の上流の近寄り速度である．また $\mathrm{Min}(A, B)$ は A または B の内，小さい方を採る関数とする．

【例 3.13】千鳥配列の外径 d =15 mm の管群からなる空気予熱器がある．図 3.24 に示すように，管列数は，流れ方向に N_L =12 列，それと垂直に N_T =10 列で，S_L =35 mm，S_T =30 mm に設定してある．すべての管の外表面が一定温度 T_w =70 ℃に保たれた空気予熱器の入口から 15 ℃の空気が u_∞ =6 m/s で流入するものとする．空気予熱器の出口の混合平均温度および管軸 1 m 当たりの管群の加熱量を求めよ．

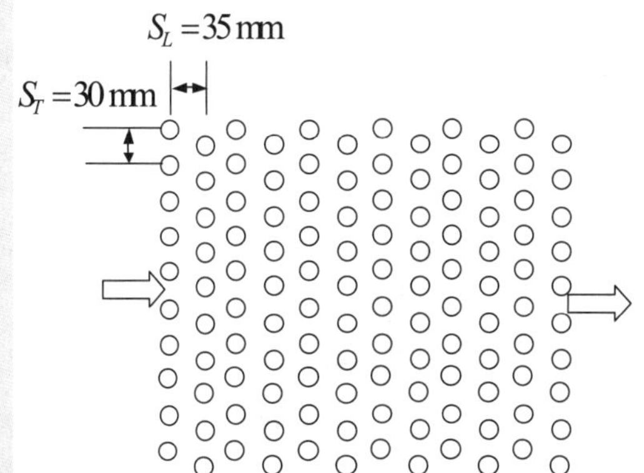

図 3.24 空気予熱器

【解 3.13】まず，$u_{\max}$ を算出する．

$$S_T - d = 30 - 15 = 15\text{mm}$$

$$2\left(\sqrt{S_L{}^2 + (S_T/2)^2} - d\right) = 2\left(\sqrt{35^2 + (30/2)^2} - 15\right) = 46.2\text{mm}$$

したがって，$u_{\max} = u_\infty \dfrac{S_T}{S_T - d} = 6 \times \dfrac{30}{15} = 12$ m/s となる．

入口と出口の算術平均温度を 25 ℃と予想し空気の物性値を読み取る．

$$Re_{d\max} = \frac{u_{\max} d}{\nu} = \frac{12 \times 0.015}{1.56 \times 10^{-5}} = 1.15 \times 10^4$$

$S_T / S_L = 30/35 = 0.857 < 2$　かつ　$Pr \approx Pr_w$ に留意し，式(3.68)の第 3 番目の式を用いる．

$$\bar{h} = 0.35(S_T/S_L)^{0.2} Re_{d\max}{}^{0.60} Pr^{0.36} \frac{k}{d}$$

$$= 0.35 \times 0.857^{0.2} \times \left(1.15 \times 10^4\right)^{0.6} \times 0.713^{0.36} \times \frac{0.0261}{0.015} = 143 \text{ W/}\left(\text{m}^2 \cdot \text{K}\right)$$

出口温度を次の熱バランスの関係より予測する．

$$\rho c_p u_\infty (N_T S_T) \mathrm{d}T_B = (\pi d) N_T \bar{h} (T_w - T_B) \mathrm{d}N_L$$

上式を解いて，

$$\frac{T_{Bout} - T_w}{T_{Bin} - T_w} = \exp\left(-\frac{\pi d \bar{h}}{\rho c_p u_\infty S_T} N_L\right) \tag{3.71}$$

したがって出口の空気混合平均温度は，次式で求められる．

$$T_{Bout} = T_w + (T_{Bin} - T_w)\exp\left(-\frac{\pi d \bar{h}}{\rho c_p u_\infty S_T} N_L\right)$$

$$= 70 + (15 - 70)\exp\left(-\frac{3.14 \times 0.015 \times 143}{1.18 \times 1007 \times 6 \times 0.030} \times 12\right) = 32.3℃$$

また，入口温度と出口温度の算術平均温度は $(15 + 32.3)/2 = 23.7$℃となり，はじめに想定した温度 25 ℃に近いため，繰り返し計算の必要はない．以上より，管群の幅 1 m 当たりの加熱量は以下のように決定できる．

$$\dot{Q} = N_T S_T \rho u_\infty c_p \left(T_{Bout} - T_{Bin}\right) = 10 \times 0.03 \times 1.18 \times 6 \times 1007 \times (32.3 - 15)$$

$$= 3.70 \times 10^4 \text{ W/m}$$

または，対数温度差を用いて，以下のように算出できる．

$$\dot{Q} = N_T N_L \pi d \bar{h} \Delta T_{lm} = 10 \times 12 \times 3.14 \times 0.015 \times 143 \times \frac{32.3 - 15}{\ln\left(\dfrac{70 - 15}{70 - 32.3}\right)} = 3.70 \times 10^4 \text{ W/m}$$

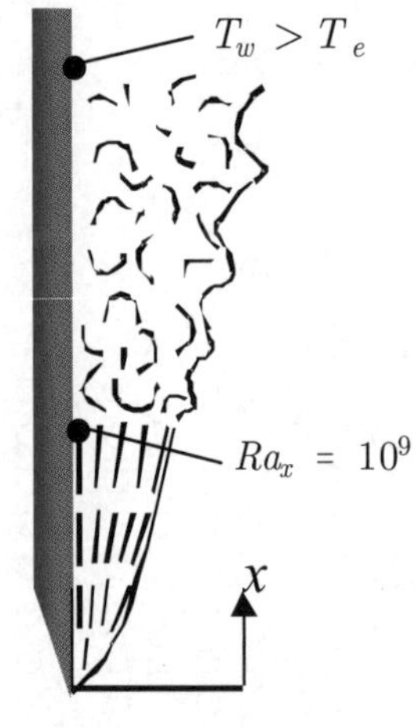

(a) 垂直平板

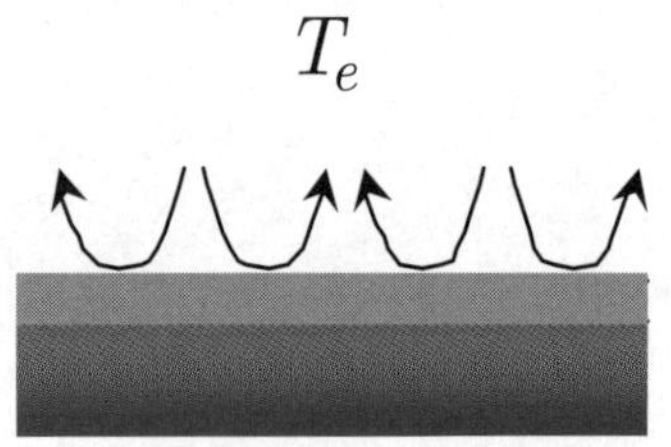

(b) 上向き加熱

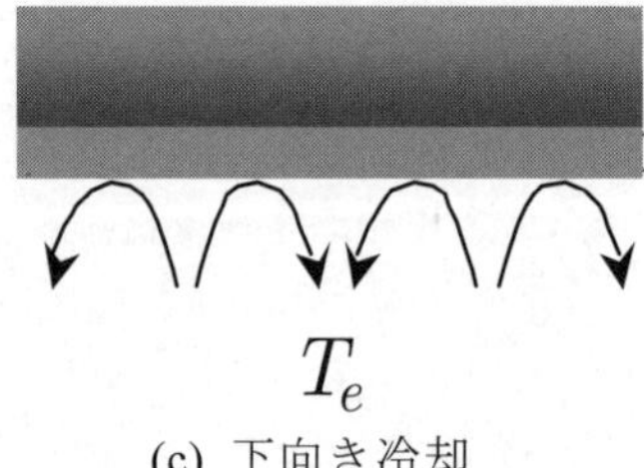

(c) 下向き冷却

図 3.25 乱流自然対流

3・7 自然対流熱伝達 (natural convective heat transfer)

強制対流においては，速度場は温度場の影響を受けないが，自然対流熱伝達(natural convective heat transfer)においては，温度差による浮力(buoyancy)が流れの駆動力となるため，速度場と温度場は互いに密接に影響を及ぼしあう．自然対流の解析の難しさはこの点にある．自然対流に関する重要な無次元パラメータとしてグラスホフ数(Grashof number)とレイリー数(local Rayleigh number)がある．

$$Gr_L = \frac{g\beta(T_w - T_e)L^3}{\nu^2} \quad \text{：グラスホフ数} \tag{3.72}$$

$$Ra_L = Gr_L Pr = \frac{g\beta(T_w - T_e)L^3}{\nu\alpha} \quad \text{：レイリー数} \tag{3.73}$$

ここで

$$\beta \equiv -\frac{1}{\rho}\left(\frac{\partial \rho}{\partial T}\right)_p\Bigg|_{T=T_e} \tag{3.74}$$

は体膨張係数である．通常の気体の場合は，ほぼ理想気体の状態方程式で近似できるから外縁の絶対温度の逆数に置いて良い．

$$\beta = \frac{1}{T_e(^\circ\mathrm{C}) + 273.15}(\mathrm{K}^{-1}) \tag{3.75}$$

図 3.25(a)に示すように，垂直平板上で，乱流への遷移は，局所レイリー数が $Ra_x = g\beta(T_w - T_e)x^3/\nu\alpha \sim 10^9$ 程度となる地点で発生する．

Churchill-Chu は，層流域から乱流域にわたる等温の垂直平板(vertical flat plate)および水平円柱(horizontal circular cylinder)まわりの自然対流に関する多くの実験データに基づき，広範囲のレイリー数域に適用できる経験式を提案している．

$$\overline{Nu_L} = \left(0.825 + \frac{0.387 Ra_L{}^{1/6}}{\left\{1 + (0.492/Pr)^{9/16}\right\}^{8/27}}\right)^2 \quad \text{：垂直平板} \tag{3.76}$$

$$\overline{Nu_d} = \left(0.60 + \frac{0.387 Ra_d{}^{1/6}}{\left\{1 + (0.559/Pr)^{9/16}\right\}^{8/27}}\right)^2 \quad \text{：水平円柱} \tag{3.77}$$

等温垂直平板の層流および乱流自然対流については次の簡潔な式が知られている．

$$\overline{Nu_L} \cong 0.59 Ra_L{}^{1/4} \quad (10^4 < Ra_L < 10^9,\ Pr > 0.7) \text{：垂直平板層流} \tag{3.78}$$

$$\overline{Nu_L} = 0.13 Ra_L{}^{1/3} \quad (10^9 < Ra_L < 10^{12}) \text{：垂直平板乱流} \tag{3.79}$$

垂直平板に関するこれらの式は，鉛直面から ϕ 傾いた加熱傾斜平板(inclined heated plate)の自然対流においても，レイリー数中の g を $g\cos\phi$ に置き換え使用することができる．しかし，この見積もりは境界層近似が成立す

る $0 \le \phi \le 60^\circ$ の範囲に限られる．なお，これらの相関式における物性値はすべて膜温度 $(T_w + T_e)/2$ に基づく値を用いるものとする．

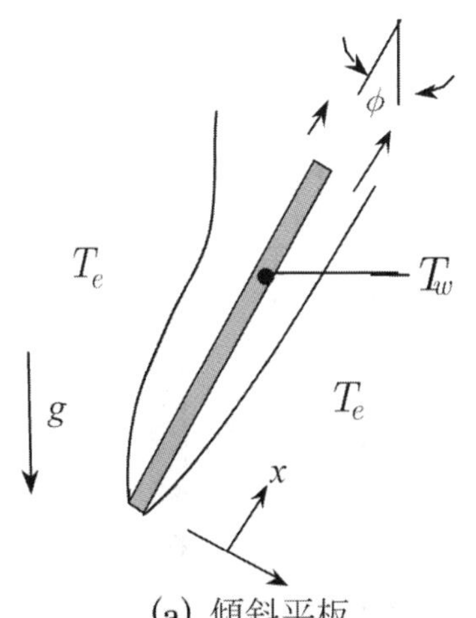

(a) 傾斜平板

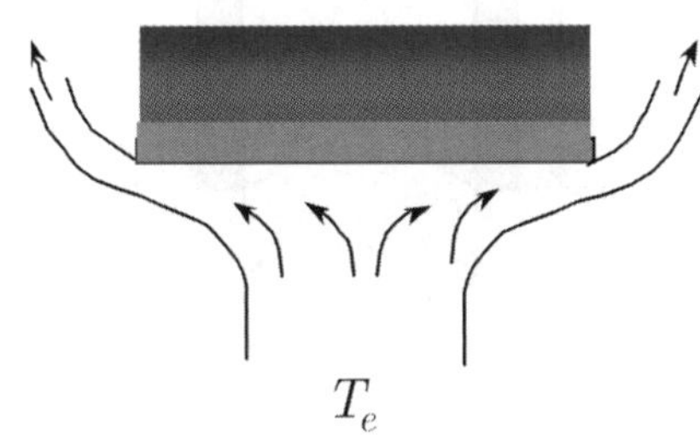

(b) 下向き加熱

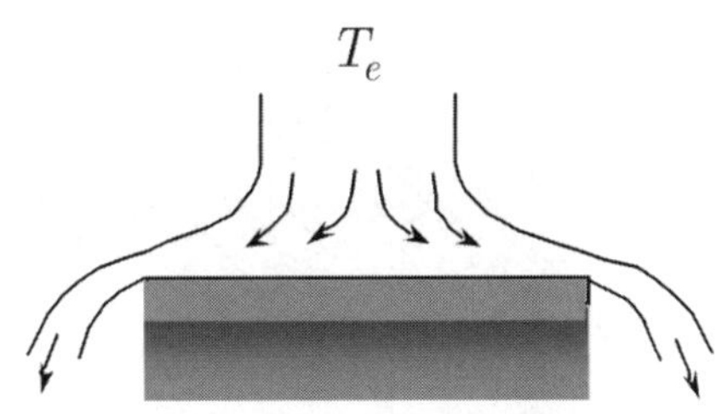

(c)上向き冷却

図 3.26 傾斜面および水平面の自然対流

【例 3.14】高さが 1.5 m，幅が 50 cm で，表面温度が 75 ℃に一定に保たれた垂直壁がある．静止した周囲の空気の温度が 15 ℃であるとき，この垂直壁からの自然対流による放熱量を求めよ．

【解 3.14】膜温度 $(75+15)/2 = 45$℃における物性値を読み取り，グラスホフ数およびレイリー数を算出すると，

$$Gr_L = \frac{g\beta(T_w - T_e)L^3}{\nu^2} = \frac{9.807\times(15+273)^{-1}\times(75-15)\times1.5^3}{\left(1.75\times10^{-5}\right)^2} = 2.25\times10^{10}$$

$$Ra_L = Gr_L Pr = 2.25\times10^{10}\times0.711 = 1.60\times10^{10}$$

Churchill-Chu の式(3.76)を用いて，放熱量が以下のように求まる．

$$\bar{h} = \left(0.825 + \frac{0.387 Ra_L^{1/6}}{\left\{1+(0.492/Pr)^{9/16}\right\}^{8/27}}\right)^2 \frac{k}{L}$$

$$= \left(0.825 + \frac{0.387\times\left(1.60\times10^{10}\right)^{1/6}}{\left\{1+(0.492/0.711)^{9/16}\right\}^{8/27}}\right)^2 \frac{0.0276}{1.5} = 5.39\ \mathrm{W}/\left(\mathrm{m}^2\cdot\mathrm{K}\right)$$

$$\dot{Q} = hLW(T_w - T_e) = 5.39\times1.5\times0.5\times(75-15) = 243\ \mathrm{W}$$

または乱流自然対流の式(3.79)を用いて，以下のように求まる．

$$\bar{h} = 0.13 Ra_L^{1/3}\frac{k}{L} = 0.13\times\left(1.60\times10^{10}\right)^{1/3}\times\frac{0.0276}{1.5} = 6.03\ \mathrm{W}/\left(\mathrm{m}^2\cdot\mathrm{K}\right)$$

$$\dot{Q} = hLW(T_w - T_e) = 6.03\times1.5\times0.5\times(75-15) = 271\ \mathrm{W}$$

その他，自然対流に関する相関式としては様々な式が提案されている．そのいくつかを以下に列挙する．

$$h = 0.13k\left\{\frac{g\beta(T_w - T_e)}{\alpha\nu}\right\}^{1/3}$$ ：　水平円柱，水平角柱など（乱流）

$$\left(10^7 < Ra_L < 10^{12}\right) \qquad (3.80)$$

$$\frac{\bar{h}L'}{k} = 0.54 Ra_{L'}^{1/4}$$ ：上向き加熱面および下向き冷却面（層流）

$$\left(10^4 < Ra_{L'} < 10^7\right) \qquad (3.81a)$$

$$\frac{\bar{h}L'}{k} = 0.27 Ra_{L'}^{1/4}$$ ：下向き加熱面および上向き冷却面（層流）

$$\left(10^5 < Ra_{L'} < 10^{10}\right) \qquad (3.81b)$$

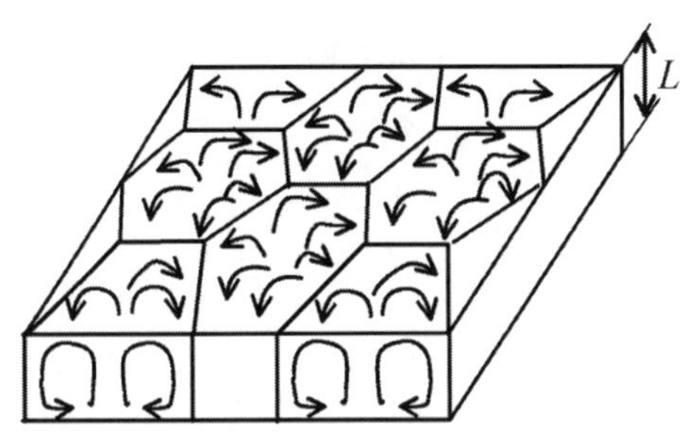

図 3.27 ベナール・セル

ここで代表寸法 L' は注目する板面の面積をその周長で除したものを採る.

$$h = 0.069k\left\{\frac{g\beta(T_w - T_e)}{\alpha\nu}\right\}^{1/3} Pr^{0.074}$$

：水平流体層（ベナール・セル）（乱流）

$$(10^5 < Ra_L < 10^9,\quad 0.02 < Pr < 9000) \tag{3.82}$$

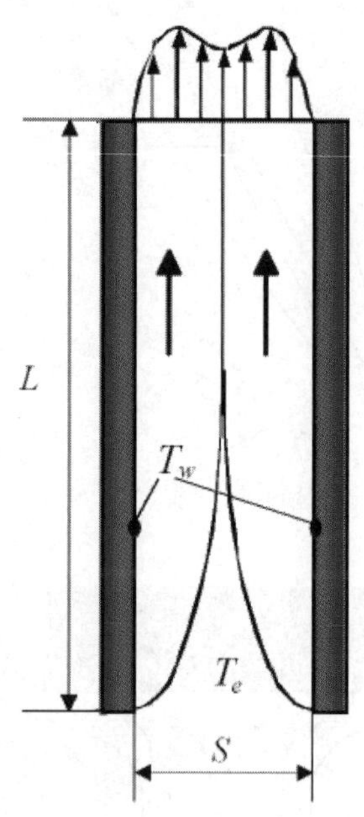

図 3.28 垂直平行平板

図 3.28 に示すような，周囲温度 T_e より高温 T_w に保たれた垂直平行平板 (vertical parallel plates)の間に発生する自然対流は，煙突効果やフィン列からの放熱との関連から注目されてきた．BarCohen-Rohsenow によると，板の間隔を S，板の長さ（高さ）を L とすると，層流平均熱伝達率は以下で与えられる．

$$\frac{\bar{h}S}{k} = \left(576\left(Ra_S\frac{S}{L}\right)^{-2} + 2.87\left(Ra_S\frac{S}{L}\right)^{-1/2}\right)^{-1/2} \quad \text{垂直平行平板（層流）} \tag{3.83}$$

図 3.29 に示すような一定の横幅 W の垂直フィン列において，フィンの厚みが無視しうるものとすれば，放熱量およびそれを最大とする最適フィン間隔 S_{opt} は以下で与えられる．

$$Q = 2L\bar{h}(T_w - T_e)\left(\frac{W}{S}\right) \quad \text{：単位奥行き当たり} \tag{3.84}$$

$$S_{opt} = 2.71\frac{L}{Ra_L^{1/4}} \tag{3.85}$$

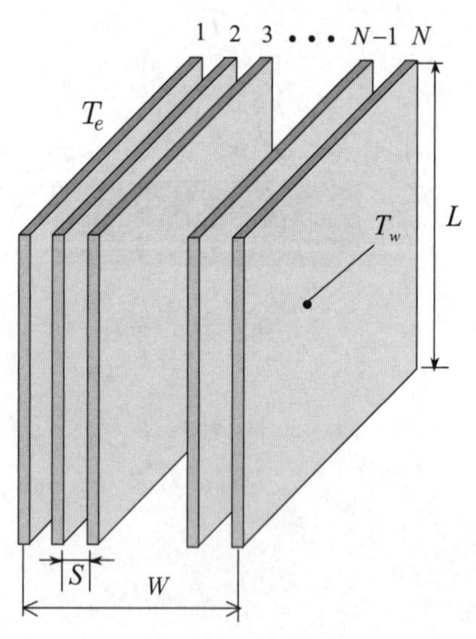

図 3.29 垂直フィン列

【例 3.15】縦 10 cm，横 5 cm の複数の薄い板から成る垂直フィン列を発熱体の側面（幅 20 cm）に垂直に取り付け，効果的な放熱を計りたい．周囲空気温度を 20 ℃とし，フィン列は，一様な温度 80 ℃に保つものとする．フィン列間の流れは等温壁の垂直平板列間の流れで近似できるものとし，最適フィン間隔 S_{opt} を求めよ．さらに，フィン間隔が $0.5S_{opt}$，S_{opt}，$1.5S_{opt}$ のときのフィン列からの全放熱量を比較せよ．なお，基盤からの放熱は無視しうるものとする．

【解 3.15】温度 $(20+80)/2 = 50$℃ における空気の物性値を表より読み取りレイリー数を算出すると

$$Ra_L = \frac{g\beta(T_w - T_e)L^3}{\nu^2}Pr = \frac{9.8\times(20+273)^{-1}\times(80-20)\times0.1^3}{\left(1.80\times10^{-5}\right)^2}\times0.710 = 4.40\times10^6$$

したがって，式(3.85)より

$$S_{opt} = 2.71\frac{L}{Ra_L^{1/4}} = 2.71\times\frac{0.1}{\left(4.40\times10^6\right)^{1/4}} = 0.0059\text{m} = 5.9\text{mm}$$

$$Ra_S(S/L) = Ra_L(S/L)^4 = 4.40\times10^6\times(0.0059/0.1)^4 = 53.3$$

これらを式(3.83)に代入し

$$\bar{h}=\frac{k}{S}\left(576\left(Ra_S\frac{S}{L}\right)^{-2}+2.87\left(Ra_S\frac{S}{L}\right)^{-1/2}\right)^{-1/2}$$

$$=\frac{0.0279}{0.0059}\times\left(\frac{576}{53.3^2}+\frac{2.87}{53.3^{1/2}}\right)^{-1/2}=6.13\ \mathrm{W/(m^2\cdot K)}$$

板の枚数は 0.2 m/0.0059 m$\approx$33 枚となり，式(3.84)より全放熱量は

$$Q=2L\bar{h}(T_w-T_e)\left(\frac{W}{S}\right)\times 0.05\ \mathrm{m}=2\times0.1\times6.13\times60\times33\times0.05=121\ \mathrm{W}$$

同様に

$S=0.5S_{opt}\ \approx 3.0$ mm の場合

$$Ra_S(S/L)=Ra_L(S/L)^4=4.40\times10^6\times(0.0030/0.1)^4=3.56$$

これらを式(3.83)に代入し

$$\bar{h}=\frac{0.0279}{0.0030}\times\left(\frac{576}{3.56^2}+\frac{2.87}{3.56^{1/2}}\right)^{-1/2}=1.36\ \mathrm{W/(m^2\cdot K)}$$

板の枚数は 0.2 m/0.0030 m$\approx$66 枚となり，式(3.84)より全放熱量は

$$Q=2L\bar{h}(T_w-T_e)\left(\frac{W}{S}\right)\times 0.05\ \mathrm{m}=2\times0.1\times1.36\times60\times66\times0.05=53.9\ \mathrm{W}$$

さらに

$$S=2S_{opt}=11.8\ \mathrm{mm}$$

$$Ra_S(S/L)=Ra_L(S/L)^4=4.40\times10^6\times(0.0118/0.1)^4=853$$

これらを式(3.83)に代入し

$$\bar{h}=\frac{0.0279}{0.0118}\times\left(\frac{576}{853^2}+\frac{2.87}{853^{1/2}}\right)^{-1/2}=7.51\ \mathrm{W/(m^2\cdot K)}$$

板の枚数は 0.2 m/0.0118 m$\approx$16 枚となり，式(3.84)より全放熱量は

$$Q=2L\bar{h}(T_w-T_e)\left(\frac{W}{S}\right)\times 0.05\ \mathrm{m}=2\times0.1\times7.51\times60\times16\times0.05=72.1\ \mathrm{W}$$

いずれの場合も，全放熱量は，最適フィン間隔の場合より低下する．

＝＝＝＝＝　練習問題　＝＝＝＝＝＝＝＝＝＝＝＝＝＝＝＝＝＝＝＝＝＝＝＝

【3・1】層流の場合，等温壁および等熱流束壁のいずれの条件においても，水平平板の局所熱伝達率は，前縁からの距離 x の関数として $h\propto x^{-0.5}$ で与えられる．等温壁条件の局所熱流束 $q(x)$，また，等熱流束壁の壁温 $T_w(x)$ は前縁から下流にどのように変化するか．

【3・2】* Consider the circular duct flow with constant wall temperature. Integrate Equation (3.12) over the cross-section, and obtain

$$\dot{m}c_p\frac{d(T_B-T_w)}{dx}=-(\pi d)h(T_B-T_w)$$

Then, integrating the foregoing equation over $0 \le x \le L$, find the following relationship between the average heat transfer coefficient $\overline{h}$ and the outlet bulk mean temperature $T_B(L)$:

$$\frac{T_B(L)-T_w}{T_B(0)-T_w} = \exp\left(-\frac{\pi dL}{\dot{m}c_p}\overline{h}\right)$$

where $\overline{h} = \frac{1}{L}\int_0^L h\,dx$

Furthermore, derive the energy balance equation:

$$\dot{Q} = \dot{m}c_p\left(T_B(L)-T_B(0)\right) = (\pi dL)\overline{h}\Delta T_{lm}$$

where the log mean temperature difference is introduced as

$$\Delta T_{lm} = \left(T_B(L)-T_B(0)\right)\Big/\ln\left(\frac{T_w-T_B(0)}{T_w-T_B(L)}\right)$$

【3・3】一様な速度u_e，温度T_eの液体金属の流れに水平に置かれた壁温T_wの等温加熱平板に発達する温度境界層を考え，エネルギーの式(3.15)が次のように簡略化されることを示せ．

$$u_e\frac{\partial T}{\partial x} = \alpha\frac{\partial^2 T}{\partial y^2}$$

次に，表面温度がステップ状に変化する半無限固体の 1 次元非定常熱伝導問題との類似性（第 2.3 節参照）に注目し，次の表現を導け．

$$\frac{T-T_e}{T_w-T_e} = 1-\mathrm{erf}\left(\frac{y}{2\sqrt{\alpha x/u_e}}\right)$$

$$Nu_x \equiv \frac{qx}{(T_w-T_e)k} = \frac{1}{\sqrt{\pi}}\left(\frac{u_e x}{\alpha}\right)^{1/2} = \frac{1}{\sqrt{\pi}}Re_x^{1/2}Pr^{1/2}$$

【3・4】等温平板を，一様な流れの層流の水中に水平に置いたときと，同じ流速の層流の油中に置いたときの壁摩擦および熱伝達率を比較せよ．膜温度に基づく，水の物性値を $\mu = 7\times10^{-4}$ Pa・s， $\nu = 7\times10^{-7}\,\mathrm{m^2/s}$， $k = 0.6$ W/(m・K)， $Pr = 5$， および油の物性値を $\mu = 0.15$ Pa・s， $\nu = 1.7\times10^{-4}\,\mathrm{m^2/s}$， $k = 0.14$W/(m・K)， $Pr = 2000$ とする．

【3・5】Water flows through a 30 mm diameter tube at 0.01kg/s and 25℃. Fully developed conditions are known to exist. Find the maximum velocity in the tube and the pressure gradient associated with the flow.

【3・6】内径 5 cm の円管に水が流量 0.015 kg/s で流入し，外部から一定の熱流束 1.2 kW/m^2 で加熱されている．入口の水温を 20 ℃とすると，8 m 先の円管内壁の温度は何度になるか．

【3・7】Engine oil flows at a rate of 0.015 kg/s through a circular tube of diameter d=4 mm and length L=30 m. The oil has an inlet temperature of 50℃, while the tube wall temperature is maintained at 100℃. Find the average heat transfer coefficient and the outlet temperature of the oil. The thermophysical properties of the engine oil are $\mu = 0.036\ \mathrm{Pa \cdot s}$, $k = 0.14\ \mathrm{W/m \cdot K}$, $c_p = 2.1\ \mathrm{kJ/(kg \cdot K)}$. Note the relationship between the average heat transfer coefficient $\overline{h}$ and the outlet bulk mean temperature $T_B(L)$ for the constant wall temperature.

【3・8】流速 1.4 m/s で一様に流れてくる温度 20 ℃の空気中に，幅 1 m, 長さ 5 m の平板が水平に置かれている．片面が一様に 100 ℃に保たれている場合の平均熱伝達率およびその面からの放熱量を求めよ．さらに，先端から 1 mの区間は非伝熱部で，それ以降の壁温が 100 ℃に保たれている場合について，先端から 3 m の位置における局所熱伝達率と局所熱流束を求めよ．

【3・9】* For high Prandtl number fluid flows over an isothermal flat plate, the dimensionless velocity profile across the thermal boundary layer may well be approximated by $df/d\eta = u/u_e = 0.332\eta$, since the thermal boundary layer is much thinner than the velocity boundary layer. Use Equations (3.46) and (3.47) to find

$$Nu_x / Re_x^{1/2} = -\theta'(0) = \left(\int_0^\infty \exp\left(-\frac{Pr}{2} \int_0^\eta f \mathrm{d}\eta \right) \mathrm{d}\eta \right)^{-1} = 0.339 Pr^{1/3}$$

Note $\int_0^\infty \exp\left(-z^3\right) dz = 0.893$

【3・10】くさび流れの層流強制対流における局所ヌセルト数の式(3.54)より，次の平均ヌセルト数の式を導け．

$$\overline{Nu_L} / Re_L^{1/2} = \frac{0.664}{1+m} Pr^{0.35} \left(1 + \left(2.95 Pr^{0.07} - 1\right) m\right)^{1/2}$$

この式を利用し次の問いに答えよ．空気温度 20 ℃の一様流中に置かれた長さ 1 m, 幅 2 m の傾斜平板の表面圧力分布よりベルヌーイの定理に基づき外縁速度分布 $u_e(x) = 3x^{1/3}$ m/s(前縁からの距離 x の単位は m)を決定した．傾斜平板の表面の温度が 80 ℃に保たれているとして，この面からの放熱量を求めよ．

【3・11】Air at 20 ℃ and a velocity of 20 m/s flows over both surfaces of a 1 m long flat plate which is maintained at 100℃ . Determine the frictional drag and the heat transfer rate per unit width. The boundary layer is tripped at the leading edge, x=0, by a fine wire such that the flow becomes turbulent from the leading edge.

【3・12】* Turbulent water at 20 ℃ flows through a pipe of inner diameter 10 cm. Use the logarithmic law (3.56) with (κ, B)=(0.41, 5.0) to find the wall shear stress τ_w, when the local mean velocity at y=1 cm (above the wall surface) is 0.2 m/s. Furthermore, use Blasius formula (3.57) to find the mass flow rate.

【3・13】Water at 20 ℃ enters a long circular tube of inside diameter 2 cm at a uniform velocity 3 m/s. Electrical heating within the tube wall provides a uniform heat flux, 230 kW/m^2, from the inner wall surface to the flowing water. Evaluate the bulk mean temperature and wall temperature at a distance of 1.5 m from the inlet.

【3・14】流速 20 m/s で一様に流れてくる温度 30 ℃の空気中に，直径 3 cm の長い円柱が流れに垂直に置かれている.円柱の表面温度が 130 ℃であるとき，軸長 1 m あたりの円柱から周囲気流への放熱量を求めよ．ただし，自然対流の影響は無視しうるものとする．

【3・15】千鳥配列に管群が縦横 10 列づつ配置してある（図 3.23(b)参照）．管の外径は 10 mm で，S_L=20 mm，S_T=15 mm に設定してある．すべての管の外表面は 80 ℃に保たれた状態で，管群の上流より 15 ℃度の空気が u_∞=10 m/s で流入するものとする．管群の出口の空気温度および管軸 1 m 当たりの管群からの放熱量を求めよ．

【3・16】温度が 80 ℃に保たれた一辺が 15 cm の正方形の板が温度 20 ℃の静止空気中に水平に置いてある．この平板の上面からの自然対流による放熱量と下面からの自然対流による放熱量を求め比較せよ．

【3・17】 Air flows through a heating duct of outer diameter 0.5 m, such that the temperature of its outer surface is maintained at 45 ℃. This horizontal duct is exposed to air at 15 ℃. Find the heat loss from the duct per meter of length, using two distinctive formulas, namely, Churchill-Chu formula (3.77) and Equation (3.80).

第 3 章の文献

(1) 日本機械学会編，伝熱工学資料，改訂第 4 版，(1986)，日本機械学会．
(2) 甲藤好郎，伝熱概論，(1965)，養賢堂．
(3) 庄司正弘，伝熱工学，(1995)，東京大学出版会．
(4) 吉田駿，伝熱学の基礎，(1999)，理工学社．

第 4 章

ふく射伝熱

Radiative Heat Transfer

4・1　ふく射伝熱の基礎 (fundamentals of radiative heat transfer)

ふく射は，物体から，あらゆる波長(wavelength)で放射(emission)される電磁波(electromagnetic wave)の総称である．その中でも熱や光として検出される波長領域（およそ 0.38 μm から 100 μm）は特に熱ふく射(thermal radiation)といわれる．この電磁波により熱エネルギーが輸送される伝熱形態をふく射伝熱(radiative heat transfer)という（図 4.1)．

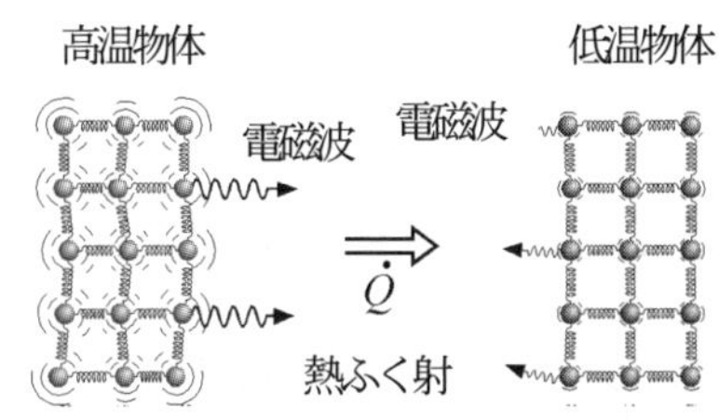

図 4.1　絶対温度に応じて振動する原子や分子から放射されるふく射

【例 4.1】ふく射により熱が伝えられる事例を挙げよ．また，伝導伝熱や対流伝熱と比べて熱を移動する機構の相違点について考えよ．

【解 4.1】①太陽光を受けて暖かいと感ずる．②赤外線ストーブにより体が温まる（図 4.2)．①のように真空中でも熱を輸送することができ，熱を伝える媒体を必要とする伝導伝熱や対流伝熱と伝熱形態が基本的に異なる。

図 4.2　赤外線ストーブから放射されるふく射（円筒状のヒーター後部にある金属反射面から放射されているようにみえる）

ふく射は，空間を光速 c (m/s) で伝ぱし，通常の可視光(visible light)と同様，図 4.3 に示すように，物体により反射(reflection)，あるいは吸収(absorption)される．特に金属の場合には，巨視的にみて，その表面でのみ吸収や反射が行われ，透過することはない．したがって，ふく射伝熱においては表面温度のみに着目すればよい．一方，ガラスを含むセラミックスなどでは，表面から比較的深くまで到達，あるいは透過(transmission)する．反射率(reflectivity) ρ ，吸収率(absorptivity) α ，透過率(transmissivity) τ の間には $\rho+\alpha+\tau=1$ の関係があり，物体が不透明(opaque)の場合には $\alpha=1-\rho$ である．

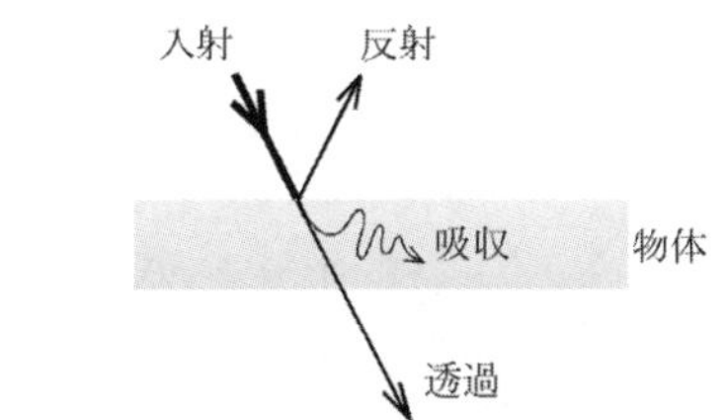

図 4.3　ふく射の反射，透過，吸収

【例 4.2】アルミフォイルの菓子袋に手を入れる（図 4.4）と瞬時に暖かく感じるのはなぜか．

【解 4.2】手からの放熱は，自然対流とふく射によるものである．手がアルミフォイルで覆われることにより，このふく射による放熱が遮られ，すなわち反射してふく射が光速で手に戻るために瞬時に暖かいと感ずる．

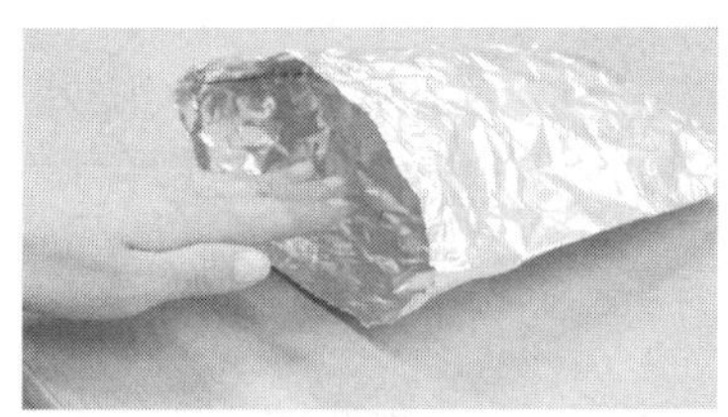

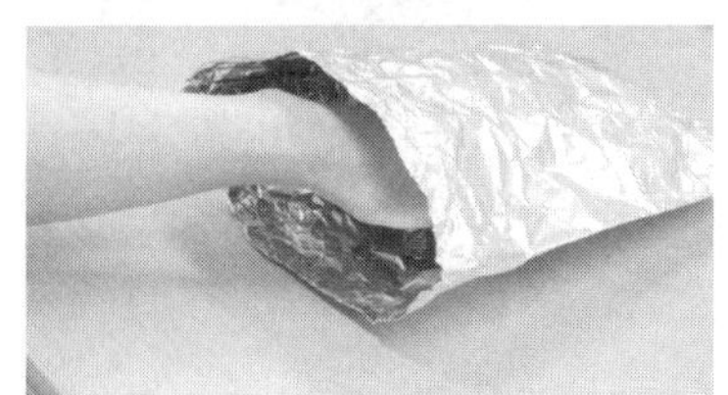

図 4.4　アルミフォイルに手を挿入すると暖かく感ずる

4・2　黒体放射 (blackbody radiation)

入射する全てのふく射を吸収する理想的な物体あるいは面を黒体(blackbody)もしくは黒体面(black surface)という．その絶対温度(absolute temperature)

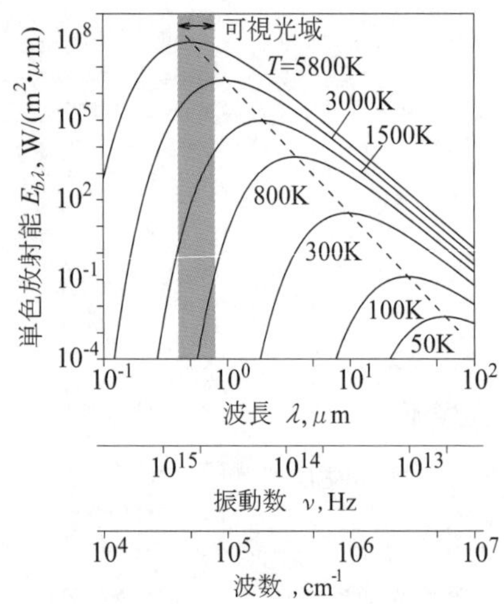

図 4.5　各温度の黒体から放射されるふく射の単色放射能（プランク分布）

T (K) の黒体面から，波長 λ と $\lambda + \mathrm{d}\lambda$ の微小波長帯で放射される単色放射能 (spectral emissive power)　$E_{b\lambda}$ (W/(m$^2 \cdot$μm)) は次式で表現される．

$$E_{b\lambda} = \frac{2\pi h c_o{}^2}{\lambda^5 [\exp(hc_o / \lambda kT) - 1]} \tag{4.1}$$

これをプランクの法則(Planck's law)という．ここで，$h(= 6.6256 \times 10^{-34}\ \mathrm{J \cdot s})$ はプランク定数(Planck　constant)，$k(= 1.3805 \times 10^{-23}\ \mathrm{J/K})$ はボルツマン定数(Boltzmann　constant)，$c_o (= 2.998 \times 10^8\ \mathrm{m/s})$ は真空中での光速である．このプランク分布(Planck distribution) を各絶対温度 T について図 4.5 に示す．

【例 4.3】暗闇で金属などを加熱した場合，低温では赤熱しないが，温度上昇とともに，暗赤色→明赤色→黄色と色変化するのはなぜか．

【解 4.3】図 4.5 に示されるプランク分布から温度が低いと波長の短い可視光のエネルギー強度が低いので暗闇でも見えない．温度の上昇とともに可視光域の単色放射能強度が高くなる．このとき，長波長（赤色光）側から順にふく射エネルギーが強くなるため，温度とともに，暗赤色，明赤色，黄色などと色が変化する．

表 4.1　“単色—”と“全—”の比較

単色—：各波長に対する物理量	単色放射能	$E_{b\lambda}$ W/(m$^2 \cdot$μm)
	単色吸収率	α_λ
	単色放射率	ε_λ
全—：全波長について積分された物理量	全放射能	E_b W/m^2
	全吸収率	α
	全放射率	ε

図 4.5 の破線で示すように，単色放射能の最大値を与える波長 λ_{max} は，温度の上昇とともに短波長側へ移動する．すなわち，$\lambda_{max} T = 2897.6\ \mathrm{μm \cdot K}$ となる．これがウィーンの変位則(Wien's displacement law)である．

【例 4.4】太陽の表面温度は約 5800 K である．それを黒体と考えた場合，最大単色放射能の波長はいくらか．また，36 °C の人の体温ではどうか．

【解 4.4】太陽については，$\lambda_{max} T = \lambda_{max} \times 5800 = 2897.6\ \mathrm{μm \cdot K}$ であるから，$\lambda_{max} = 0.5\ \mathrm{μm}$ である．すなわち，可視域の緑色光において最大となる．人の目がこの近傍の光（緑色）に感度が高いことにも関連する．一方，人の体温については，$\lambda_{max} T = \lambda_{max} \times (36 + 273.15) = 2897.6\ \mathrm{μm \cdot K}$ より $\lambda_{max} = 9.37\ \mathrm{μm}$ である．

プランクの法則で表わされる単色放射能 $E_{b\lambda}$ を全波長について積分すると，黒体から放射される全放射能(total emissive power) E_b (W/m^2) が得られる．

$$E_b = \int_0^\infty E_{b\lambda} \mathrm{d}\lambda = \int_0^\infty \left(\frac{2\pi h c_o{}^2}{\lambda^5 [\exp(hc_o / \lambda kT) - 1]} \right) \mathrm{d}\lambda = \sigma T^4 \tag{4.2}$$

これをステファン･ボルツマンの法則(Stefan-Boltzmann's law)という．ここで，ステファン・ボルツマン定数 (Stefan-Boltzmann　constant) σ の値は $5.67 \times 10^{-8}\ \mathrm{W/(m^2 \cdot K^4)}$ となる．

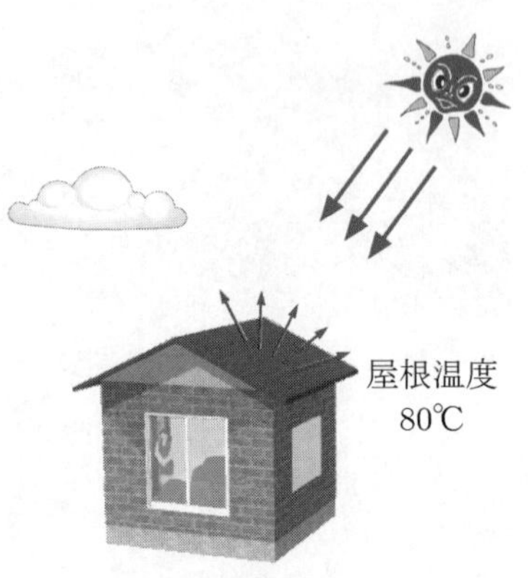

図 4.6　太陽エネルギーを受ける黒体面屋根

【例 4.5】太陽エネルギー（1 kW/m^2）が黒体面の屋根（4m×8m）に降り注いでいるものとする（図 4.6）．屋根温度が 80°C のとき，正味として，屋根が受けとるエネルギー量はいくらか．ここで，対流による放熱が無視できるものとする．

【解 4.5】太陽から屋根に入射するふく射エネルギーは $4\text{m}\times 8\text{m}\times 1\ \text{kW/m}^2 = 32\ \text{kW}$ である．一方，屋根から放射されるふく射エネルギーは $4\times 8\times 5.67\times 10^{-8}\times(80+273.15)^4 = 28.22\ \text{kW}$ である．したがって，その差し引き 3.78 kW を屋根が正味として受け取ることとなる．

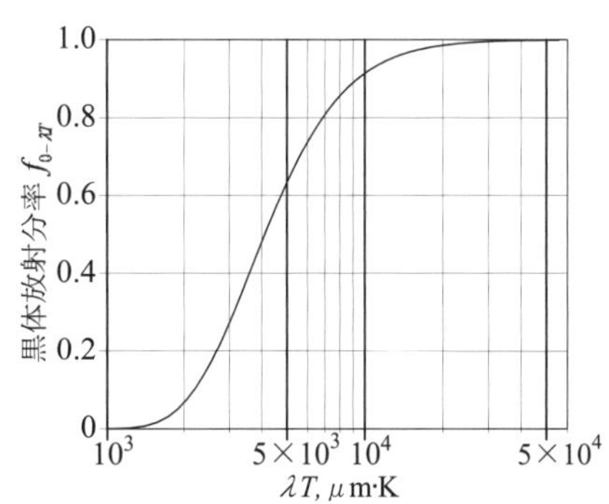

図 4.7　波長帯 0 ~ λT の黒体放射分率[1]

全波長にわたって放射されるふく射エネルギーに対する，波長 λ_1 から λ_2 の波長帯(spectral band)のみで放射されるふく射エネルギーの割合を黒体放射分率(fraction of blackbody emissive power)という．全ての黒体温度について波長帯 λ_1～λ_2 における黒体放射分率は以下の式で表される．

$$f_{\lambda_1-\lambda_2}(T) = f_{\lambda_1 T-\lambda_2 T} = \frac{1}{\sigma}\left[\int_0^{\lambda_2 T}\frac{E_{b\lambda}}{T^5}\mathrm{d}(\lambda T) - \int_0^{\lambda_1 T}\frac{E_{b\lambda}}{T^5}\mathrm{d}(\lambda T)\right] = f_{0-\lambda_2 T} - f_{0-\lambda_1 T} \tag{4.3}$$

表 4.2　黒体放射分率の数値[1]

λT (μm・K)	$f_{0\text{-}\lambda T}$
760	0.822×10^{5}
1000	0.00032
1540	0.01549
2000	0.06673
3000	0.27323
4000	0.48087
5000	0.63373
6000	0.73779
7000	0.80808
8000	0.85625
9000	0.88999
10000	0.91416
20000	0.98554
30000	0.99528
40000	0.99791
50000	0.99889

また，任意の絶対温度 T および波長 λ について波長帯 0～λT に含まれるふく射エネルギーの割合は図 4.7 のように求められる．なお，この黒体放射分率の数値を表 4.2 に示す．

【例 4.6】図 4.8 に示されるように，製鉄所の転炉内部で溶融した鉄（銑鉄）の温度は約 2000K である．転炉出口を黒体面とみなしたとき，1 ~ 3 μm の近赤外領域に含まれるふく射エネルギーは，放射する総エネルギーのおよそ何％に相当するか．また，可視光の波長帯 0.38～0.77 μm に含まれるふく射エネルギーについてはどうか．

【解 4.6】波長帯 0 ~1 μm に含まれるふく射エネルギーの割合は，$\lambda_1 T = 1\ \mu\text{m}\times 2000\ \text{K} = 2000\ \mu\text{m}\cdot\text{K}$ であるから，表 4.2（図 4.7）より約 6.67%，一方，波長帯 0～3 μm に含まれるふく射エネルギーの割合は，$\lambda_2 T = 3\ \mu\text{m}\times 2000\ \text{K} = 6000\ \mu\text{m}\cdot\text{K}$ であるから，約 73.78%である．したがって， 1 ~ 3 μm の近赤外領域に含まれる割合はその差し引きとしておよそ 67.1%となる．また， 0.38～0.77 μm については同様に，約 1.55%となる．このように，眩くみえる炉内であるが，可視光は少なく，そこから放射されるふく射は波長 1 ~ 3 μm の赤外線が大半を占めている．

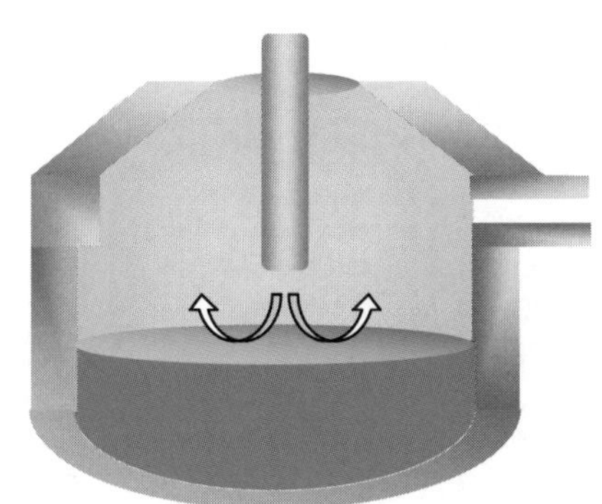

図 4.8　転炉内部の模式図

4・3　実在面のふく射特性 (radiation properties of real surfaces)

絶対温度 T (K) における実在面の単色放射能 $E_\lambda(\lambda,T)$ とその温度における黒体の単色放射能 $E_{b\lambda}(\lambda,T)$ との比を単色放射率(spectral emissivity) ε_λ という．

$$\varepsilon_\lambda = \frac{E_\lambda(\lambda,T)}{E_{b\lambda}(\lambda,T)} \tag{4.4}$$

また、波長 λ のふく射を多く放射する物体はその波長のふく射を多く吸収する．単色吸収率(spectral absorptivity)を α_λ とすると，

$$\alpha_\lambda = \varepsilon_\lambda \tag{4.5}$$

であり，これがキルヒホッフの法則(Kirchhoff's law)である．

さらに，図 4.9 に示すように放射率が波長に依存しないものを灰色体(gray body)あるいは灰色面(gray surface)という．これを用いると放射率が積分の外

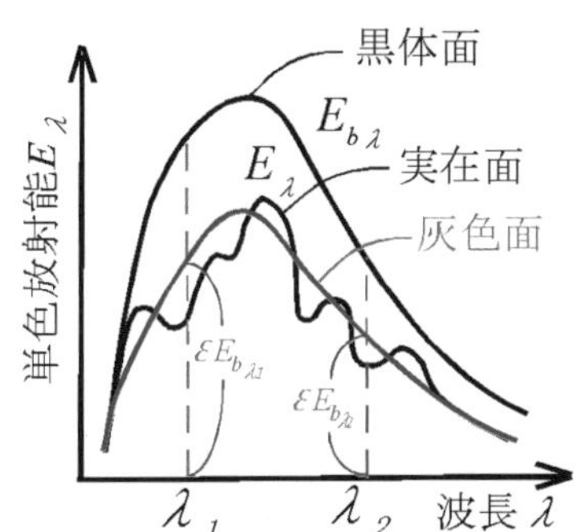

図 4.9 黒体面，実在面，灰色面

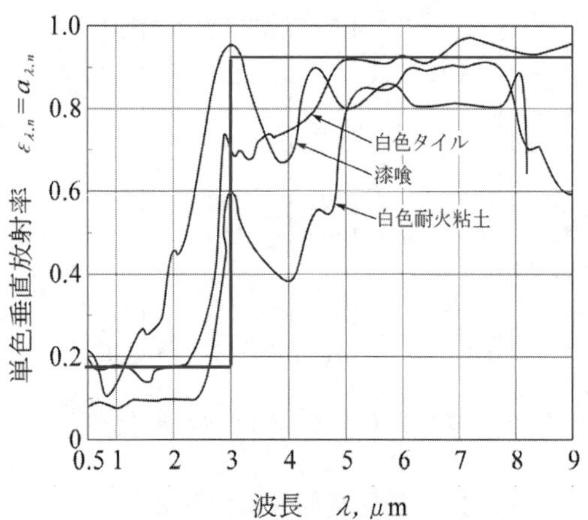

図 4.10 非金属の単色垂直放射率と部分的灰色面の仮定（赤線）

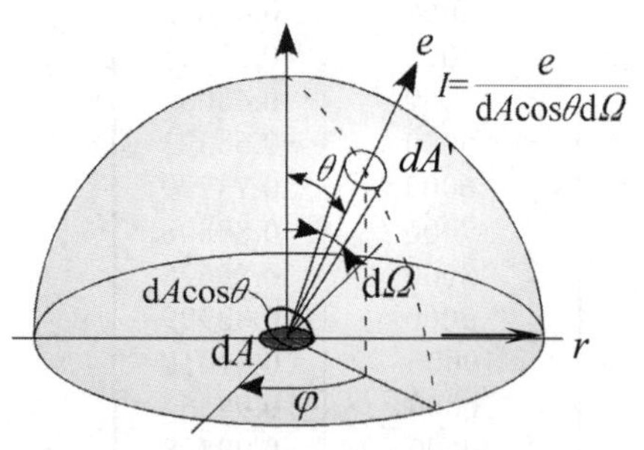

図 4.11 ふく射強度の定義

に出て，灰色面から放射されるふく射熱流束が以下のように表現できる．

$$E=\int_0^\infty E_\lambda \mathrm{d}\lambda=\int_0^\infty \varepsilon_\lambda E_{b\lambda}\mathrm{d}\lambda=\varepsilon\int_0^\infty E_{b\lambda}\mathrm{d}\lambda=\varepsilon\sigma T^4 \tag{4.6}$$

【例 4.7】図 4.10 に示されるように，白色タイルなどの非金属の単色垂直放射率（面から垂直方向に放射された場合の単色放射率）は 3 μm 前後で大きく変化する．これを赤線のように $\lambda\leq 3\mu\mathrm{m}$ では $\varepsilon_\lambda=0.17$ で一定，$3\mu\mathrm{m}\leq\lambda$ では $\varepsilon_\lambda=0.93$ で一定としたとき，1500K の白色タイルから放射されるふく射熱流束はいくらか．このとき，放射率は角度によらず，全ての半球面方向に垂直放射率が適用できるものとする．

【解 4.7】式(4.6)より，波長 $\lambda\leqq 3$ と $3\leqq\lambda$ に分けて考える．

$$\begin{aligned}
E&=\int_0^3 E_\lambda \mathrm{d}\lambda+\int_3^\infty E_\lambda \mathrm{d}\lambda\\
&=\varepsilon_{\lambda\leqq 3}\int_0^3 E_{b\lambda}\mathrm{d}\lambda+\varepsilon_{3\leqq\lambda}\int_3^\infty E_{b\lambda}\mathrm{d}\lambda\\
&=\varepsilon_{\lambda\leqq 3}f_{0-\lambda 3T}\int_0^\infty E_{b\lambda}\mathrm{d}\lambda+\varepsilon_{3\leqq\lambda}(1-f_{0-\lambda 3T})\int_0^\infty E_{b\lambda}\mathrm{d}\lambda\\
&=\left\{\varepsilon_{\lambda\leqq 3}f_{0-\lambda 3T}+\varepsilon_{3\leqq\lambda}(1-f_{0-\lambda 3T})\right\}\sigma T^4\\
&=(0.17\times 0.564+0.93\times 0.436)\sigma 1500^4\\
&=1.44\times 10^5\ \mathrm{W/m^2}
\end{aligned}$$

4・4　ふく射熱交換の基礎 (fundamentals of radiative heat exchange)

図 4.11 に示されるように単位面積，単位時間，単位立体角あたりに天頂角(zenithal angle, polar angle) θ，方位角(azimuthal angle) φ の方向へ放射されるふく射強度 (radiation intensity) I (W/(m$^2\cdot$sr)) は以下のように定義される．

$$I=\frac{e}{\mathrm{d}A\cos\theta\mathrm{d}\Omega}=\frac{\mathrm{d}^2\dot{Q}}{\mathrm{d}\Omega\mathrm{d}A\cos\theta} \tag{4.7}$$

ここで，$\mathrm{d}A$ は微小放射面積，$\mathrm{d}\Omega$ は微小立体角，e は $\mathrm{d}A$ から $\mathrm{d}\Omega$ の立体角内に放射されるふく射エネルギーである．一般にふく射強度は天頂角や方位角に依存する．これを指向性(directionality)という．このふく射強度がどの方向にも一定となる表面を完全拡散放射面(diffusely emitting surface)，またはランバート面(Lambert surface)という．黒体や粗面がこの性質を持つ．さらに，微小立体角は半球の半径を r，半球面上の微小面積を $\mathrm{d}A'$ として以下のように定義できる．

$$\mathrm{d}\Omega=\frac{\mathrm{d}A'}{r^2}=\sin\theta\mathrm{d}\theta\mathrm{d}\varphi \tag{4.8}$$

したがって，(4.7)式を

$$E=\frac{\mathrm{d}Q}{\mathrm{d}A}=\int_0^{2\pi} I\cos\mathrm{d}\Omega \tag{4.9}$$

と変形し，(4.8)式を代入して積分すると $E=\pi I$ となり，黒体について考えれば以下の関係が成り立つ．

$$I_b = \frac{E_b}{\pi} = \frac{\sigma T^4}{\pi} \tag{4.10}$$

このふく射強度の概念により，ふく射を各方向に向かう光線１本１本として扱うことができる．図 4.12 に示すような有限な黒体２面間のふく射熱交換は，面１のある点（面積 dA_1）から放射されたふく射が面２に達するものを積分（面２について積分）し，さらに面１についても積分することで得られる．図 4.13 に示されるような微小２面間におけるふく射熱交換は以下のように求められる．

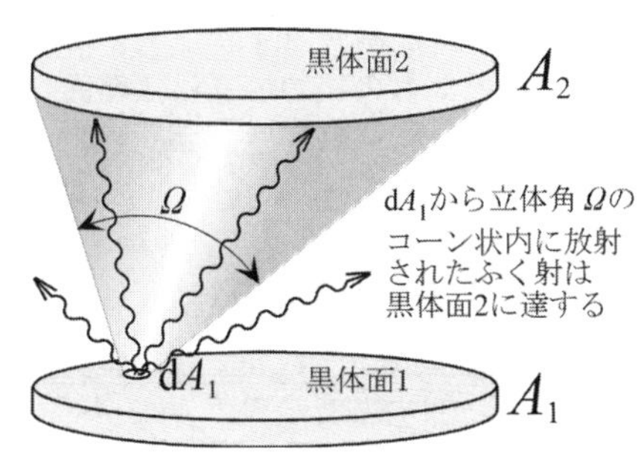

図 4.12　有限黒体円板間のふく射伝熱

$$d^2\dot{Q}_{12} = d^2\dot{Q}_{1\to 2} - d^2\dot{Q}_{2\to 1} = dA_1(\sigma T_1^4 - \sigma T_2^4)\frac{\cos\theta_1 \cos\theta_2 dA_2}{\pi r^2} \tag{4.11}$$

$$= dA_1(\sigma T_1^4 - \sigma T_2^4)dF_{dA_1\to dA_2} \tag{4.12}$$

である．ここで，$dF_{dA_1-dA_2}$ を dA_1 から dA_2 への微小平面間の形態係数(view factor between elemental surfaces)といい，完全拡散放射面 dA_1 から放射された全ふく射エネルギーが，面 dA_2 に直接到達する割合を示す．

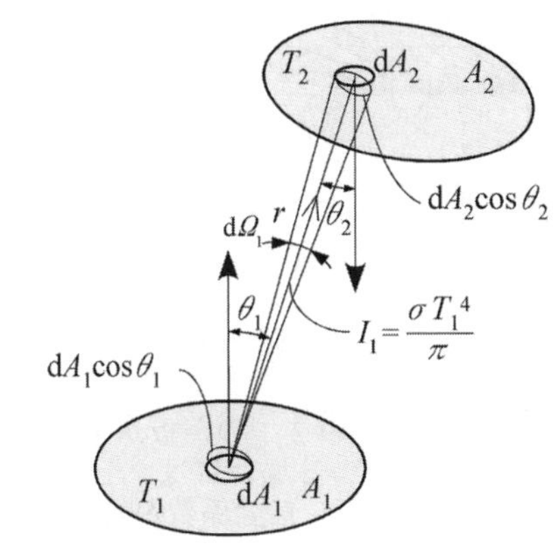

図 4.13 微小な２面間のふく射熱交換

【例 4.8】図 4.14 に示されるように，面積 dA_1 の微小黒体円板と面積 A_2 の黒体円板が同軸上に高さ h で向かい合っている．このとき，形態係数 $F_{dA_1\to A_2}$ を求めよ．また，$F_{A_2\to dA_1}$ は $F_{dA_1\to A_2}$ と同じとなるか，検討せよ．
(練習問題 4.8 と 4.9 を参照)

【解 4.8】dA_1 から，A_2 の微小面積 dA_2 へ到達するふく射エネルギーは，

$$\dot{Q}_{dA_1\to dA_2} = I_1 dA_1 \cos\theta \frac{r_2 d\phi dr_2 \cos\theta}{r^2},\quad I_1 = \frac{\sigma T_1^4}{\pi}$$

である．一方，dA_2 から dA_1 へのそれは，

$$\dot{Q}_{dA_2\to dA_1} = I_2 dA_2 \cos\theta \frac{dA_1\cos\theta}{r^2} = I_2 \frac{dA_1 \cos\theta r_2 d\phi dr_2 \cos\theta}{r^2},\quad I_2 = \frac{\sigma T_2^4}{\pi}$$

である．よって正味の熱移動量は以下のように求められる．

$$\dot{Q}_{n,dA_1\to dA_2} = \dot{Q}_{dA_1\to dA_2} - \dot{Q}_{dA_2\to dA_1} = \sigma(T_1^4 - T_2^4)\frac{\cos^2\theta r_2 d\phi dr_2 dA_1}{\pi r^2}$$

ここで，$r^2 = h^2 + r_2^2$，$\cos\theta = \frac{h}{r}$ であるから以下のように表現できる．

$$\dot{Q}_{n,dA_1\to dA_2} = \sigma(T_1^4 - T_2^4)\frac{h^2 r_2 dr_2 d\phi dA_1}{\pi(h^2 + r_2^2)^2}$$

これを A_2 について積分する．

$$\dot{Q}_{n,dA_1\to A_2} = \sigma(T_1^4 - T_2^4)dA_1 F_{dA_1-A_2}$$

ここで，形態係数 $F_{dA_1\to A_2}$ は以下のようになる．

$$F_{dA_1\to A_2} = \frac{h^2}{\pi}\int_0^{2\pi}\int_0^{R_2}\frac{r_2}{(h^2 + r_2^2)^2}dr_2 d\phi = \frac{R_2^2}{h^2 + R_2^2}$$

次に，A_2 の微小面積 dA_2 から dA_1 へ到達する正味のふく射エネルギーおよび形態係数は以下のように求められる．

$$\dot{Q}_{n,dA_2-dA_1} = \sigma(T_2^4 - T_1^4)\frac{h^2 r_2 dr_2 d\phi dA_1}{\pi(h^2 + r_2^2)^2}$$

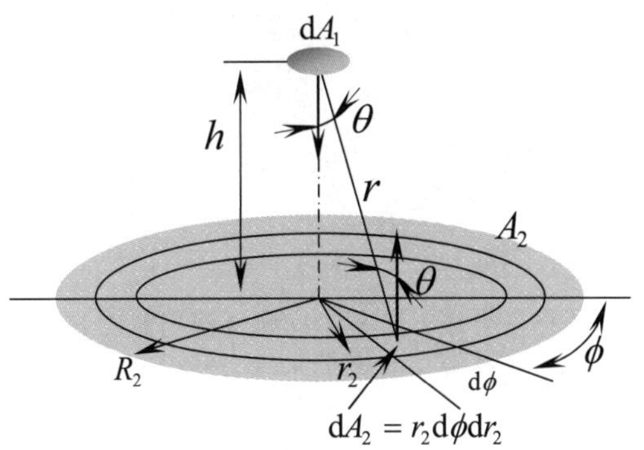

図 4.14　面積 dA_1 の微小黒体円板と面積 A_2 の黒体円板のふく射熱交換

【参考1】有限な平面間での形態係数

単純な形態であれば例題 4.8 のように計算できるが，複雑なものについては広範囲にわたって線図が用意されている[(1)]．
その例を以下に示す．

・向かい合う2円板の形態係数

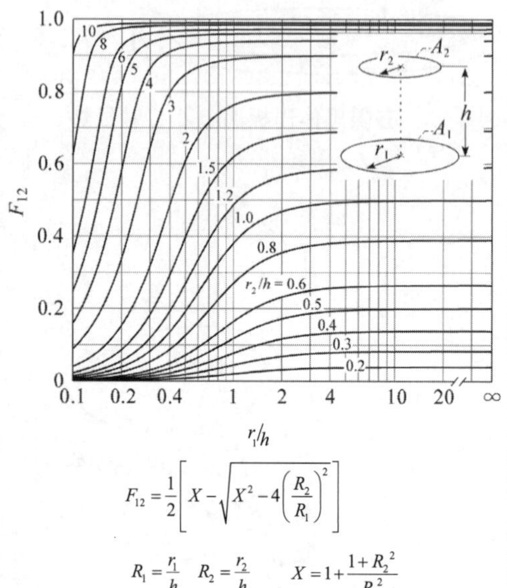

例えば，半径 10cm の 2 つの円板が 10cm 離れて向かい合っている場合には，上図から $r_1/h=r_2/h=1$ を選び，形態係数が約 0.37 であることがわかる．

$$\dot{Q}_{n,A_2\to dA_1}=\sigma(T_2{}^4-T_1{}^4)A_2F_{A_2\to dA_1}$$

$$F_{A_2\to dA_1}=\frac{dA_1}{A_2}\frac{h^2}{\pi}\int_0^{2\pi}\int_0^{R_2}\frac{r_2}{(h^2+r_2{}^2)^2}dr_2d\phi=\frac{dA_1}{A_2}\left(\frac{R_2{}^2}{h^2+R_2{}^2}\right)$$

$$F_{A_2\to dA_1}=\frac{dA_1}{A_2}F_{dA_1\to A_2}$$

したがって，同じではなく，面積比だけ小さくなる．ここで，以下の関係にあることも理解できる．

$$A_2F_{A_2\to dA_1}=dA_1F_{dA_1\to A_2}$$

面積 A_1 と A_2 の黒体平板間については式(4.11)を面積 A_1 および A_2 にわたって積分することによって次式が得られる．

$$\dot{Q}_{12}=A_1\sigma\left(T_1^4-T_2^4\right)F_{12} \tag{4.13}$$

ここで，

$$F_{12}=\frac{1}{A_1}\int_{A_1}\int_{A_2}\frac{\cos\theta_1\cos\theta_2dA_1dA_2}{\pi r^2} \tag{4.14}$$

であり，この F_{12} を一般に形態係数あるいは角関係(view factor, configuration factor, angle factor, geometrical factor)という．

この形態係数が数式で表現できるものもあるが，形状が複雑になると式(4.14)を積分できない．その場合には，各々の面を細かく分割し，数値積分を行うか，線図[(1)]を用いる．なお，例題 4.8 で明らかとなったように，面積と形態係数の間には以下の相互関係(reciprocity law)が成立する．

$$A_iF_{ij}=A_jF_{ji} \tag{4.15}$$

また，凹面のように同じ表面にふく射が届く場合には自己形態係数(self view factor) F_{jj} がゼロではない．さらに，n 個の面で閉ざされた閉空間系では次の総和関係(summation law)が成立する．

$$F_{i1}+F_{i2}+F_{i3}+\cdots+F_{in}=1 \quad (i=1,2,\cdots,n) \tag{4.16}$$

【例 4.9】 図 4.15 に示されるような，軸方向に無限長さの同軸 2 重円筒において，半径 r_1 の円筒外表面と半径 r_2 の円筒内表面とのふく射熱交換における形態係数 F_{12} と F_{21}，あるいは自己形態係数 F_{11} と F_{22} を求めよ．

【解 4.9】半径 r_1 の表面から放射されたふく射エネルギーは，無限長さの 2 重円筒であることから，必ず半径 r_2 の表面に達する．したがって，$F_{12}=1$ である．式(4.16)の総和関係より，$F_{11}+F_{12}=1$ であるから，$F_{11}=0$ である．また，式(4.15)の相互関係 $A_1F_{12}=A_2F_{21}$ より $F_{21}=F_{12}A_1/A_2=r_1/r_2$ である．最後に，$F_{21}+F_{22}=1$ より，$F_{22}=1-F_{21}=1-r_1/r_2$ となる．

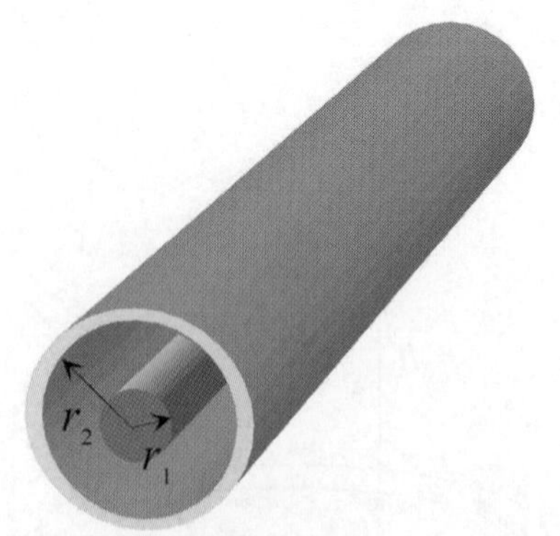

図 4.15　半径 r_1 と r_2 の同軸 2 重円筒におけるふく射熱交換

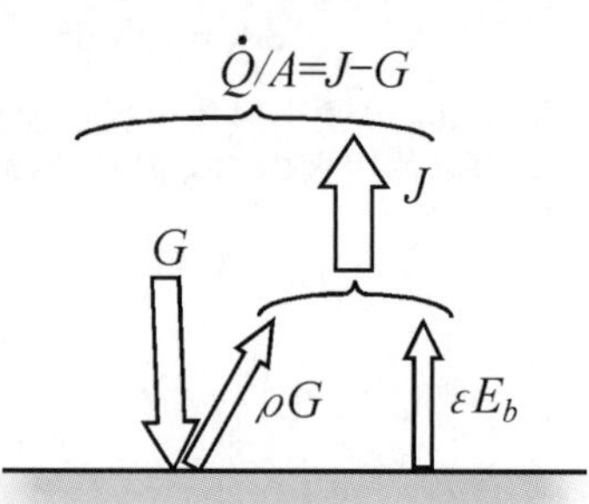

図 4.16　射度と外来照射量

4・5　黒体面間および灰色面間のふく射伝熱 (radiative heat transfer between black and/or gray surfaces)

灰色面ではふく射を吸収あるいは反射する．そこで，図 4.16 に示すように，単位面積，単位時間当たりに表面にあらゆる方向から入射する全ふく射エネルギーを外来照射量(irradiation, arriving flux) G (W/m^2) とすると，表面を出て行く全ふく射エネルギーである射度(radiosity, leaving flux) J (W/m^2) は以下のように示される．

$$J = \varepsilon E_b + \rho G = \varepsilon E_b + (1-\varepsilon)G \tag{4.17}$$

したがって，その面における正味のふく射熱交換量を $\dot{Q}$，面積を A とすると，熱流束 $\dot{Q}/A$ は射度と外来照射量の差に等しい．

$$\frac{\dot{Q}}{A} = J - G = \varepsilon(E_b - G) \tag{4.18}$$

あるいは，式(4.17)を G について解いて式(4.18)に代入し，

$$\frac{\dot{Q}}{A} = \frac{\varepsilon}{1-\varepsilon}(E_b - J) = \frac{(E_b - J)\varepsilon}{1-\varepsilon} \tag{4.19}$$

となる．

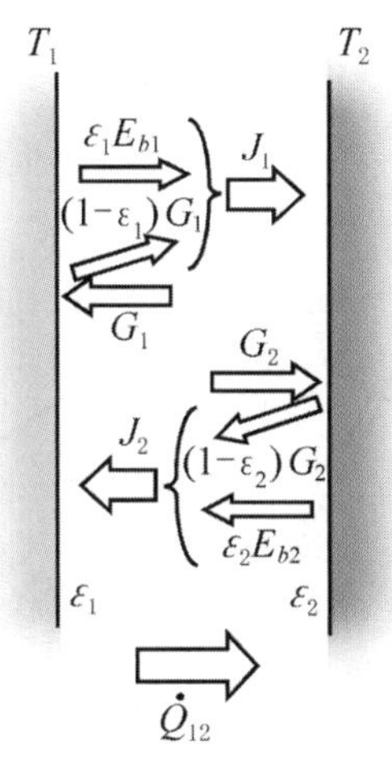

図 4.17　2 つの無限灰色平面におけるふく射伝熱

【例 4.10】図 4.17 に示されるような平行な無限 2 灰色平面がそれぞれ温度 $T_1 = 600$ K，$T_2 = 300$ K に保たれ，放射率がそれぞれ $\varepsilon_1 = 0.8$，$\varepsilon_2 = 0.5$ であるとき，平面 1 から 2 への正味のふく射熱流束 $\dot{Q}_{12}/A$ を求めよ．

【解 4.10】面 1 と 2 における射度および外来照射量をそれぞれ J_1，J_2 および G_1，G_2 とする．

$$J_1 = \varepsilon_1 E_{b1} + (1-\varepsilon_1)G_1, \quad J_2 = \varepsilon_2 E_{b2} + (1-\varepsilon_2)G_2$$

このとき，$G_1 = J_2$ および $G_2 = J_1$ であるから，

$$J_1 = \varepsilon_1 E_{b1} + (1-\varepsilon_1)\{\varepsilon_2 E_{b2} + (1-\varepsilon_2)J_1\}$$

となる．これを J_1 について解くと，

$$\{1-(1-\varepsilon_1)(1-\varepsilon_2)\}J_1 = \varepsilon_1 E_{b1} + (1-\varepsilon_1)\varepsilon_2 E_{b2}$$

となる．同様に，G_1 についても解くと，

$$\{1-(1-\varepsilon_1)(1-\varepsilon_2)\}G_1 = \varepsilon_2 E_{b2} + (1-\varepsilon_2)\varepsilon_1 E_{b1}$$

であるから，正味の熱流束 $\dot{Q}_{12}/A$ は以下のようになる．

$$\frac{\dot{Q}_{12}}{A} = J_1 - G_1 = \frac{E_{b1} - E_{b2}}{\dfrac{1}{\varepsilon_1} + \dfrac{1}{\varepsilon_2} - 1} = 3.06\ \mathrm{kW/m^2}$$

【参考 2】射度と外来照射量の便利さ

図 4.17 のような灰色面においては，1 の面から放射されたふく射は，一部が 2 の面で吸収され，残りの反射された成分は面 1 で反射された後、再び 2 で一部吸収され，･･･，といった具合に多重に反射した成分を追跡してその全てを考慮し，面 1 から面 2 へのふく射伝熱を計算することが必要である．

そこで，とにかく，面 1 に入射してくるふく射全て（多重反射した成分も含めて）を G_1 とおくなど，その煩わしさを避けることができる点で極めて有用な計算手法といえる．

【例 4.11】図 4.18 に示されるように，図 4.17 の平行な無限 2 灰色平面の間に放射率 $\varepsilon_3 = 0.1$ の灰色反射板 3 を挿入した場合，平面 1 から 2 への正味のふく射熱流束 $\dot{Q}_{12}/A$ はいくらになるか．例 4.10 と比較せよ．

【解 4.11】面 1 と 3，および面 3 と 2 における正味の熱流束 $\dot{Q}_{13}/A$，$\dot{Q}_{32}/A$ は，以下のようになる．

$$\frac{\dot{Q}_{13}}{A} = J_1 - G_1 = \frac{E_{b1} - E_{b3}}{\dfrac{1}{\varepsilon_1} + \dfrac{1}{\varepsilon_3} - 1}, \quad \frac{\dot{Q}_{32}}{A} = J'_3 - G'_3 = \frac{E_{b3} - E_{b2}}{\dfrac{1}{\varepsilon_3} + \dfrac{1}{\varepsilon_2} - 1}$$

このとき，$\dot{Q}_{13}/A = \dot{Q}_{32}/A = \dot{Q}_{12}/A$ であるから，

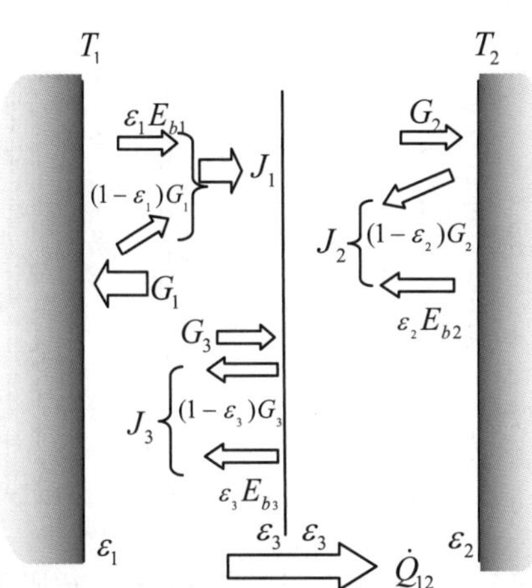

図 4.18　2つの無限灰色平面の間に反射板がある場合におけるふく射伝熱

$$\left(\frac{1}{\varepsilon_1}+\frac{1}{\varepsilon_3}-1\right)\frac{\dot{Q}_{12}}{A}=E_{b1}-E_{b3}$$

$$\left(\frac{1}{\varepsilon_3}+\frac{1}{\varepsilon_2}-1\right)\frac{\dot{Q}_{12}}{A}=E_{b3}-E_{b2}$$

である．両辺を足すことで E_{b3} を消去でき，正味の熱流束 $\dot{Q}_{12}/A$ は以下のようになる．

$$\frac{\dot{Q}_{12}}{A}=\frac{E_{b1}-E_{b2}}{\dfrac{1}{\varepsilon_1}+\dfrac{1}{\varepsilon_2}+\dfrac{2}{\varepsilon_3}-2}=0.324\ \mathrm{kW/m^2}$$

放射率の小さな反射板 1 枚でふく射熱流束がかなり抑えられる．

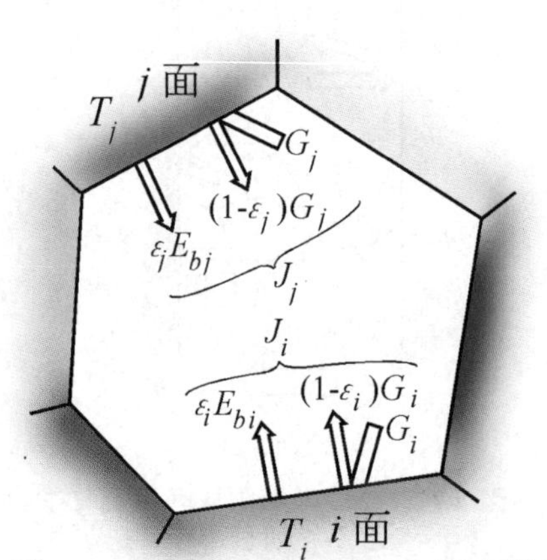

図 4.19　灰色面で構成された閉空間内系のふく射伝熱

図 4.19 に示すような，温度が異なる n 面で構成された灰色面閉空間において，任意の i 面における射度を J_i，外来照射量を G_i とすると，

$$G_i=\sum_{j=1}^{n}F_{ij}J_j \tag{4.20}$$

$$J_i=\varepsilon_i E_{bi}+(1-\varepsilon_i)\sum_{j=1}^{n}F_{ij}J_j \tag{4.21}$$

また，式(4.18)および式(4.20)より，i 面から他の全ての面へ向かうふく射熱交換量 $\dot{Q}_i$ は以下のように求められる．

$$\dot{Q}_i=\frac{\varepsilon_i}{1-\varepsilon_i}(E_{bi}-J_i)A_i=\varepsilon_i E_{bi}A_i-\varepsilon_i A_i\sum_{j=1}^{n}F_{ij}J_j \tag{4.22}$$

すなわち，各面で温度 T_i あるいはふく射熱流束 $\dot{Q}_i$ のいずれかが与えられれば，n 個の連立方程式により未知数の T_i あるいは $\dot{Q}_i$ が求められる．なお，$\varepsilon_i=0$ とすれば完全反射面（ただし，拡散反射面）を，また，$\varepsilon_i=1$ とすれば黒体面となる．

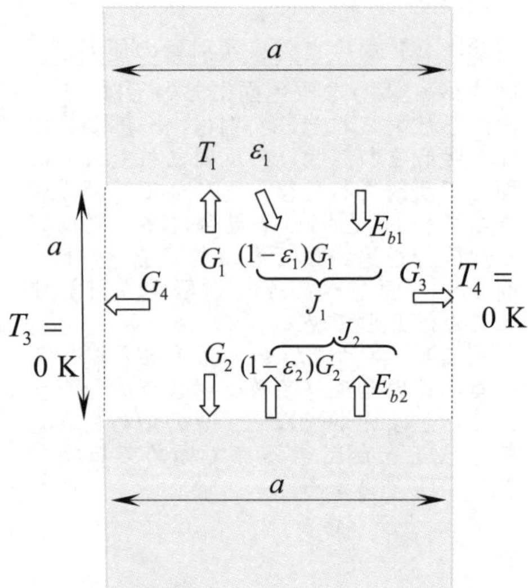

図 4.20　真空中で有限な幅 a の 2 つの灰色面が向かい合う場合の伝熱

【例 4.12】図 4.20 で示すように，幅 a で，紙面垂直方向に無限に長い平板が，距離 a 離れて平行に向かい合っている．周囲は真空で絶対零度（0 K）とする．上面温度を T_1，放射率を ε_1，下面温度を T_2，放射率を ε_2 とする．下面に入射するふく射熱流束を求めよ．

【解 4.12】両側壁の温度を 0 K の黒体面とした閉空間を考える．それぞれの面に入射する外来照射量は，

$G_1=F_{12}J_2$，$G_2=F_{21}J_1$，$G_3=F_{31}J_1+F_{32}J_2$，$G_4=F_{41}J_1+F_{42}J_2$

である．また，上面 1 と下面 2 から放射される射度は

$J_1=\varepsilon_1 E_{b1}+(1-\varepsilon_1)G_1$，$J_2=\varepsilon_2 E_{b2}+(1-\varepsilon_2)G_2$

となる．したがって下面入射するふく射熱流束は以下のようになる．

$$G_2-J_2=\frac{F_{21}\varepsilon_1 E_{b1}\varepsilon_2+\left\{(1-\varepsilon_1)\varepsilon_2 F_{12}F_{21}-\varepsilon_2\right\}E_{b2}}{1-(1-\varepsilon_1)(1-\varepsilon_2)F_{12}F_{21}}$$

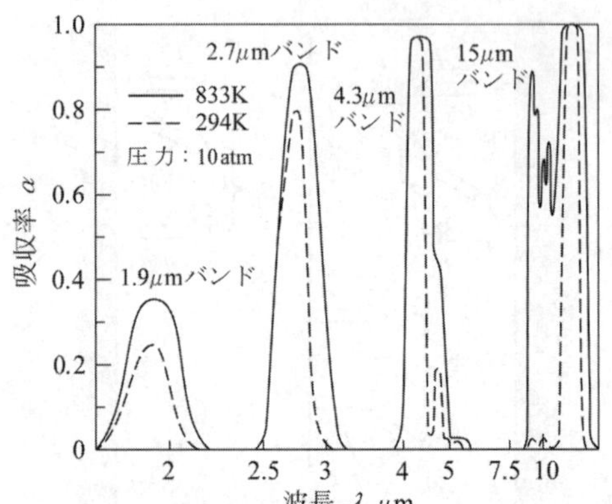

図 4.21　炭酸ガス（厚さ 0.388m）の吸収率[(1)]

4・6　ガスふく射 (gaseous radiation)

気体は図 4.21 に示された炭酸ガスの吸収率に代表されるように，特定の波長

領域でのみ吸収が生ずる，きわだった選択吸収(selective absorption)性を示す．これらを吸収帯もしくは吸収バンド(absorption band)という．このように気体ではこれらの波長のふく射が入射するときに限り吸収され，逆に気体の温度が上昇するとこの波長のふく射のみが放射されることになる．

なお，ガス層やガス塊では，その方向により厚さや濃度が異なる場合が多いので，図 4.21 の吸収率は，正確には，単色指向吸収率(spectral directional absorptivity) $\alpha_{G,\lambda}$ である．

【例 4.13】図 4.10 に示された固体の単色放射率（単色吸収率）は連続スペクトルとなっているが，図 4.21 では単色吸収率がゼロとなるなど選択性がきわめて強い．その理由は何か．

【解 4.13】気体は分子間の距離が長く，互いに独立な（固有な）振動をしている．この振動モードに対応する吸収帯が図 4.21 に示されている．一方，固体は原子が連なり，様々な振動モードを有することができる．このため，いかなる振動数のふく射が入射しても，吸収量がゼロとなることはない．

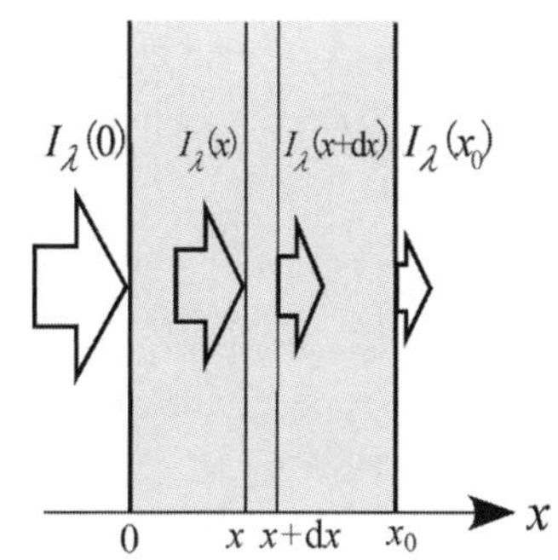

図 4.22　ガス層によるふく射の減衰

図 4.22 に示すように，波長 λ，ふく射強度 $I_\lambda(0)$ の単色ふく射が厚さ x_o のガス層に入射したとき，そのガス層を通過後のふく射強度 $I_\lambda(x_o)$ はビアの法則(Beer's law)から以下のように求まる．

$$\frac{I_\lambda(x_o)}{I_\lambda(0)} = \exp(-\kappa_\lambda x_o) \tag{4.23}$$

ここで $\tau_{\lambda o} = \kappa_\lambda x_o$ を光学厚さ(optical thickness)という．また，厚さ x_o のガス層の指向性単色吸収率 $\alpha_{G,\lambda}(x_o)$ は，以下のように定義される．

$$\alpha_{G,\lambda}(x_o) = \frac{I_\lambda(0) - I_\lambda(x_o)}{I_\lambda(0)} = 1 - \exp(-\kappa_\lambda x_o) \tag{4.24}$$

なお，キルヒホッフの法則により，$\varepsilon_{G,\lambda}(x_o) = I_\lambda(x_o)/I_{b,\lambda}(T)$ で定義される単色指向放射率(spectral directional emissivity)と，$\alpha_{G,\lambda}(x_o) = \varepsilon_{G,\lambda}(x_o)$ の関係にある．

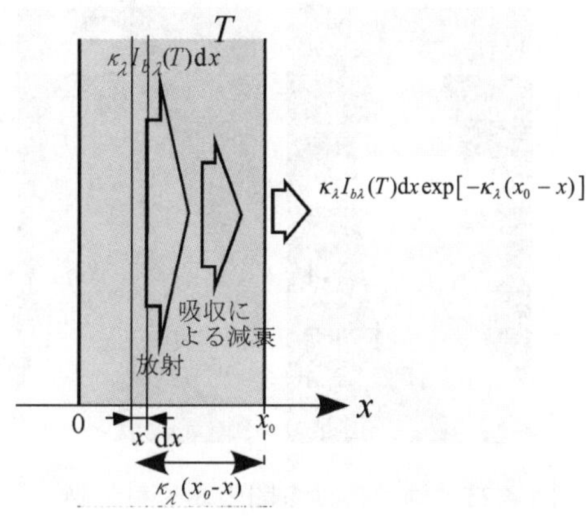

図 4.23　一様温度のガス層からの放射

図 4.23 に示すような温度 T の微小な厚さ dx から放射される，波長 λ のふく射強度 $dI_\lambda(x)$ は，その黒体ふく射強度 $I_{b\lambda}(T)$ と単色吸収係数 κ_λ に比例する．

$$dI_\lambda(x) = \kappa_\lambda I_{b\lambda}(T)dx \tag{4.25}$$

全ての波長における平均指向放射率 $\varepsilon_G(x_o)$ は以下のように表される．

$$\varepsilon_G(x_o) = \frac{I(x_o)}{I_b(T)} = 1 - \frac{1}{I_b(T)}\int_0^\infty I_{b\lambda}(T)\exp(-\kappa_\lambda x_o)d\lambda \tag{4.26}$$

灰色ガス(gray gas)においては以下のように表現される．

$$\varepsilon_G(x_o) = 1 - \exp(-\kappa x_o) \tag{4.27}$$

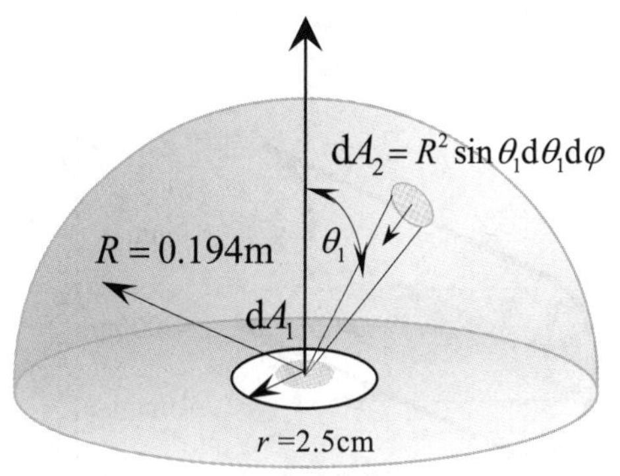

図 4.24　半球状ガス塊から円板への放射エネルギー

【例 4.14】図 4.24 に示すような，直径 0.388m（R=0.194m），圧力 10atm，温度 833K の半球状炭酸ガス塊から，その中心にある直径 5cm（r =2.5cm）の円板表面に入射するふく射エネルギー量はいくらか．このとき，円板中心におけるふく射熱流束が円板表面に一様に入射するものとする．

【解 4.14】図 4.21（距離 0.388m）から 1.9μm バンド（1.8μm～2.1 μm）の単色指向吸収率を $\alpha_{G,\lambda=1.9} = 0.35$，2.7 μm バンド（2.6μm～3.0 μm）のそれ

を$\alpha_{G,\lambda=2.7}=0.9$，4.3μm バンド（4.0μm～5.0 μm）のそれを$\alpha_{G,\lambda=4.3}=0.95$，15 μm バンド（9.0μm～20.0 μm）のそれを$\alpha_{G,\lambda=15}=0.8$と仮定する．式(4.23)から吸収係数は，以下のようになる．

$\kappa_{\lambda=1.9}=1.11\ \mathrm{m}^{-1}$，$\kappa_{\lambda=2.7}=5.93\ \mathrm{m}^{-1}$，$\kappa_{\lambda=4.3}=7.72\ \mathrm{m}^{-1}$，$\kappa_{\lambda=15}=4.15\ \mathrm{m}^{-1}$

また，各バンドの黒体放射分率は，表 4.1 より，T=833K のとき，以下のようになる．

$f_{0\sim\lambda=1.9}=0.020$，$f_{0\sim\lambda=2.7}=0.0666$，$f_{0\sim\lambda=4.3}=0.1630$，$f_{0\sim\lambda=15}=0.1421$

一方，式(4.10)に基づいて，半球ガス塊表面の微小面積 $\mathrm{d}A_2$ から円板中心の微小面積 $\mathrm{d}A_2$ へ輸送されるふく射エネルギー量は各波長バンドにおいて

$$\mathrm{d}^2\dot{Q}_{\lambda\sim\lambda+\mathrm{d}\lambda,\mathrm{d}A_2\to\mathrm{d}A_1}=\mathrm{d}A_1 E_{\lambda\sim\lambda+\mathrm{d}\lambda}(R)\frac{\cos\theta_1\cos\theta_2\mathrm{d}A_2}{\pi R^2}$$

である．ここで，$\mathrm{d}A_2$ が半球面上であるから $\cos\theta_2=1$，$\int_0^{2\pi}\mathrm{d}A_2\mathrm{d}\varphi=2\pi R^2\sin\theta_1\mathrm{d}\theta_1$（方位角方向に積分済み）である．また，式(4.25)より $I_\lambda(R)=\varepsilon_{G,\lambda}(R)I_{b,\lambda}(T)$，つまり $E_{\lambda\sim\lambda+\mathrm{d}\lambda}(R)=\varepsilon_{G,\lambda\sim\lambda+\mathrm{d}\lambda}(R)f_{\lambda\sim\lambda+\mathrm{d}\lambda}E_b(T)$ である．よって，

$$\mathrm{d}E_{\lambda\sim\lambda+\mathrm{d}\lambda}=\mathrm{d}\left(\frac{\mathrm{d}\dot{Q}_{\lambda\sim\lambda+\mathrm{d}\lambda}}{\mathrm{d}A_1}\right)=\varepsilon_{G,\lambda\sim\lambda+\mathrm{d}\lambda}(R)f_{\lambda\sim\lambda+\mathrm{d}\lambda}E_b(T)2\sin\theta_1\cos\theta_1\mathrm{d}\theta_1$$

となる．これを半球上にわたり積分すると以下のようになる．

$$E=E_b(T)\sum_\lambda\varepsilon_{G,\lambda}(R)F_{\lambda\sim\lambda+\mathrm{d}\lambda}$$

ここで，式(4.23)とキルヒホッフの法則より求められる $\varepsilon_{G,\lambda}(R)=1-\exp(-\kappa_\lambda R)$ を各バンドについて計算し，黒体放射分率とともに代入すると，熱流束は 7354W/m^2 となる．よって，直径 5cm の円板が受ける熱量 Q は 14.4W となる．また，これは同じ温度の黒体半球表面から受けるふく射熱量 53.6 W に比べて少ない．

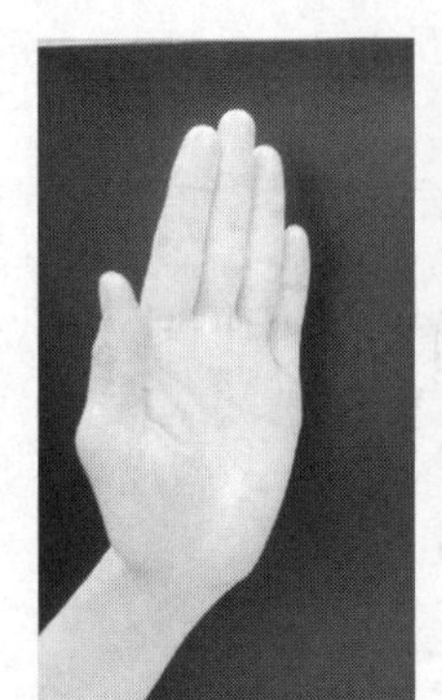
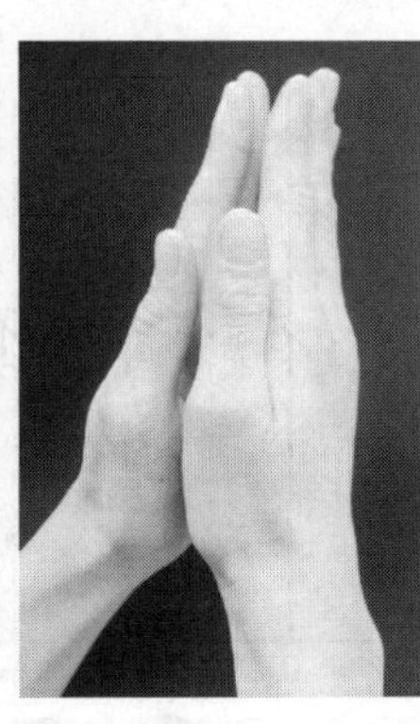

図 4.25　両手のひら間のふく射伝熱

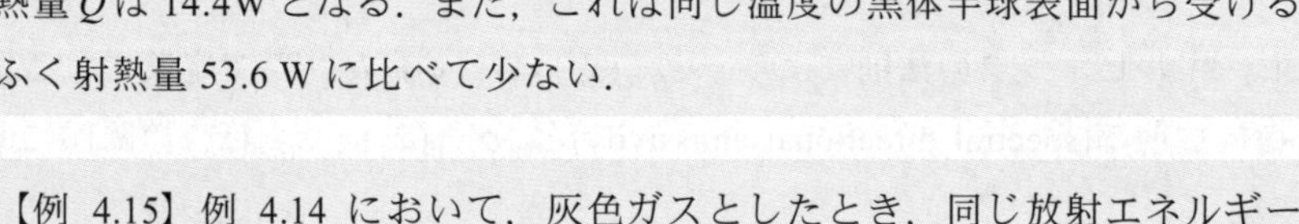

【例 4.15】例 4.14 において，灰色ガスとしたとき，同じ放射エネルギー量となる吸収係数 κ を求めよ．

【解 4.15】灰色体と仮定すると

$$E=E_b(T)\sum_\lambda\varepsilon_{G,\lambda}(R)f_{\lambda\sim\lambda+\mathrm{d}\lambda}=\varepsilon_G E_b(T)=\{1-\exp(-\kappa R)\}E_b(T)$$

である．したがって，$\kappa=1.62\,\mathrm{m}^{-1}$ となる．この κ の値は，一般性がなく，ガス塊の温度や圧力，大きさに依存する．

===== 練習問題 =========================

【4・1】図 4.25 の写真のように開いた左手に，同様に開いた右手を，触れないように近づけると，左手はどのように感じるか．それは何故か．

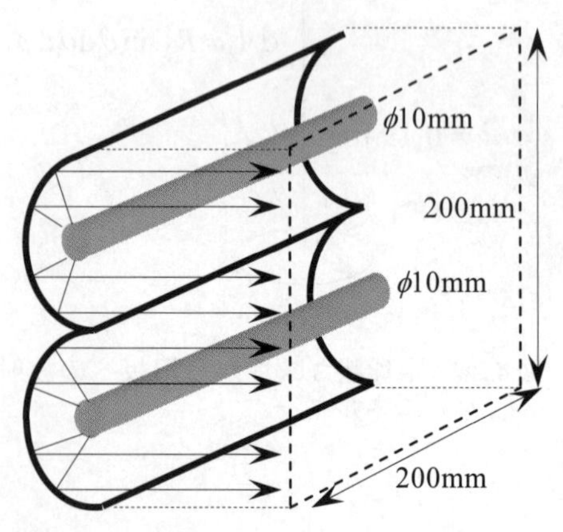

図 4.26 反射鏡を伴う赤外線ヒーター

【4・2】You feel warm when you open your hand in the direction normal to an incident solar ray. On the other hand, when, using your both opened-hands, you receive radiation emitted from ceramic heaters and reflected by parabolic mirrors as shown in Fig.4.26, your skin will be damaged. The heater has a diameter of

10mm, a length of 200mm and an emittance of 0.8, and the reflectance of the mirror is assumed to be unity. Compare both heat fluxes on the surface of hand.

【4・3】例 4.9 において偏心 2 重円筒の場合，形態係数 F_{11}，F_{12}，F_{21}，F_{22} はどのようになるか．

【4・4】Figure 4.27 shows a two-dimensional triangle duct made by black surfaces. Demonstrate that the view factor, F_{12}, is expressed only by these three widths, L_1, L_2 and L_3.

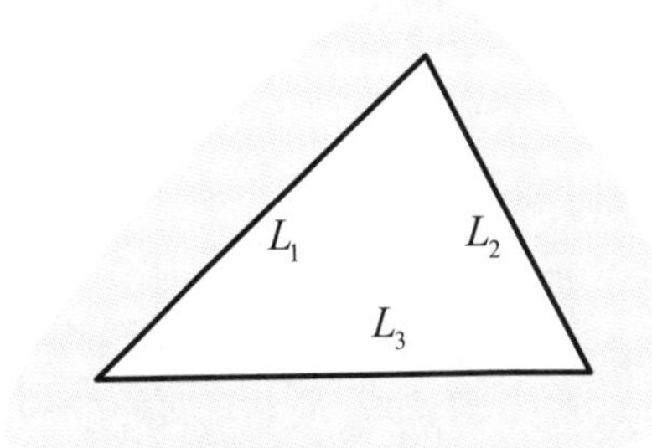

図 4.27 無限に長い三角形流路黒体壁面間の形態係数

【4・5】Calculate a view factor from hemispherical black-surface, A_2, to a small black-surface, dA_1, which is put at the hemispherical center, as shown in Fig.4.28.

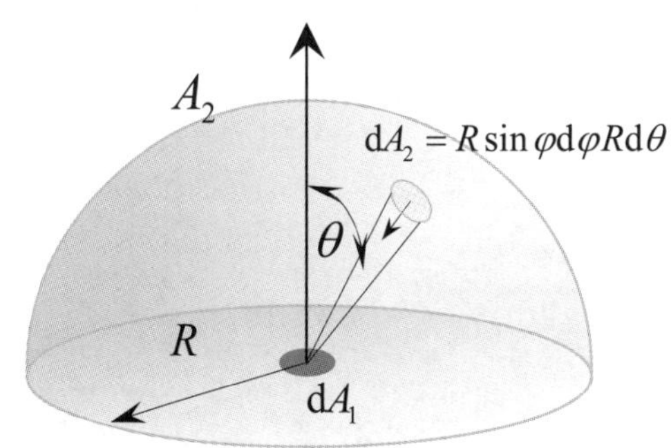

図 4.28 黒体半球面とその中心に置かれた微小面積間の形態係数

【4・6】Figure 4.29 shows a convex surface with a uniform temperature of T_1, a surface area of A_1 and an emittance of ε_1. Calculate the emittance ε_2 of apparent surface of A_2 described by a dotted line. Further, demonstrate that the apparent surface becomes close to the black surface when $A_2 << A_1$, and that ε_2 is equal to ε_1 when $A_2=A_1$. Herein, the environment is assumed to be a vacuum space with absolute zero temperature.

【4・7】図 4.21 に示すような吸収帯を有する無限平板状の炭酸ガスの厚みが半無限大の場合，放射されるふく射熱流束はいくらか．また，例 4.14 と比較せよ．

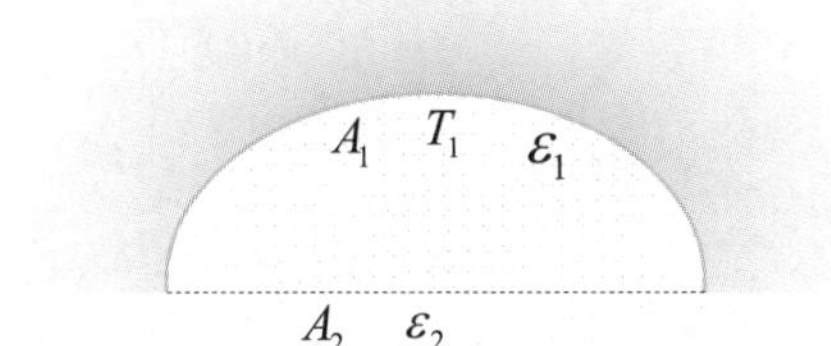

図 4.29 凹面における仮想面放射率

【4・8】As shown in Fig.4.30, a small area, dA_1, is faced to another small area, dA_2, on the same line in the direction normal to both surfaces; the distance is r. In this case, the view factor, $F_{dA1\text{-}dA2}$, is equal to $dA_2/\pi r^2$. Illustrate the physical meaning of the view factor pictorially.

【4・9】練習問題 4・8 の dA_2 を半径 R_2 の有限な面積 A_2 に広げた場合（例題 4.8 参照）の形態係数 $F_{dA_1 \to A_2} = R_2^{\,2}/\left(h^2 + R_2^{\,2}\right)$ の物理的意味について図形を用いて説明せよ．また $R_2 \to \infty$ の極限では形態係数が 1 となることを同じく図形を用いて説明せよ．

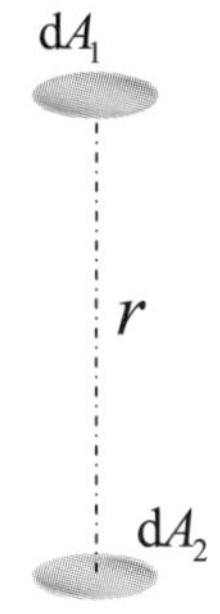

図 4.30 向かい合う微小平面間の形態係数

【4・10】The solar ray with a heat flux of 1000W/m^2 is incident on an insulated roof with a thickness of 10cm and a thermal conductivity of $0.1\,\mathrm{W/(m\cdot K)}$. When the inside surface temperature is kept at 27℃, what is the outside surface temperature and the heat flux into the inside? Both surfaces are assumed to be black surfaces.

第 4 章の文献

(1) R. Siegel and J.R. Howell, Thermal Radiation Heat Transfer, 3rd Ed., (1992), Taylor & Francis.

第5章
相変化を伴う伝熱
Heat Transfer with Phase Change

5・1　相変化と伝熱　(phase change and heat transfer)

物質が固体・液体・気体の間で状態変化することを相変化(phase change)といい，図 5.1 に示すように，それぞれの状態間の相変化を沸騰(boiling)・蒸発(evaporation)，凝縮(condensation)，融解(melting)，凝固(solidification)，昇華(sublimation)と呼ぶ．一般に液体から気体への相変化を蒸発といい，液体中から気泡の発生(generation of bubble)を伴う相変化を沸騰(boiling)という．

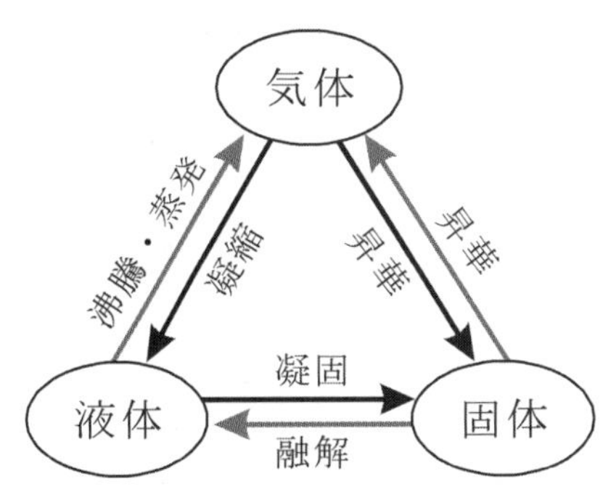

図 5.1 物質の相変化

【例 5.1】相変化現象を利用した機器や応用例を挙げよ．

【解 5.1】沸騰，凝縮，融解・凝固，昇華について例を挙げる．

①沸騰：　ボイラ，空調機の蒸発器，金属の熱処理，インクジェットプリンター，電子機器の冷却，沸騰水型原子炉，超伝導コイルの冷却

②凝縮：　発電所の復水器，空調機の凝縮器，

③融解・凝固：　氷蓄熱器，鋳物，製鉄工業

④昇華：　ドライアイス製造

5・2　相変化の熱力学　(thermodynamics for phase change)

固体・液体・気体の三つの状態のうち，二つ以上の状態が共存する場合，界面(interface)を隔てて相(phase)が存在する．固体・液体・気体に対応して，固相(solid phase)，液相(liquid phase)，気相(vapor phase)と呼び，二相が共存する場合には，固液，固気，気液の三つの組み合わせが存在する．ギブスの相律(Gibbs's phase rule)によると，純粋物質の系において，二つの相が存在する場合の示強性状態量(intensive property)の自由度は 1 であり，圧力が決まるとそれに対応する温度が決定される．気液が平衡状態にある場合の温度を飽和温度(saturation temperature)という．

沸騰の場合，伝熱面温度 T_w と飽和温度 T_{sat} の差を過熱度(degree of superheating)，飽和温度 T_{sat} と液体温度 T_l の差を過冷度またはサブクール度(degree of subcooling)といい，それぞれ次式で与えられる．

過熱度：　$$\Delta T_{sat} = T_w - T_{sat} \tag{5.1}$$

過冷度：　$$\Delta T_{sub} = T_{sat} - T_l \tag{5.2}$$

沸騰伝熱における熱伝達率は，伝熱面温度と液体温度の差ではなく，過熱度に対して定義される．したがって，沸騰の熱伝達率を用いて熱流束を計算

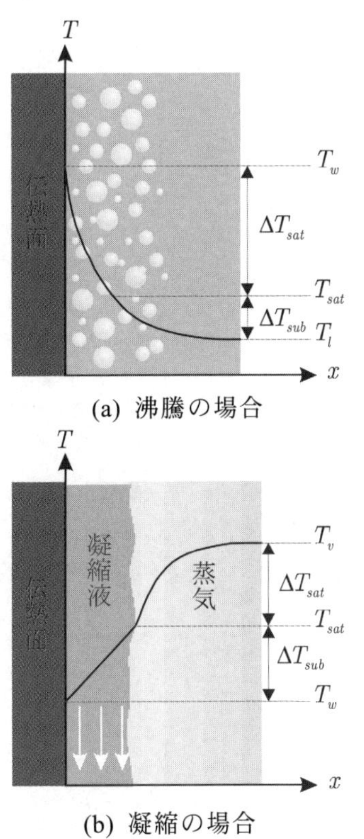

(a) 沸騰の場合

(b) 凝縮の場合

図 5.2 過熱度と過冷度

表 5.1 相変化伝熱で使用するいろいろな温度

液体温度：T_l
蒸気温度：T_v
飽和温度：T_{sat}
伝熱面温度：T_w
＜沸騰の場合＞
過熱度：$\Delta T_{sat} = T_w - T_{sat}$
過冷度：$\Delta T_{sub} = T_{sat} - T_l$
＜凝縮の場合＞
過熱度：$\Delta T_{sat} = T_v - T_{sat}$
過冷度：$\Delta T_{sub} = T_{sat} - T_w$

するには，温度差として過熱度を使用しなければならない．

一方，凝縮の場合の過熱度と過冷度は，それぞれ次式で定義される．

過熱度：　$$\Delta T_{sat} = T_v - T_{sat} \tag{5.3}$$

過冷度：　$$\Delta T_{sub} = T_{sat} - T_w \tag{5.4}$$

ここに，T_v は蒸気温度であり，凝縮の場合の熱伝達率は，蒸気温度と伝熱面温度の差ではなく，過冷度に対して定義される．

【例 5.2】10MPa の圧力の下で水が沸騰している．伝熱面の温度が 320 ℃，水温が 280 ℃ の時，伝熱面過熱度およびサブクール度はいくらか．

【解 5.2】蒸気表(圧力基準の飽和表)から，10MPa における飽和温度は 311℃ である．したがって，

伝熱面過熱度：　$\Delta T_{sat} = T_w - T_{sat} = 320 - 311 = 9\text{ K}$

サブクール度：　$\Delta T_{sub} = T_{sat} - T_l = 311 - 280 = 31\text{ K}$

液体中に気泡が存在する時，気泡の内側と外側には表面張力による圧力差が生じる．この圧力差 Δp は気泡の半径を r とするとラプラスの式(Laplace's equation)より

$$\Delta p = p_v - p_l = \frac{2\sigma}{r} \tag{5.5}$$

で与えられる．ここに，σ は表面張力 (N/m) である．すなわち，気泡内の圧力は液体側の圧力よりも高くなっており，気泡が蒸発により成長するためには周囲液体と気泡内蒸気は気泡内部の圧力に対する飽和温度になる必要がある．

過熱液中に半径 r の気泡が存在するとき，気泡内外の圧力差 Δp に対応する過熱度 ΔT_{sat} は，

$$\Delta T_{sat} = \frac{(\rho_l - \rho_v) T_{sat}}{\rho_l \rho_v L_{lv}} \Delta p \tag{5.6}$$

で与えられる．$\rho_l \gg \rho_v$ の場合，臨界半径(critical radius) r は，次式で与えられる．

$$r = \frac{2\sigma T_{sat}}{\rho_v L_{lv} \Delta T_{sat}} \tag{5.7}$$

臨界半径以下の気泡は不安定となり，存在できない．

【例 5.3】大気圧の水の中に，半径 5 μm の蒸気泡が存在する時の気泡内外の圧力差および過熱度を求めよ．

【解 5.3】大気圧における蒸発潜熱は 2257 kJ/kg，飽和蒸気の密度 0.5976 kg/m^3，表面張力 58.92 mN/m である．大気圧における飽和温度は 100 ℃ = 373.15 K として，式(5.7)から

$$\Delta T_{sat} = \frac{2\sigma T_{sat}}{\rho_v L_{lv} r} = \frac{2 \times (58.92 \times 10^{-3}) \times 373.15}{0.5976 \times (2257 \times 10^3) \times (5 \times 10^{-6})} = 6.52\text{ K}$$

ここで上式の単位を確認しておく.

$$\left[\frac{2\sigma T_{sat}}{\rho_v L_{lv} r}\right]=\frac{[\mathrm{N/m}]\times[\mathrm{K}]}{[\mathrm{kg/m^3}]\times[\mathrm{J/kg}]\times[\mathrm{m}]}=\frac{[\mathrm{N/m}]\times[\mathrm{K}]}{[\mathrm{kg/m^3}]\times[\mathrm{Nm/kg}]\times[\mathrm{m}]}=[\mathrm{K}]$$

$\rho_l \gg \rho_v$ とみなすと，式(5.6)から

$$\Delta p=\frac{\rho_l \rho_v L_{lv}}{\left(\rho_l-\rho_v\right)T_{sat}}\Delta T_{sat}\approx\frac{\rho_v L_{lv}}{T_{sat}}\Delta T_{sat}$$

$$=\frac{0.5976\times(2257\times10^3)}{373.15}\times6.52=2.36\times10^4\ \mathrm{Pa}$$

となる.

例 5.3 において，大気圧の飽和温度を 100°C として計算したが，最新の蒸気表によると，厳密には 99.97°C である．しかしながら実用上は 100°C で計算しても差し支えない.

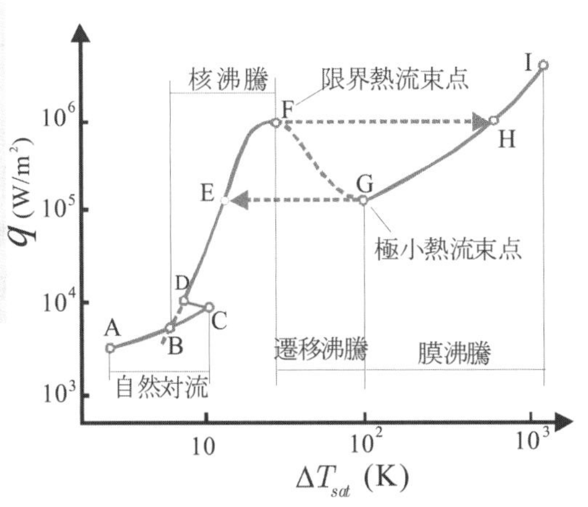

図 5.3　沸騰特性曲線

5・3　沸騰伝熱の特徴　(characteristics of boiling heat transfer)

沸騰現象は液体の流動形態，液温，沸騰様式などにより次のように分類することができる.

①流動形態による分類：

・プール沸騰(pool boiling)．．．．．．．．． 鍋ややかんの中の沸騰のように，伝熱面に対して周囲の流体が停止している状態における沸騰である.

・流動沸騰(flow boiling) ．．．．．．．．．．． ボイラの蒸発管など，流動状態で生じる沸騰.

②液体の温度による分類：

・飽和沸騰(saturated boiling) ．．．．．．．． 周囲液体の温度が，系の圧力に対する飽和温度に達している状態での沸騰.

・サブクール沸騰(subcooled boiling) ．．．．．． 周囲液体の温度が飽和温度より低い過冷却(subcooling)の状態にある沸騰.

③沸騰様式による分類：

・核沸騰(nucleate boiling) ．．．．．． 伝熱面表面の小さなキズなどを核(nucleus)にして周期的に気泡が発生するような沸騰.（図 5.3 の BF 間）

・膜沸騰(film boiling) ．．．．．． 伝熱面が完全に蒸気膜で覆われ，蒸気膜を介して蒸発が生じるような沸騰.（図 5.3 の GI 間）

・遷移沸騰(transition boiling) ．．．．．． 核沸騰と膜沸騰の中間域(図 5.3 の FG 間)に存在する沸騰である．過熱度が増加すると熱流束が減少する負勾配を有するので，非常に不安定な沸騰である.

表 5.2 沸騰の分類

分類	沸騰
①流動形態による分類	プール沸騰
	流動沸騰
②液体の温度による分類	飽和沸騰
	サブクール沸騰
③沸騰様式による分類	核沸騰
	遷移沸騰
	膜沸騰

図 5.3 は沸騰曲線(boiling curve)と呼ばれ，沸騰の特性を表したものである．図の縦軸は熱流束 q，横軸は過熱度 ΔT_{sat} である．図中に，自然対流領域，核沸騰領域，遷移沸騰領域および膜沸騰領域が示してある．熱流束の増大とともに発泡点(nucleation site)の数が増加し，さらに高熱流束になると，ついには F 点で核沸騰の限界を迎え，短時間のうちに伝熱面が完全に乾き，伝熱面

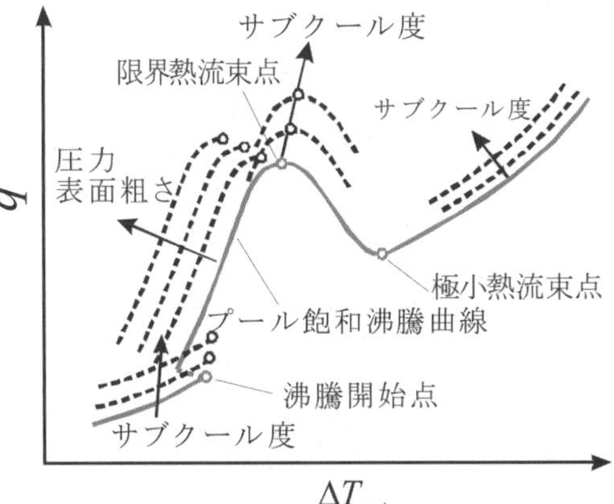

図 5.4 沸騰伝熱に及ぼす
主要パラメータの効果

温度が急上昇し，H 点へと遷移する．この現象を沸騰遷移(transition of boiling)という．H 点の温度が伝熱面の材質の融点よりも高い場合は，焼き切れてしまうために，この沸騰遷移をバーンアウト(burnout)ともいう．F 点を限界熱流束点(critical heat flux point, CHF point)，あるいはバーンアウト点(burnout point)といい，沸騰現象を伴う各種の伝熱機器において伝熱面熱負荷の上限を与えるために実用上非常に重要である．G 点は膜沸騰の下限界であり，極小熱流束点(minimum heat flux point, MHF point)という．これよりも熱流束を下げると，こんどは膜沸騰から核沸騰への遷移(GE 間)が起こる．核沸騰と膜沸騰の間の遷移には熱流束の上昇時と下降時で経路が異なるヒステリシス(hysteresis)が存在する．

沸騰伝熱に影響を及ぼすパラメータは種々存在するが，液体側に起因するものと伝熱面側に起因するものに分けられる．液体側の主要因子は，サブクール度の効果，系圧力，流速，重力加速度である．一方，伝熱面側の主要因子は，伝熱面の熱物性，表面粗さなどが挙げられる．これらの及ぼす効果を図 5.4 に示す．

5・4　核沸騰　(nucleate boiling)

核沸騰は伝熱面上の微細なキズなどを核として気泡を発生する沸騰形式である．気泡は伝熱面上である程度の大きさまで成長すると伝熱面から離脱する．気泡の成長速度が小さい場合は，気泡に働く浮力と伝熱面に付着しようとする表面張力が静的に釣り合っていると考えることができる．Fritz は気泡の接触角が離脱まで変わらないと仮定し，実験データから離脱直径 d_b の整理式を次のように決定した．

Fritz の式

$$d_b = 0.0209\theta\sqrt{\frac{\sigma}{g(\rho_l - \rho_v)}} \tag{5.8}$$

θ は接触角であり，式(5.8)における単位は(deg)である．通常の沸騰気泡の場合は平均値として θ=50° をとれば十分である．

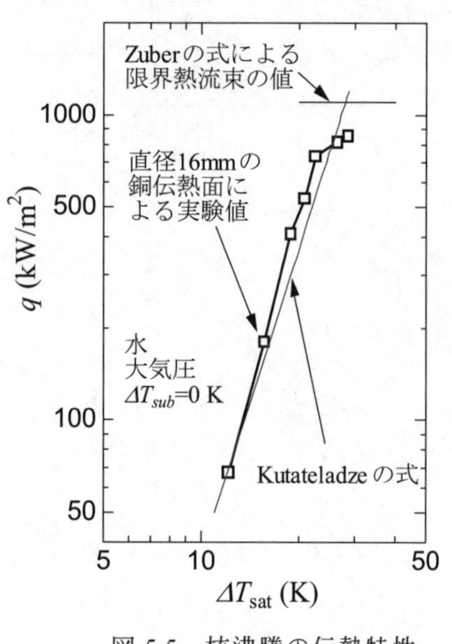

図 5.5　核沸騰の伝熱特性

【例 5.4】大気圧における水の沸騰気泡の大きさはいくらか．式(5.8)を使って接触角 70° の場合について計算せよ．

【解 5.4】計算に使用する大気圧の水の物性値をそろえておく．

ρ_l=958.4 kg/m^3，　ρ_v=0.5976 kg/m^3，　σ=58.92 mN/m

$$d_b = 0.0209\theta\sqrt{\frac{\sigma}{g(\rho_l - \rho_v)}}$$

$$= 0.0209\times 70\times\sqrt{\frac{58.92\times 10^{-3}}{9.807\times(958.4-0.5976)}} = 3.66\times 10^{-3}\ \mathrm{m} = 3.66\ \mathrm{mm}$$

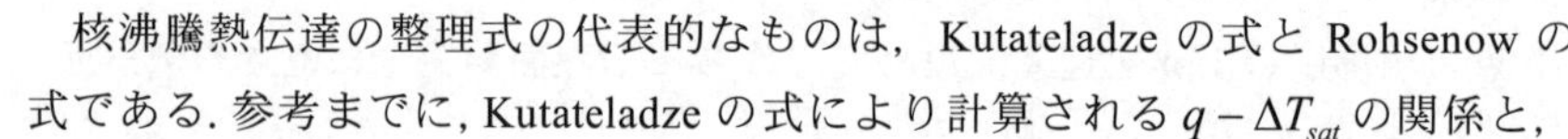

核沸騰熱伝達の整理式の代表的なものは，Kutateladze の式と Rohsenow の式である．参考までに，Kutateladze の式により計算される $q-\Delta T_{sat}$ の関係と，

実験値との比較を図 5.5 に示す．

Kutateladze の式（Kutateladze's equation）

$$\frac{hl_a}{k_l} = 7.0\times10^{-4}\cdot Pr_l^{0.35}\cdot\left(\frac{ql_a}{\rho_v L_{lv}\nu_l}\right)^{0.7}\left(\frac{pl_a}{\sigma}\right)^{0.7} \tag{5.9}$$

Rohsenow の式（Rohsenow's equation）

$$\frac{hl_a}{k_l} = \frac{Pr_l^{-0.7}}{C_{sf}}\left(\frac{ql_a}{\rho_v\nu_l L_{lv}}\right)^{0.67}\left(\frac{\rho_v}{\rho_l}\right)^{0.67} \tag{5.10}$$

ただし，l_a はラプラス係数(Laplace coefficient)または毛管定数(capillary constant)と呼ばれ，次式で与えられる．

$$l_a = \sqrt{\frac{\sigma}{g(\rho_l-\rho_v)}} \tag{5.11}$$

ここに，h：熱伝達率(W/(m^2·K))，L_{lv}：蒸発潜熱(J/kg)，p：系の圧力(Pa)，Pr_l：液体のプラントル数(-)，ρ_l：液体の密度(kg/m^3)，ρ_v：蒸気の密度(kg/m^3)，k_l：液体の熱伝導率(W/(m·K))，ν_l：液体の動粘度(m^2/s)，σ：表面張力(N/m)である．ただし，熱伝達率 h は過熱度 ΔT_{sat} に対して定義されることに注意せよ．

式(5.10)の C_{sf} は液体と伝熱面の組み合わせによって決まる係数であり，表 5.3 に示すように C_{sf}=0.0025～0.015 の範囲の値である．

表 5.3　Rohsenow の式の係数

液体と伝熱面の組み合わせ	C_{sf}
水－ニッケル	0.006
水－白金	0.013
水－銅	0.013
水－黄銅	0.0060
水－ステンレス	0.014
ベンゼン－クロム	0.010
エタノール－クロム	0.0027
n ペンタン－クロム	0.015
イソプロピルアルコール－銅	0.0025
n ブチルアルコール－銅	0.0030

【例 5.5】例 5.2 の沸騰が核沸騰である場合，熱流束はいくらか．Kutateladze の式を使って推定せよ．

【解 5.5】10 MPa における水の物性値は以下の通りである．

ρ_l=688.4 kg/m^3，ρ_v=55.45 kg/m^3，L_{lv}=1317.6 kJ/kg，Pr_l=0.9555

k_l=0.5245 W/(m·K)，ν_l=0.1188×10^{-6} m^2/s，σ=11.86 mN/m

まず，式(5.11)からラプラス係数を計算する．

$$l_a = \sqrt{\frac{\sigma}{g(\rho_l-\rho_v)}} = \sqrt{\frac{11.86\times10^{-3}}{9.807\times(688.4-55.45)}} = 1.382\times10^{-3}\ \mathrm{m}$$

式(5.9)に $q = h\Delta T_{sat}$ を代入し，h について解き，ΔT_{sat}=9.0 K を入れると

$$h = \left[7.0\times10^{-4}\cdot Pr_l^{0.35}\cdot\left(\frac{\Delta T_{sat} l_a}{\rho_v L_{lv}\nu_l}\right)^{0.7}\left(\frac{pl_a}{\sigma}\right)^{0.7}\cdot\frac{k_l}{l_a}\right]^{10/3}$$

$$= \left[7.0\times10^{-4}\times0.9555^{0.35}\cdot\left(\frac{9\times1.382\times10^{-3}}{55.45\times1317.6\times10^3\times0.1188\times10^{-6}}\right)^{0.7}\right.$$

$$\left.\times\left(\frac{10\times10^6\times1.382\times10^{-3}}{11.86\times10^{-3}}\right)^{0.7}\times\frac{0.5245}{1.382\times10^{-3}}\right]^{10/3}$$

$$= 3.782\times10^5\ \mathrm{W/(m^2\cdot K)}$$

熱流束は

$$q = h\Delta T_{sat} = 3.782\times10^5\times9 = 3.40\times10^6\ \mathrm{W/m^2}$$

となる．

図 5.4 に示すように，表面粗さなどに比べるとサブクール度の影響はあまりない．これは核沸騰が伝熱面表面のごく近傍の現象により支配されているためである．したがって，熱伝達率の計算にはサブクール度の影響は考慮しなくてよい．

【例 5.6】大気圧の下で水が熱流束 250 kW/m^2 で加熱されて沸騰している．この時の伝熱面加熱温度と熱伝達率を Rohsenow の式を使って計算せよ．水は飽和温度であり，伝熱面の材質はステンレスである．

【解 5.6】必要な物性値をそろえておく．

ρ_l=958.4 kg/m^3，　ρ_v=0.5976 kg/m^3，　L_{lv}=2257 kJ/kg，　Pr_l=1.753，

k_l=0.6777 W/(m·K)，　ν_l=2.940×10^{-7} m^2/s，　σ=58.92 mN/m

ラプラス係数は式(5.11)から次のように計算される．

$$l_a = \sqrt{\frac{\sigma}{g(\rho_l - \rho_v)}} = \sqrt{\frac{58.92\times10^{-3}}{9.807\times(958.4-0.5976)}} = 2.505\times10^{-3}\ \mathrm{m}$$

表 5.3 から，ステンレスに対する係数は $C_{sf}=0.014$ であるので，これを Rohsenow の式(5.10)に適用して熱伝達率を求めると

$$h = \frac{k_l}{l_a}\frac{Pr_l^{-0.7}}{C_{sf}}\left(\frac{q l_a}{\rho_v \nu_l L_{lv}}\right)^{0.67}\left(\frac{\rho_v}{\rho_l}\right)^{0.67}$$

$$= \frac{0.6777}{2.505\times10^{-3}}\cdot\frac{1.753^{-0.7}}{0.014}\left(\frac{250\times10^3\times2.505\times10^{-3}}{0.5976\times2.940\times10^{-7}\times2257\times10^3}\right)^{0.67}$$

$$\times\left(\frac{0.5977}{958.4}\right)^{0.67} = 1.291\times10^4\ \mathrm{W/(m^2\cdot K)}$$

伝熱面過熱度は，以下のように求まる．

$$\Delta T_{sat} = \frac{q}{h} = \frac{250\times10^3}{1.291\times10^4} = 19.4\,\mathrm{K}$$

5・5　プール沸騰の限界熱流束 (critical heat flux in pool boiling)

限界熱流束は沸騰伝熱を利用する機器の熱負荷の上限を与えるため実用上非常に重要である．限界熱流束の代表的な予測式として，Zuber の式を示す．

$$q_c = 0.131\rho_v L_{lv}\left[\frac{\sigma g(\rho_l-\rho_v)}{\rho_v^{\ 2}}\right]^{1/4} \tag{5.12}$$

【例 5.7】大気圧におけるヘリウムの限界熱流束とその時の伝熱面過熱度を求めよ．

【解 5.7】大気圧におけるヘリウムの物性値は以下の通りである．

ρ_l=125.0 kg/m^3，　ρ_v=16.89 kg/m^3，　L_{lv}=20.42 kJ/kg，　Pr_l=0.8458，

k_l=18.66 mW/(m·K)，　ν_l=2.536×10^{-8} m^2/s，　σ=0.1053 mN/m，

まず，Zuber の式から限界熱流束を求める．

$$q_c = 0.131\rho_v L_{lv}\left[\frac{\sigma g(\rho_l-\rho_v)}{\rho_v^{\ 2}}\right]^{1/4}$$

$$= 0.131\times16.89\times20.42\times10^3\times\left(\frac{0.1053\times10^{-3}\times9.807\times(125.0-16.89)}{16.89^2}\right)^{1/4}$$

$$= 6.355\times10^3\ \mathrm{W/m^2}$$

この値を Kutateladze の式に代入して，熱伝達率を求め，過熱度を計算する．まず，式(5.11)からラプラス係数を計算する．

$$l_a = \sqrt{\frac{\sigma}{g(\rho_l - \rho_v)}} = \sqrt{\frac{0.1053\times10^{-3}}{9.807\times(125.0-16.89)}} = 3.152\times10^{-4}\,\mathrm{m}$$

したがって，

$$h = 7.0\times10^{-4}\cdot Pr_l^{0.35}\cdot\left(\frac{ql_a}{\rho_v L_{lv}\nu_l}\right)^{0.7}\left(\frac{pl_a}{\sigma}\right)^{0.7}\cdot\frac{k_l}{l_a}$$

$$= 7.0\times10^{-4}\times0.8458^{0.35}\cdot\left(\frac{6.355\times10^3\times3.152\times10^{-4}}{16.89\times20.42\times10^3\times2.536\times10^{-8}}\right)^{0.7}$$

$$\times\left(\frac{101.325\times10^3\times3.15\times10^{-4}}{1.053\times10^{-4}}\right)^{0.7}\times\frac{18.66\times10^{-3}}{3.15\times10^{-4}}$$

$$= 1.205\times10^4\ \mathrm{W/(m^2\cdot K)}$$

過熱度は，以下のように求まる．

$$\Delta T_{sat} = \frac{q_c}{h} = \frac{6.355\times10^3}{1.205\times10^4} = 0.527\,\mathrm{K}$$

5・6 膜沸騰 (film boiling)

伝熱面が高温になると固体表面は完全に蒸気に覆われ，液体との間に連続した蒸気膜(vapor film)が形成され，膜沸騰となる．膜沸騰状態では，主に蒸気膜内の熱伝導により固体面からの熱が気液界面に輸送され，そこで蒸発が生じる．高温の場合はふく射の影響も考慮する必要がある．

膜沸騰の熱伝達率は，垂直壁，水平上向き面，水平円柱について以下の式で求められる．

層流自然対流膜沸騰熱伝達の理論および半理論式

$$\frac{\overline{h}_{co}l}{k_v} = C\left(\frac{Gr^*}{S_p^*}\right)^{1/4} \tag{5.13}$$

$$Gr^* = \frac{g\rho_v(\rho_l - \rho_v)l^3}{\mu_v^{\,2}} \tag{5.14}$$

$$S_p^{\,*} = \frac{c_{pv}\Delta T_{sat}}{L'_{lv}Pr_v} \tag{5.15}$$

$$L'_{lv} = L_{lv} + \frac{c_{pv}\Delta T_{sat}}{2} \tag{5.16}$$

定数 C や代表寸法 l については表 5.4 に示す．ここで h_{co} は蒸気膜内の熱伝導のみによる熱伝達率である．垂直壁の場合，C の理論値に幅があることに注意されたい．なお，上式において蒸気の物性値は膜温度 $(T_w + T_{sat})/2$ における値を用いる．

表 5.4 式(5.13)の係数と代表寸法

形状	C	代表寸法 l
垂直壁	0.667 〜 0.943	壁の高さ
水平上向き面	0.425	$\sqrt{\frac{\sigma}{g(\rho_l - \rho_v)}}$ ラプラス係数
水平円柱	0.62	円柱の直径

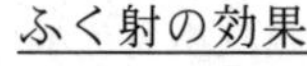

ふく射の効果

$$h_t = \bar{h}_{co}\left(\frac{\bar{h}_{co}}{h_t}\right)^{1/3} + h_r \tag{5.17}$$

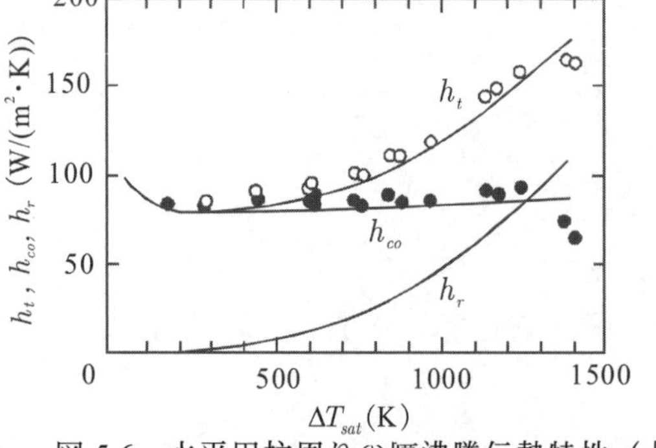

図 5.6　水平円柱周りの膜沸騰伝熱特性（大気圧における液体窒素の飽和膜沸騰）

ここに h_r は式(5.19)で定義される有効ふく射熱伝達率である．式(5.17)は h_t に対して超越方程式になっていて使いにくい．$(h_r/\bar{h}_{co})$ が小さい場合には，次の近似式が適用できる．

$$h_t = \bar{h}_{co} + \frac{3}{4}h_r \tag{5.18}$$

h_r は次式で計算される．

$$h_r = \frac{\varepsilon\sigma\left(T_w{}^4 - T_{sat}{}^4\right)}{T_w - T_{sat}} \tag{5.19}$$

ここに，σ はステファン・ボルツマン定数，ε は伝熱面の放射率である．図 5.6 は Bromley が液体窒素の飽和膜沸騰の実験データと式(5.17)を比較した結果を示したものである．

【例 5.8】400℃の水平上向き面で大気圧飽和水の膜沸騰が生じている場合の熱伝達率を求めよ．伝熱面の放射率は 0.8 であるとしてふく射の影響も考慮せよ．

【解 5.8】計算に必要な物性値を求めておく．液相については飽和液の物性値，気相については膜温度(250℃)における過熱蒸気の値を使用する．

ρ_l=958.4 kg/m^3，ρ_v=0.4211 kg/m^3，L_{lv}=2257 kJ/kg，σ=58.92 mN/m，k_v=38.28 mW/(m·K)，c_{pv}=1.989 kJ/(kg·K)，μ_v=18.22×10^{-6} Pa·s，Pr_v=0.9468

水平上向き面の代表寸法はラプラス係数である．

$$l_a = \sqrt{\frac{\sigma}{g(\rho_l - \rho_v)}} = \sqrt{\frac{58.92\times10^{-3}}{9.807\times(958.4 - 0.4211)}} = 2.504\times10^{-3}\ \text{m}$$

式(5.14)~(5.16)から

$$Gr^* = \frac{g\rho_v(\rho_l - \rho_v)l_a{}^3}{\mu_v{}^2}$$
$$= \frac{9.807\times0.4211\times(958.4 - 0.4211)\times(2.504\times10^{-3})^3}{(18.22\times10^{-6})^2} = 1.871\times10^5$$

$$L'_{lv} = L_{lv} + \frac{c_{pv}\Delta T_{sat}}{2} = 2257 + \frac{1.989\times300}{2} = 2555\,\text{kJ/kg}$$

$$S_p{}^* = \frac{c_{pv}\Delta T_{sat}}{L'_{lv}Pr_v} = \frac{1.989\times300}{2555\times0.9468} = 0.2467$$

水平上向き面の膜沸騰であるから，式(5.13)の係数 C は表 5.4 より 0.425 である．よって

$$\bar{h}_{co} = C\left(\frac{Gr^*}{S_p{}^*}\right)^{1/4}\frac{k_v}{l_a} = 0.425\times\left(\frac{1.871\times10^5}{0.2467}\right)^{1/4}\frac{38.28\times10^{-3}}{2.504\times10^{-3}}$$
$$= 191.7\,\text{W/(m}^2\cdot\text{K)}$$

つぎに，ふく射の寄与分 h_r を計算する．式(5.19)から

$$h_r = \frac{\varepsilon\sigma\left(T_w{}^4 - T_{sat}{}^4\right)}{T_w - T_{sat}} = \frac{0.8\times(5.67\times10^{-8})\times\left[(400+273.15)^4-(100+273.15)^4\right]}{400-100} = 28.11\ \mathrm{W/(m^2\cdot K)}$$

ここで，分子の T_w，T_{sat} には絶対温度を使わなければならないことに注意せよ．全熱伝達率は式(5.18)から次のように求められる．

$$h_t = \bar{h}_{co} + \frac{3}{4}h_r = 191.7 + \frac{3}{4}\times 28.11 = 212.8\,\mathrm{W/(m^2\cdot K)}$$

この値を式(5.17)に代入すると

$$h_t = \bar{h}_{co}\left(\frac{\bar{h}_{co}}{h_t}\right)^{1/3} + h_r = 191.7\times\left(\frac{191.7}{212.8}\right)^{1/3} + 28.11 = 213.2\ \mathrm{W/(m^2\cdot K)}$$

これを再び右辺に代入すると 213.2 W/(m^2・K) で収束する．したがって，実用上は式(5.18)の近似式で十分であることがわかる．

【例 5.9】質量 51g，表面積 21.7cm^2，初期温度 400℃ の銅塊を大気圧の飽和水で浸漬冷却したところ，図 5.7 のような冷却曲線を得た．この冷却の過程を沸騰曲線と対比しながら説明せよ．

【解 5.9】銅塊は飽和水に浸されると，まず膜沸騰により冷却される．膜沸騰状態では銅塊の周囲が蒸気膜で覆われ熱伝達率が低いので，冷却は緩やかである．冷却曲線の AB 間が膜沸騰による冷却である．B 点は極小熱流束点に対応する点であり，これ以下の温度では遷移沸騰となり，冷却速度が増す．冷却曲線の勾配が一番急な C 点は限界熱流束に相当する点であり，CD 間は核沸騰により急速な冷却が行われる．D 点で沸騰が停止し，E 点までは自然対流により冷却が行われる．

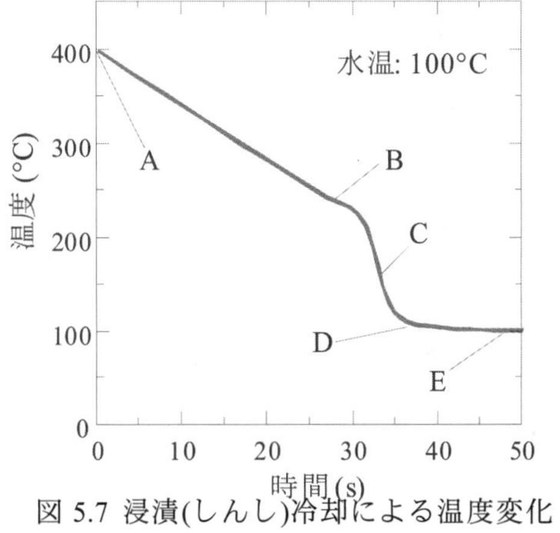

図 5.7 浸漬(しんし)冷却による温度変化

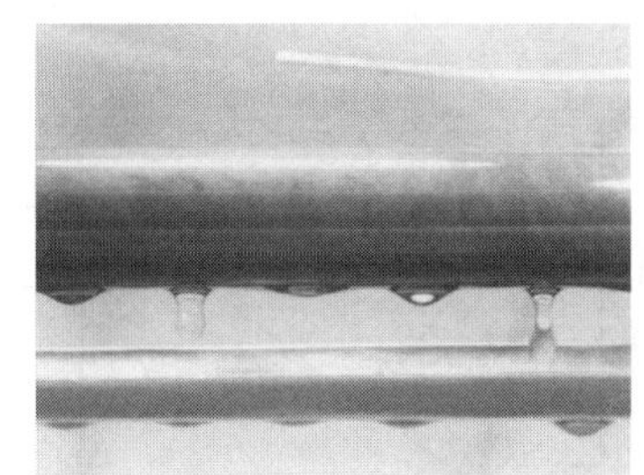

図 5.8　水平冷却管表面の膜状凝縮（写真提供：小山繁(九州大学)）

5・7　凝縮を伴う伝熱 (heat transfer with condensation)

凝縮(condensation)とは，一定圧力の気体の温度が，その圧力に対応した飽和温度（saturation temperature）よりも低下すると，気相から液相への相変化を生じる現象であり，沸騰と同様に気－液相変化による潜熱(latent heat)の発生や移動が伴う．伝熱工学では，凝縮した液体が冷却固体面上に連続した液膜を形成する膜状凝縮(film-wise condensation)(図 5.8 参照)と，凝縮液体が冷却面に広がらず固体面上に液滴を形成する滴状凝縮(drop-wise condensation) (図 5.9 参照)，双方の形態が混在している複合凝縮(mixed condensation)とに大きく分類して取り扱われる．

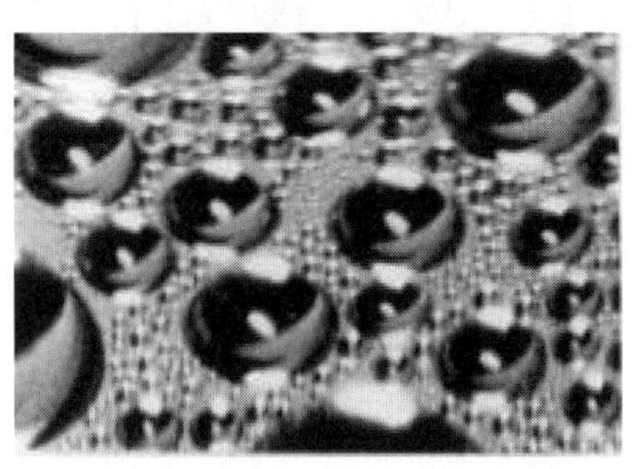

図 5.9　水平冷却面上の滴状凝縮（写真提供：宇高義郎(横浜国立大学)）

冷却面は通常，垂直の場合（垂直平面あるいは冷却管）が多いため，凝縮

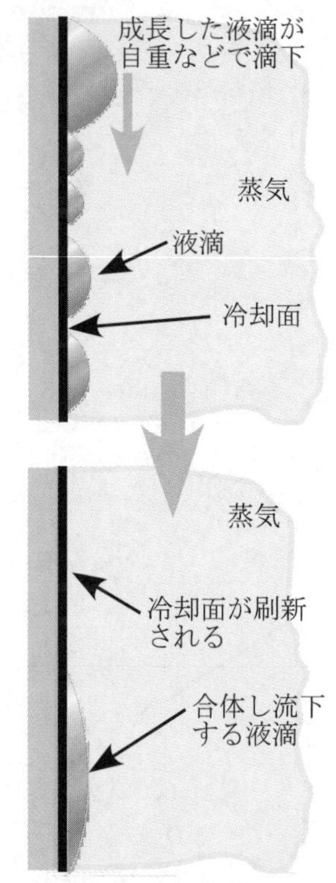

図 5.10 凝縮滴による伝熱面の刷新

液滴は，冷却面上にそのまま保持されるか，あるいは流下する．図 5.10 に示すように，液滴が流下する際，冷却面に付着した他の液滴をぬぐい去り一緒に流下し，新たに液滴の生成・流下が繰り返される．このような伝熱面の刷新効果(refreshment of heat transfer surface)により，図 5.11 に示すように，滴状凝縮における熱伝達率は，膜状凝縮のそれよりも 1 桁ほど大きくなる．

凝縮が膜状になるか，滴状になるかは，冷却面の材質や表面状態，凝縮物質との組み合わせなど様々な条件に依存する．特に，固－気－液間の界面エネルギーの大小関係，すなわちぬれ性(wettability)に因るところが大きい．また，滴状凝縮熱伝達に影響を及ぼす因子としては，下表のようなものがある．

表 5.5 滴状凝縮熱伝達率に影響を及ぼす因子

物質の種類	蒸気，凝縮面，表面被覆あるいは促進剤，不凝縮気体
熱的あるいは熱力学的条件	蒸気温度，蒸気圧力(→飽和温度)，凝縮面表面温度，熱流束，冷却条件，不凝縮気体濃度
幾何学的条件	凝縮室の形状と寸法，凝縮面の形状と寸法，凝縮面の向き（外力に対する），冷却側の幾何学的条件
表面条件	粗さ，被覆あるいは促進剤の厚さ，表面エネルギー(接触角)，表面のよごれ，表面に影響を及ぼす不純物
液滴に作用する力	蒸気速度，液滴離脱に影響する外力

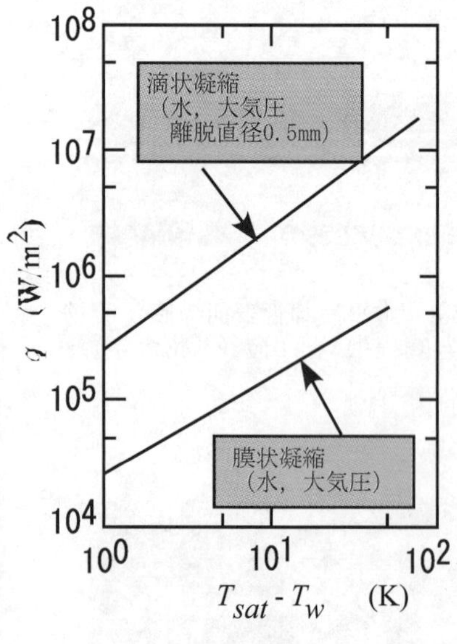

図 5.11 凝縮形態による熱伝達率の比較

垂直等温平板上の膜状凝縮で，凝縮液膜の周囲の飽和蒸気が静止していると仮定し，さらに，凝縮液膜の流下速度がきわめて小さいとすることで，液膜内の慣性力項および気液界面のせん断力の効果を無視し，問題を簡略化する解析方法を，ヌセルトの水膜理論(Nusselt's liquid-film theory)という．ヌセルトの解析によると，局所液膜厚さ δ，液膜流速 u_l，ならびに液膜流の局所ヌセルト数 Nu_x は次式で与えられる．

$$\delta = \left[\frac{4k_l \nu_l (T_{sat} - T_w) x}{\rho_l g L_{lv}} \right]^{1/4} \quad , \quad u_l = -\frac{g}{\nu_l}\left(\frac{y^2}{2} - \delta y \right) \tag{5.20}$$

$$Nu_x = \frac{h_x x}{k_l} = \left[\frac{x^4 \rho_l g L_{lv}}{4k_l \nu_l (T_{sat} - T_w) x} \right]^{1/4} = 0.707 \left[\frac{g x^3 / \nu_l^2 \cdot \nu_l / \alpha_l}{c_{pl} (T_{sat} - T_w) / L_{lv}} \right]^{1/4} = 0.707 \left[\frac{Ga_x \cdot Pr_l}{H} \right]^{1/4} \tag{5.21}$$

ここで，式(5.21)における無次元数は，それぞれ次の通り定義される．

$$Nu_x = \frac{h_x x}{k_l},\ Ga_x = \frac{x^3 g}{\nu_l^2},\ Pr_l = \frac{\nu_l}{\alpha_l},\ H = \frac{c_{pl}(T_{sat} - T_w)}{L_{lv}} \tag{5.22}$$

これらの無次元数における物性値は，液膜表面温度（蒸気の飽和温度）と冷却面温度の平均温度として定義される膜温度(film temperature)における値を用いる．式（5.21）で，Ga_x を局所ガリレオ数(Galileo number)といい，また，H は凝縮に関する顕潜熱比(ratio of sensible and latent heat)と呼ばれる．

等温垂直冷却平板の場合，板の長さ $x = x_0$ にわたる平均熱伝達率 $\overline{h}$ は，温度差が場所によらず一定であるから，局所熱伝達率の平均で与えられる．

$$\bar{h} = \frac{1}{x_0}\int_0^{x_0} h_x \, \mathrm{d}x = \frac{4}{3}h_{x=x_0} \tag{5.23}$$

したがって，板長さ $x = x_0$ の垂直冷却板における平均ヌセルト数 Nu_m は，

$$Nu_m = 0.943\left(\frac{Ga_{x=x_0} Pr_l}{H}\right)^{1/4} \tag{5.24}$$

膜状凝縮では，液膜内の平均流速 u_m を用いて，凝縮液膜流に対して，膜レイノルズ数(film Reynolds number) Re_f を以下のように定義する．

$$Re_f = \frac{4\delta u_m}{\nu_l} \tag{5.25}$$

一般に，$Re_f \leq 1400$ の条件では，液膜流は層流であるとされるが，$Re_f \geq 30$ の場合でも凝縮液膜上にさざ波が発生する例が報告されている．

表 5.6 凝縮伝熱における無次元数

局所ヌセルト数

$$Nu_x = \frac{h_x x}{k}$$

局所ガリレオ数

$$Ga_x = \frac{x^3 g}{\nu^2}$$

プラントル数

$$Pr = \frac{\nu}{\alpha}$$

顕潜熱比

$$H = \frac{c_{pl}(T_{sat} - T_w)}{L_{lv}}$$

膜レイノルズ数

$$Re_f = \frac{4\delta u_m}{\nu_l}$$

凝縮数

$$\frac{\bar{h}(\nu_l^2 / g)^{1/3}}{\lambda_l}$$

【例 5.10】　大気圧の飽和水蒸気が，垂直よりの傾斜角 30 度の平板冷却面上（冷却面温度 $T_w = 20°\mathrm{C}$）で膜状凝縮している．この場合の，板上端から 15 cm の位置における，(1)液膜厚さ δ，(2)平均流速 u_m，(3)局所熱伝達率 h_x を求めよ．ただし，水の物性値は膜温度における以下の値を用いること．

動粘度：$\nu_l = 0.5716\times10^{-6}\ \mathrm{m^2/s}$，熱伝導率：$k_l = 0.6437\ \mathrm{W/(m\cdot K)}$，比熱：$c_{pl} = 4.192\ \mathrm{kJ/(kg\cdot K)}$，密度：$\rho_l = 981.9\ \mathrm{kg/m^3}$，凝縮潜熱 $L_{lv} = 2256.9\ \mathrm{kJ/kg}$

【解 5.10】　冷却平板が水平と角度 ϕ をなす場合，図 5.12 に示すように，冷却面に沿う方向の重力加速度の成分は，$g\cos\phi$ であるから，ヌセルトの解析より，

$$u_l = -\frac{g\cos\phi}{\nu_l}\left(\frac{y^2}{2} - \delta y\right) \tag{5.26}$$

また，x 断面における液膜厚さ δ は，式(5.20) を適用して，

$$\delta = \left[\frac{4k_l\nu_l(T_{sat} - T_w)x}{\rho_l g\cos\phi L_{lv}}\right]^{1/4} = \left(\frac{4\times0.6437\times0.5716\times10^{-6}\times(100-20)\times0.15}{981.9\times9.807\times\cos 30\times2.257\times10^6}\right)^{1/4}$$
$$= 1.75\times10^{-4}\ \mathrm{m} \tag{5.27}$$

計算式に数値を代入する際には，単位に注意する必要がある．特に，比熱や潜熱における熱量の次元が [kJ] や [J] の場合が混在しているので注意が必要である．ここで,上式の次元（単位）の確認をすると，

$$[\delta] = \left[\frac{4k_l\nu_l(T_{sat} - T_w)x}{\rho_l g\cos\phi L_{lv}}\right]^{1/4} = \left[\frac{[\mathrm{W/(m\cdot K)}]\times[\mathrm{m^2/s}]\times[\mathrm{K}]\times[\mathrm{m}]}{[\mathrm{kg/m^3}]\times[\mathrm{m/s^2}]\times[-]\times[\mathrm{J/kg}]}\right]^{1/4}$$
$$= \left[\frac{[\mathrm{W}]\times[\mathrm{m}]^4}{[\mathrm{J/s}]}\right]^{1/4} = [\mathrm{m}] \tag{5.28}$$

したがって，液膜内 x 断面（液膜厚さ δ）の平均流速 u_m は，

$$u_m = \frac{1}{\delta}\int_0^{\delta} u_l \, \mathrm{d}y = \frac{g\cos\phi\delta^2}{3\nu_l} = \frac{9.807\times\cos(30°)\times(1.75\times10^{-4})^2}{3\times0.5716\times10^{-6}}$$
$$= 0.152\ \mathrm{m/s} \tag{5.29}$$

この u_m に対する膜レイノルズ数 Re_f を確認すると，

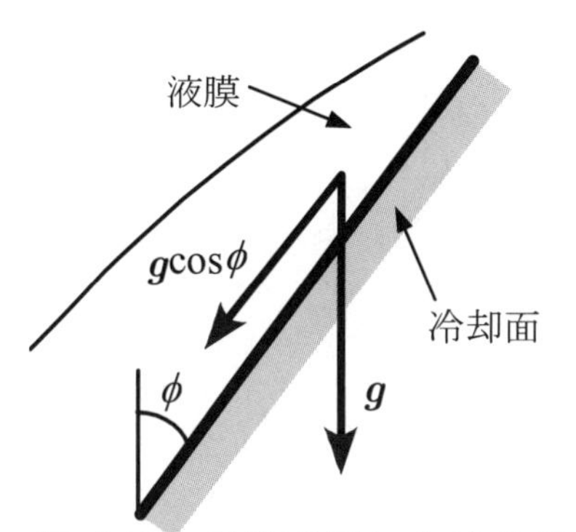

図 5.12　傾斜平板における重力の作用成分

$$Re_f = \frac{4\delta u_m}{\nu_l} = \frac{4 \times 1.75 \times 10^{-4} \times 0.152}{0.5716 \times 10^{-6}} = 186 < 1400 \tag{5.30}$$

したがって，液膜流は層流とみなすことができ，局所熱伝達率 h_x は

$$h_x = \frac{k_l}{\delta} = \frac{0.6437}{1.75 \times 10^{-4}} = 3.68 \times 10^3 \quad \mathrm{W/(m^2 \cdot K)} \tag{5.31}$$

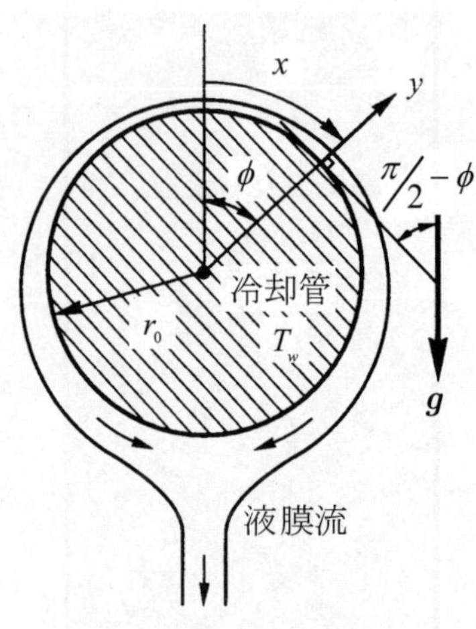

図 5.13 水平円管周りの膜状凝縮

図 5.13 に示すように，水平円管の表面上で膜状凝縮が生じている場合，円管の曲率半径が小さく，円管表面に沿う方向の距離が短い場合には，層流液膜として扱って差し支え無い．ヌセルトの解析を水平円管に適用すると，液膜の平均流速 u_m および液膜流量 $\dot{m}$ は次式で与えられる．

$$u_m = \frac{g\delta^2}{3\nu_l}\sin\phi, \qquad \dot{m} = \rho_l u_m \delta = \frac{\rho_l g \sin\phi}{3\nu_l}\delta^3 \tag{5.32}$$

液膜厚さ δ は，$d(=2r_0)$ を管直径として，

$$\delta = \left[\frac{2k_l \nu_l (T_{sat} - T_w) d}{\rho_l g L_{lv}}\right]^{1/4} \frac{1}{\sin^{1/3}\phi}\left[\int_0 \sin^{1/3}\phi \,\mathrm{d}\phi\right]^{1/4} \tag{5.33}$$

で与えられる． また，局所熱伝達率 h_ϕ は

$$h_\phi = \frac{k_l}{\delta} = k_l\left[\frac{2k_l \nu_l (T_{sat} - T_w) d}{\rho_l g L_{lv}}\right]^{-1/4} \sin^{1/3}\phi \left[\int_0 \sin^{1/3}\phi \,\mathrm{d}\phi\right]^{-1/4} \tag{5.34}$$

で与えられる．管壁温度が一定の場合，温度差は至る所で一定になるから，これを管周囲にわたり積分平均することにより，平均凝縮熱伝達率 $\overline{h}$ が次式で与えられる．

$$\overline{h} = \frac{1}{\pi}\int_0^\pi h_\phi \,\mathrm{d}\phi = 0.729\left(\frac{k_l^3 \rho_l^2 g L_{lv}}{\mu_l (T_{sat} - T_w) d}\right)^{1/4} \tag{5.35}$$

従って，平均ヌセルト数は

$$\overline{Nu} = 0.729\left(\frac{Ga_d Pr_l}{H}\right)^{1/4} \tag{5.36}$$

で与えられる．

【例 5.11】 原子力発電所において使用される復水器には，直径 $d = 32\,\mathrm{mm}$，長さ $L = 18\,\mathrm{m}$ の凝縮管が 5 万本使用されているものがある．いま，凝縮管はすべて水平に設置されており，管表面温度が $T_w = 15.0$ °C，水蒸気は管外凝縮し，凝縮液の流下などによる管相互の影響が無いものと仮定した場合の総凝縮量 $\dot{m}$ [kg/s] を概算しなさい．但し，復水器内の圧力は $p = 5.0$ kPa とする．

【解 5.11】 計算に必要な物性値は，復水器内圧力における飽和温度の値を用いることとする．見返しの物性表から，飽和温度 $T_{sat} = 32.9$ °C，水の密度 $\rho_l = 994.7\ \mathrm{kg/m^3}$，比熱：$c_{pl} = 4.192\ \mathrm{kJ/(kg \cdot K)}$，粘度 $\mu_l = 0.751 \times 10^{-3}\ \mathrm{Pa \cdot s}$，熱伝導率 $k_l = 0.619\ \ \mathrm{W/(m \cdot K)}$，凝縮潜熱 $L_{lv} = 2423.0\ \mathrm{kJ/kg}$ とする．
式(5.36)より，平均熱伝達率 $\overline{h}$ を求める．与えられた物性値より，

$$Ga_x = \frac{x^3 \boldsymbol{g}}{\nu^2} = \frac{0.032^3 \times 9.807}{(7.55 \times 10^{-7})^2} = 5.637 \times 10^8$$

$$H = \frac{c_{pl}(T_{sat} - T_w)}{L_{lv}} = \frac{4.192 \times 10^3 \times (32.9 - 15)}{2423 \times 10^3} = 3.095 \times 10^{-2}, \qquad Pr = \frac{\nu}{\alpha} = 5.08$$

$$\overline{Nu} = 0.729\left(\frac{Ga_d Pr_l}{H}\right)^{1/4} = 0.729\left(\frac{5.637\times10^8\times5.08}{3.095\times10^{-2}}\right)^{1/4} = 4.02\times10^2 \quad (5.37)$$

平均熱伝達率 $\overline{h}$ は

$$\overline{h} = \overline{Nu}\cdot k_l / d = 4.02\times10^2\times0.619/0.032 = 7.78\times10^3 \quad \mathrm{W/(m^2\cdot K)}$$

凝縮管 1 本の単位長さあたりの凝縮量 m_0 は,

$$m_0 = \frac{\pi d\overline{h}(T_{sat}-T_w)}{L_{lv}} = \frac{\pi\times0.032\times7.78\times10^3\times(32.9-15)}{2423\times10^3} = 5.778\times10^{-3} \quad \mathrm{kg/s} \quad (5.38)$$

したがって，管長 $L = 18\,\mathrm{m}$ で 5 万本の総凝縮量は

$$\dot{m} = 5.778\times10^{-3}\times18\times50000 = 5.20\times10^3 \quad \mathrm{kg/s} \quad (5.39)$$

上記の計算では，管の配置や凝縮液の流下（イナンデーション）による影響を考慮に入れていない．従って，実際の凝縮量は，上記の結果より少なくなると考えられる．

【例 5.12】 1 気圧の飽和水蒸気内に置かれた，外径 $d = 20$ mm の水平冷却管の表面温度を 60 ℃で一定に保っている．管表面で均一な膜状凝縮が生じているとして平均凝縮熱伝達率 $\overline{h}$ を求めよ．

【解 5.12】 計算に必要な水の物性値は，膜温度 $T_f = (T_w + T_{sat})/2$ における値を用いることとする．$T_f = (T_w + T_{sat})/2 = (60+100)/2 = 80$ ℃であるから，水の密度 $\rho_l = 971.8\ \mathrm{kg/m^3}$，粘度 $\mu_l = 0.358\times10^{-3}\ \mathrm{Pa\cdot s}$，熱伝導率 $k_l = 0.672\ \mathrm{W/(m\cdot K)}$，凝縮潜熱 $L_{lv} = 2256.9\ \mathrm{kJ/kg}$ とする．

式(5.35)より，

$$\overline{h} = \frac{1}{\pi}\int_0^\pi h_\phi\,\mathrm{d}\phi = 0.729\left(\frac{k_l^3\rho_l^2 gL_{lv}}{\mu_l(T_{sat}-T_w)d}\right)^{1/4}$$

$$= 0.729\times\left(\frac{0.672^3\times971.8^2\times9.807\times2.2569\times10^6}{0.358\times10^{-3}\times(100-60)\times0.02}\right)^{1/4}$$

$$= 8.89\times10^3 \quad \mathrm{W/(m^2\cdot K)} \quad (5.40)$$

水蒸気などの凝縮気体(condensing gas)中に空気などの不凝縮気体(non-condensing gas)が混在している場合，凝縮伝熱量は著しく低下する．これは，図 5.14 に示すように，①凝縮の進行に伴って不凝縮気体の分子が次第に気液界面近傍に蓄積し，凝縮気体の拡散・供給が妨げられ，凝縮界面近傍における凝縮気体分子が希薄になること，②このため，凝縮液膜界面での蒸気分圧の低下とともに飽和温度が次第に低下し，凝縮液膜内の伝熱の駆動力である固体面温度と気液界面の温度の差が小さくなることによるものである．

一般に，凝縮気体に対して不凝縮気体が重量割合で約 4%程度混入することで，平均熱伝達率が約 80% 低下すると言われている．一方，液膜が乱流の場合，不凝縮気体の影響は小さく，伝熱量の減少は約 20% 程度となる．

Meisenburg らは，垂直円管（直径 25.4mm，長さ 3.6m）周りの空気を含む水蒸気の凝縮実験を行い，以下の平均熱伝達率に関する実験式を与えている．

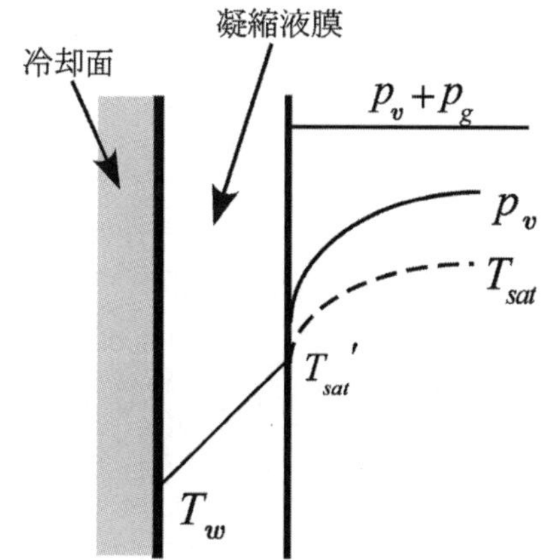

図 5.14　凝縮液膜界面の圧力と飽和温度（不凝縮気体を含む場合）

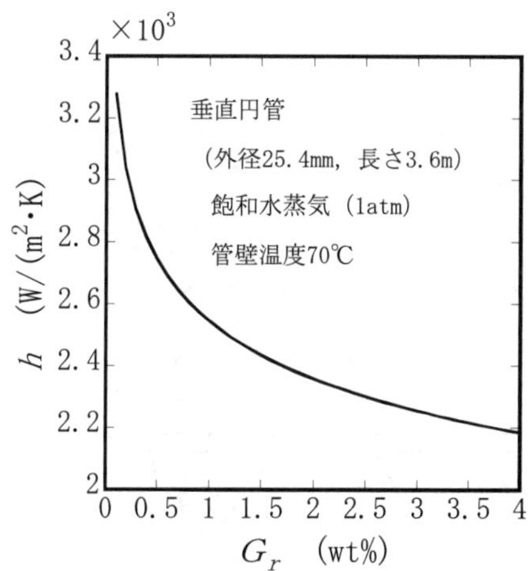

図 5.15　不凝縮気体（空気）を含む水蒸気の垂直円管上の凝縮熱伝達率
(Meisenburg の実験式による計算例)

$$\overline{h} = 0.67\left(\frac{k_l^{\,3}\rho_l^{\,2} g L_{lv}}{\mu_l (T_{sat} - T_w) x_0}\right)^{0.25} G_r^{\,-0.11} \tag{5.41}$$

ただし，$0.001 \le G_r \le 0.04$，$80 \le T_{sat} \le 120$ °C，G_rは空気（不凝縮気体）の質量割合である．Meisenburg らの実験では，垂直凝縮管が長く，液膜が乱流になっていることから，図 5.15 に示すように，空気の割合が 0.1%から 4%に増加すると，平均熱伝達率は約 30%低下している．

【例 5.13】 日常の身の回りに見られる凝縮現象と，例えば，冷凍空調機器の凝縮器内における凝縮に関して，その違いを考察せよ．

【解 5.13】 浴室の鏡や窓ガラス，湿度が高い部屋に置かれた，冷たい飲み物が入ったグラスの表面など，また，空気中の水蒸気が凝縮して生成する雲や雨など，凝縮現象は日常の身の回りに数多く観察される．鏡や窓ガラス上に形成される一見一様な膜状のものでも，微細な液滴群が存在し，時間の経過とともに大きな液滴の状態や，液膜を形成し流下するなど様々な現象が見られる．これらの現象は，いわゆる『結露』と呼ばれるものであり，凝縮器などの内部で生じている凝縮との大きな差異は，不凝縮気体の存在による凝縮熱伝達（凝縮量）の違いである．

たとえば，室温 25°C，相対湿度 $RH = 70\%$ のとき，外気温度が低く窓ガラスが 10°C になっている場合，この条件における室内の絶対湿度は $x = 0.014$kg/kg[DA] であり，10°C における飽和状態の絶対湿度は $x = 0.0075$kg/kg[DA] であるから，室内の空気中における絶対湿度差から見積もられる結露量は，乾燥空気 1kg あたり約 6.5g となる．これは，室内の気流条件によって，窓ガラス表面に供給される湿り空気の量にも大きく依存する．一方，例えば，冷媒 R-22 を用いた理論冷凍能力が 7.5kW の冷凍機を，平均蒸発温度-20℃，平均凝縮温度 50℃で運転している場合，冷媒の圧力-エンタルピー線図より求めた理論循環量は毎秒約 100 g となる．すなわち，この冷凍機の凝縮器内では，毎秒 100 g の冷媒蒸気が凝縮していることになる．

5・8 融解・凝固を伴う伝熱 (heat transfer with melting and solidification)

固液の相変化，すなわち融解(melting)や凝固(solidification)を伴う伝熱は，雪や氷，水の凍結融解，あるいは，鋳造における湯（溶融金属）の凝固などに見られる．

水と氷の界面は，潜熱の発生を伴いながら相変化の進行に伴い移動する．ここでは，図 5.16 に示すように，静水中におかれた冷却面から，氷層が一次元的に成長するものとする．冷却面より垂直方向に x 座標をとり，ある時刻における氷層の厚さを ξ，氷層内および水層内の，位置 x，時刻 t における温度を，それぞれ $T_1(t,\ x)$，$T_2(t,\ x)$ とする．

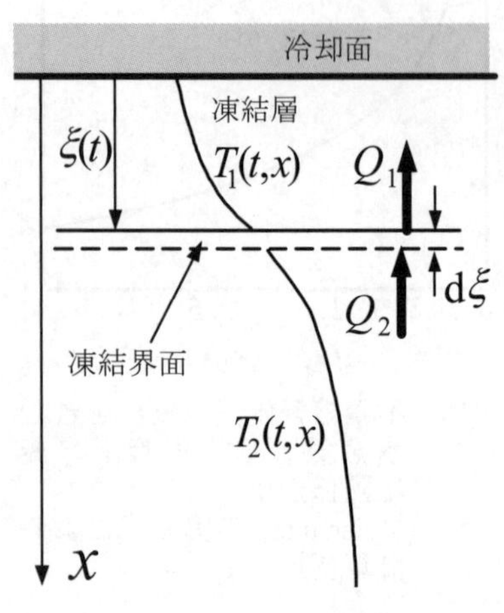

図 5.16 Neumann の解析モデル

固層（氷）と液層（水）に対する基礎式は，一次元熱伝導方程式になるから，次式で表される．

固層：　$\dfrac{\partial T_1}{\partial t} = \alpha_1 \dfrac{\partial^2 T_1}{\partial x^2}$　　$(0 < x \le \xi)$　　(5.42)

液層：　$\dfrac{\partial T_2}{\partial t} = \alpha_2 \dfrac{\partial^2 T_2}{\partial x^2}$　　$(\xi \le x < \infty)$　　(5.43)

氷水界面位置 $x = \xi$ において，dt 時間に固液界面が dξ だけ進行すると仮定し，界面における熱バランスを考慮すると，

$$k_1 \left(\frac{\partial T_1}{\partial x} \right)_{x=\xi} - k_2 \left(\frac{\partial T_2}{\partial x} \right)_{x=\xi+\mathrm{d}\xi} = \rho_s L_{ls} \frac{\mathrm{d}\xi}{\mathrm{d}t} \tag{5.44}$$

また，境界条件は次式で与えられる．

$$\begin{aligned} x = 0 &: T_1 = T_w \\ x = \xi &: T_1 = T_2 = T_m \\ x = \infty &: T_2 = T_\infty \end{aligned} \tag{5.45}$$

この問題で，固相（氷）と液相（水）の温度分布を考慮した解を，ノイマン解(Neumann's solution)という．一方，水の温度が凍結温度 T_m で一定の場合には，水中の熱伝導方程式を解く必要がなくなり，問題がより簡潔になる．この場合の解をステファン解(Stefan's solution)という．

【例 5.14】10 ℃の水を容器に入れ，容器底面を $T_w = -15$ ℃に保って底面から凍結させるとき，冷却開始（$t = 0$）から 30 分経過後の凍結層厚さ ξ を求めよ．ただし，水および凍結層の熱物性値は，上記温度条件の平均温度における値を用い，水の密度変化にともなう自然対流の影響は考えないものとする．

【解 5.14】　式(5.42)および式(5.43)の一般解は，それぞれ

$$T_1 = C_1 + D_1 \mathrm{erf}\left(\frac{x}{2\sqrt{\alpha_1 t}} \right) \tag{5.46}$$

および

$$T_2 = C_2 + D_2 \mathrm{erf}\left(\frac{x}{2\sqrt{\alpha_2 t}} \right) \tag{5.47}$$

ここで，C_1, D_1, C_2, D_2 は定数，$\mathrm{erf}(z)$ は誤差関数(error function)である．

境界条件式(5.45)より，界面 $x = \xi$ における温度は時間 t に関係無く一定で水の凍結温度 T_m でなければならない．すなわち，式(5.46)や式(5.47)における $\mathrm{erf}(\xi/2\sqrt{\alpha t})$ が t に無関係でなければならないことから，ζ を定数として $\xi = \zeta\sqrt{t}$ と表されなければならない．一方，誤差関数に関する関係式

$$\begin{aligned} \mathrm{erf}(0) &= 0 \\ \mathrm{erf}(\infty) &= 1 \\ \frac{\mathrm{d}[\mathrm{erf}(z)]}{\mathrm{d}z} &= \frac{2}{\sqrt{\pi}} \exp(-z^2) \end{aligned} \tag{5.48}$$

を用いて，界面のエネルギー収支式(5.44)や境界条件式(5.45)に式(5.46)および式(5.47)を代入して整理すると，以下の式を得る．

$$\frac{k_1 D_1}{\sqrt{\pi \alpha_1 t}} \exp\left(\frac{-\zeta^2}{4\alpha_1} \right) - \frac{k_2 D_2}{\sqrt{\pi \alpha_2 t}} \exp\left(\frac{-\zeta^2}{4\alpha_2} \right) = \frac{L_{ls} \rho_1 \zeta}{2\sqrt{t}} \tag{5.49}$$

$$C_1 = T_w \tag{5.50}$$

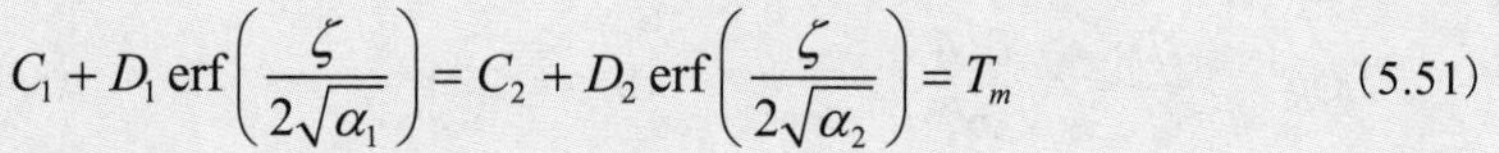

$$C_1 + D_1 \operatorname{erf}\left(\frac{\zeta}{2\sqrt{\alpha_1}}\right) = C_2 + D_2 \operatorname{erf}\left(\frac{\zeta}{2\sqrt{\alpha_2}}\right) = T_m \tag{5.51}$$

$$C_2 + D_2 \ = \ T_\infty \tag{5.52}$$

これらの式より $C_1 \sim D_2$ の定数を消去し，

$$R = \frac{\zeta}{2\sqrt{\alpha_1}} = \frac{\xi}{2\sqrt{\alpha_1 t}} \tag{5.53}$$

と置いて整理すると，

$$\frac{\exp(-R^2)}{\operatorname{erf}(R)} - \frac{T_\infty - T_m}{T_m - T_w}\frac{k_2}{k_1}\sqrt{\frac{\alpha_1}{\alpha_2}}\frac{\exp(-\alpha_1/\alpha_2 R^2)}{1-\operatorname{erf}(\sqrt{\alpha_1/\alpha_2}R)} = \frac{\sqrt{\pi}RL_{ls}}{c_s(T_m - T_w)} \tag{5.54}$$

を得る．

式(5.54)は，R に関する超越方程式の形の固有方程式になっており，解析的に解くことはできない．そこで，両辺をそれぞれ R に関する方程式とみなし，横軸に R をとり縦軸に左右両辺の値をプロットすると，図 5.17 に示す結果が得られる．ただし，物性値および温度条件は下記のとおりとする．

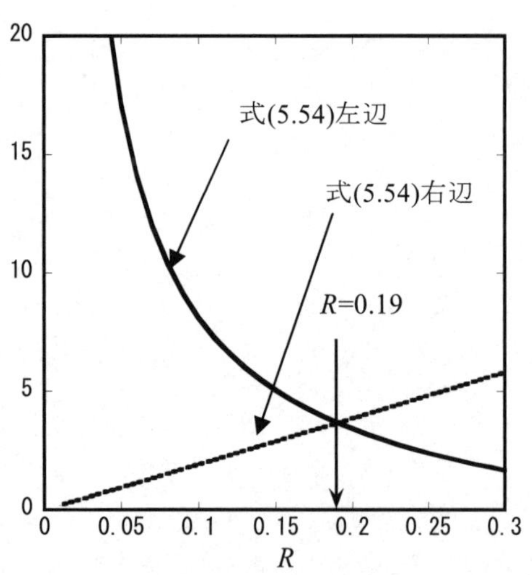

図 5.17　R の図式解法

$$\begin{aligned} &\alpha_1 = 1.17\times10^{-6}\ \mathrm{m^2/s},\quad \alpha_2 = 1.37\times10^{-7}\ \mathrm{m^2/s} \\ &k_1 = 2.21\ \ \mathrm{W/(m\cdot K)},\quad k_2 = 0.576\ \ \mathrm{W/(m\cdot K)} \\ &L_{ls} = 334.0\ \mathrm{kJ/kg},\quad c_s = 2.04\ \mathrm{kJ/(kg\cdot K)} \\ &T_w = -15.0\ ^\circ\mathrm{C},\quad T_m = 0.0\ ^\circ\mathrm{C},\quad T_\infty = 10.0\ ^\circ\mathrm{C} \end{aligned} \tag{5.55}$$

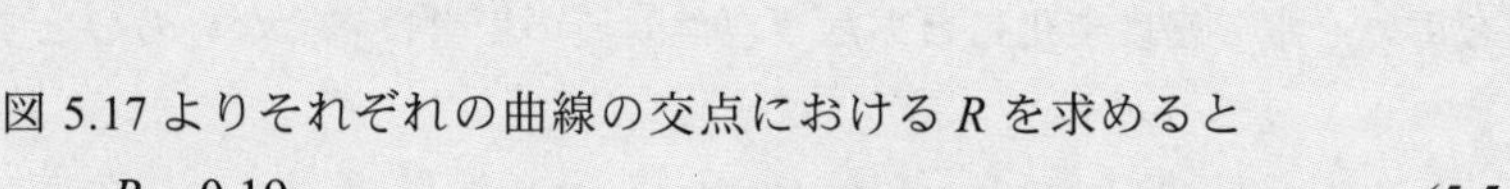

図 5.17 よりそれぞれの曲線の交点における R を求めると

$$R = 0.19 \tag{5.56}$$

となる．したがって，凍結層厚さ ξ の時間変化は，式(5.53)より，

$$\xi = 2R\sqrt{\alpha_1 t} = 4.11\times10^{-4}\sqrt{t} \tag{5.57}$$

となるので，冷却開始より 30 分後の凍結層厚さは以下のようになる．

$$\xi = 4.11\times10^{-4}\sqrt{1800} = 1.74\times10^{-2}\ \ \mathrm{m} \tag{5.58}$$

＝＝＝＝＝　練習問題　＝＝＝＝＝＝＝＝＝＝＝＝＝＝＝＝＝＝＝＝＝＝＝＝＝＝＝＝

【5・1】飽和温度 −40°C のプロパンが核沸騰している．接触角が 10° であるとき，離脱気泡径を求めよ．

【5・2】Refrigerant R134a at saturattion temperature of -20°C is heated at a heat flux of 2 kW/m^2. What is the surface superheating?

【5・3】Calculate the critical heat flux and its corresponding surface superheating for Problem【5・2】.

【5・4】Calculate the heat flux and the heat transfer coefficient for pool boiling of Propane at saturated temperature of 0°C when the surface superheating is 3K. Use the Kutateladze's correlation.

【5・5】＊ 大気圧の水中に設置された直径10 mmの水平円柱の表面から膜沸騰が生じている．熱流束100 kW/m^{2}のとき，表面の温度を推定せよ．放射率0.7として，ふく射の影響も考慮せよ．

【5・6】 0 ℃の水を容器に入れ，底面から凍結させるとき，凍結層厚さξが20mmになるまでの冷却開始からの所要時間を求めよ．ただし，凍結層の熱伝導率k_s，密度ρ_sをそれぞれ$k_s = 2.2$ W/(m·K)，$\rho_s = 917.0$ kg/m^{3}とし，底面の温度を$T_w = -10.0$ °C，水の凝固潜熱を$L_{ls} = 334.0$ kJ/kgとする．

【5・7】 大気圧の飽和水蒸気が，表面温度$T_w = 15$°Cに保たれた，高さ30 cm，幅1 mの垂直平板冷却面上で膜状凝縮している．この場合，単位時間あたりの凝縮量（板片面につき）を求めなさい．ただし，水の物性値は膜温度における以下の値を用いること．動粘度：$\nu_l = 0.475\times10^{-6}$ m^2/s，熱伝導率：$k_l = 0.652$ W/(m·K)，比熱：$c_{pl} = 4.192$ kJ/(kg·K)，密度：$\rho_l = 981.9$ kg/m^3 凝縮潜熱：$L_{lv} = 2257$ kJ/kg

【5・8】 1 気圧の飽和水蒸気内に置かれた，外径$d = 16$ mmの水平冷却管の表面温度が85 °Cで一定に保たれている．管表面で均一な膜状凝縮が生じているとして，毎分$G = 1.8$ kgの凝縮量を得るために必要な冷却管長さLを求めよ．ただし，水の密度$\rho_l = 971.8$ kg/m^3，粘度$\mu_l = 0.358\times10^{-3}$ Pa·s，熱伝導率$k_l = 0.672$ W/(m·K)，凝縮潜熱$L_{lv} = 2257$ kJ/kgとする．

【5・9】Saturated steam at 1 atm is exposed to a horizontal tube of 16mm diameter at a uniform temperature of 85 °C. Uniform film-wise condensation is obtained on the tube surface. In case of condensation rate is $G = 1.8$ kg/min, the inlet temperature of cooling water is 15 °C, average heat transfer coefficient at inner wall of the tube is $h_m = 7400$ W/(m^2·K), determine both the outlet temperature and the flow rate of the cooling water. Thermophysical properties of water are as follows; density $\rho_l = 971.8$ kg/m^3, viscosity $\mu_l = 0.358\times10^{-3}$ Pa·s, thermal conductivity $k_l = 0.672$ W/(m·K), and latent heat of condensation $L_{lv} = 2257$ kJ/kg.

【5・10】 A horizontal copper tube (100 mm O.D., 92 mm I.D., and length of 1m) is maintained at surface temperature of 94 °C and saturated steam at 1 atm. Estimate the flow rate of cooling water, which flows in the tube to keep the difference between inlet and outlet temperature at 5 degree.
(Use the thermophysical properties of water at 100 °C)

【5・11】 A tube of 30 mm O.D. and 500 mm in length is kept under saturated steam at 1 atm and maintained its surface temperature at 70 °C. Compare the condensation rate for horizontally and vertically placed tube. Use the thermophysical properties of water at 100 °C; density $\rho_l = 958.4$ kg/m^3, viscosity $\mu_l = 0.282\times10^{-3}$ Pa·s, kinematic viscosity $\nu_l = 2.942\times10^{-7}$ m^2/s, thermal conductivity $k_l = 0.678$ W/(m·K), specific heat $c_{pl} = 4.217 \times 10^3$ J/(kg·K), and latent heat of condensation $L_{lv} = 2257$ kJ/kg.

第6章

物質伝達

Mass Transfer

6・1　混合物と物質伝達 (mixture and mass transfer)

物質伝達とは，混合物内の濃度(concentration)の分布に起因して生じる物質の移動のことをいう．物質伝達の形態には，分子の**無秩序運動**(random motion)によって生じる**拡散**(diffusion)と，それに加えて流体塊の混合の効果が影響を及ぼす**対流物質伝達**(convective mass transfer)がある．前者は，熱伝達の場合の熱伝導に，後者は対流熱伝達に相当する．

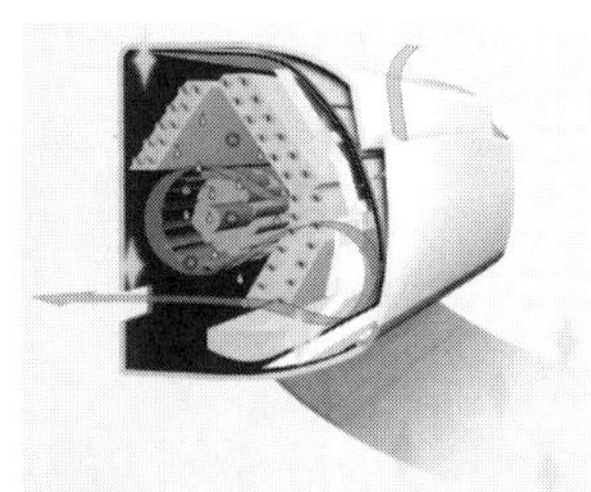

図 6.1 エアコンの室内機（上）と室外機
（提供　ダイキン工業株式会社）

【例 6.1】二種類の冷媒の混合物である混合冷媒を作動媒体とするエアコンの空冷凝縮器（図 6.1）では，外側を空気で冷却される伝熱管の内側で冷媒が凝縮する．この場合，物質伝達が影響を及ぼすと考えられるのは管内側の熱伝達だけである．混合物という点では，主に窒素と酸素からなる空気も混合冷媒と同じであるのに，なぜ管内側のみ物質伝達の影響を受けると考えられるのか．

【解 6.1】混合冷媒が凝縮する場合，一般には高沸点成分のほうが低沸点成分より優先的に凝縮するため，凝縮液膜および蒸気相内に濃度分布が生じる．このように混合物が相変化する場合には濃度分布に起因して物質伝達が生じる．これに対して，単相の熱伝達の場合には混合物であっても濃度が一様であるので物質伝達の影響を考慮する必要はない．

混合物の質量濃度 ρ (kg/m^3)とモル濃度 C (kmol/m^3)，混合物中の成分 i の質量濃度 ρ_i (kg/m^3)，モル濃度 C_i (kmol/m^3)，質量分率(mass fraction) ω_i，モル分率(mole fraction) x_i，およびこれらの間の関係は表 6.1 に示すとおりである．

表 6.1　濃度の定義と相互関係

		質量基準	モル基準	相互関係
濃度	成分 i	質量濃度 ρ_i (kg/m^3)	モル濃度 C_i (kmol/m^3)	$\rho_i = M_i C_i$ （M_i ：分子量）
濃度	総和	$\rho = \sum \rho_i$	$C = \sum C_i$	$\rho = MC$ （$M = \sum x_i M_i$ ：平均分子量）
成分割合	成分 i	質量分率 $\omega_i = \rho_i / \rho$	モル分率 $x_i = C_i / C$ 理想気体混合物の場合 $x_i = p_i / p$	$\omega_i = \dfrac{x_i M_i}{\sum x_i M_i} = \dfrac{x_i M_i}{M}$ $x_i = \dfrac{\omega_i / M_i}{\sum(\omega_i / M_i)} = \dfrac{M\omega_i}{M_i}$
成分割合	総和	$\sum \omega_i = 1$	$\sum x_i = 1$	

【例 6.2】空気は体積比で 78%の窒素，21%の酸素，1%のアルゴンからなる混合気体である．それぞれの成分の質量分率 ω およびモル分率 x を求めよ．ただし，理想気体の混合物と考えてよい．なお，それぞれの分子量は，$M_{N_2} = 28.02$，$M_{O_2} = 32.00$，$M_{Ar} = 39.94$ である．

【解 6.2】成分 i の気体および空気についてそれぞれ次式が成り立つ．

$$PV_i = n_i R_0 T$$

$$PV = \sum_i n_i R_0 T = nR_0 T$$

ここに，$R_0 = 8.314$ kJ/(kmol･K)は一般気体定数(universal gas constant)である．両式より

$$\frac{V_i}{V} = \frac{n_i}{n} = x_i$$

であり，モル分率は体積分率に等しい．したがって，$x_{N_2} = 0.78$，$x_{O_2} = 0.21$，$x_{Ar} = 0.01$ である．

空気の分子量は

$$M = \sum_i x_i M_i = 0.78 \times 28.02 + 0.21 \times 32.00 + 0.01 \times 39.94 = 28.98$$

であるので，質量分率 ω_i は表 6.1 に示す式より

$$\omega_{N_2} = 0.78 \times 28.02 / 28.98 = 0.754$$

$$\omega_{O_2} = 0.21 \times 32.0 / 28.98 = 0.232$$

$$\omega_{Ar} = 0.01 \times 39.94 / 28.98 = 0.014$$

となる．

混合物中の成分 i が，ある断面を垂直方向速度 $\boldsymbol{v}_i$ (m/s)で通過する場合，その断面を通過する混合物および各成分 i の質量流束(mass flux) $\dot{\boldsymbol{n}}$ および $\dot{\boldsymbol{n}}_i$ (kg/(m^2･s))，モル流束(molar flux) $\dot{\boldsymbol{N}}$ および $\dot{\boldsymbol{N}}_i$ (kmol/(m^2･s))，混合物全体の質量平均速度(mass-average velocity) $\boldsymbol{v}$ (m/s)とモル平均速度(molar-average velocity) $\boldsymbol{V}$ (m/s)，およびこれらの間の関係は表 6.2 に示すとおりである．混合物全体が平均として速度 $\boldsymbol{v}$ (m/s)または $\boldsymbol{V}$ (m/s)で移動することをバルクの移動といい，このような平均速度をバルク速度(bulk velocity)という．

バルクの移動に相対的な成分 i の移動は濃度分布による拡散(diffusion)に起因したものであり，その流束は以下のように求められる．

$$\boldsymbol{j}_i = \rho_i \left(\boldsymbol{v}_i - \boldsymbol{v}\right) \quad \text{および} \quad \boldsymbol{J}_i = C_i \left(\boldsymbol{v}_i - \boldsymbol{V}\right) \qquad (6.1), (6.2)$$

ここに，$\boldsymbol{j}_i$ (kg/(m^2･s)) を質量拡散流束(mass diffusion flux)，$\boldsymbol{J}_i$ (kmol/(m^2･s)) をモル拡散流束(molar diffusion flux)という．また，$\boldsymbol{v}_i - \boldsymbol{v}$ や $\boldsymbol{v}_i - \boldsymbol{V}$ を平均速度に対する成分 i の拡散速度(diffusion velocity)という．拡散流束は

$$\sum_{i=1}^{n} \boldsymbol{j}_i = 0 \quad \text{および} \quad \sum_{i=1}^{n} \boldsymbol{J}_i = 0 \qquad (6.3), (6.4)$$

の関係を満足し，物質流束との間には以下の関係が成り立つ．

$$\dot{\boldsymbol{n}}_i = \boldsymbol{j}_i + \omega_i \dot{\boldsymbol{n}} \quad \text{および} \quad \dot{\boldsymbol{N}}_i = \boldsymbol{J}_i + x_i \dot{\boldsymbol{N}} \qquad (6.5), (6.6)$$

表 6.2 に上記の関係をまとめて示す．

表 6.2　速度および物質流束の定義と相互関係

		質量基準	モル基準	相互関係
移動速度	成分 i	v_i (m/s)	同左	
	平均	質量平均速度 $v=\dfrac{\sum\rho_i v_i}{\sum\rho_i}=\sum\omega_i v_i$ $=\dot{n}/\rho$	モル平均速度 $V=\dfrac{\sum C_i v_i}{\sum C_i}=\sum x_i v_i$ $=\dot{N}/C$	$v-V=\sum v_i(\omega_i-x_i)$ $=\sum\omega_i(v_i-V)$ $=-\sum x_i(v_i-v)$
物質流束	成分 i	$\dot{n}_i=\rho_i v_i$	$\dot{N}_i=C_i v_i$	$\dot{n}_i=M_i\dot{N}_i$
	総和	$\dot{n}=\sum\dot{n}_i$	$\dot{N}=\sum\dot{N}_i$	$\dot{n}=M\dot{N}$
拡散流束	成分 i	$j_i=\rho_i(v_i-v)$ $=\dot{n}_i-\omega_i\dot{n}$	$J_i=C_i(v_i-V)$ $=\dot{N}_i-x_i\dot{N}$	$\dfrac{j_i}{\rho_i}-\dfrac{J_i}{C_i}=V-v$
	総和	$\sum j_i=0$	$\sum J_i=0$	

6・2　物質拡散 (diffusion mass transfer)

成分 A と B から成る 2 成分混合物中における成分 A の拡散は，次のフィックの拡散法則(Fick's law of diffusion)で表わされる．

$$\boldsymbol{j}_A=-\rho D_{AB}\nabla\omega_A \tag{6.7}$$

ここに，D_{AB} (m^2/s)は拡散係数(diffusion coefficient, mass diffusivity)である．拡散が z 方向の 1 次元拡散である場合には，上式は以下のように書き表せる．

$$j_A=-\rho D_{AB}\frac{\mathrm{d}\omega_A}{\mathrm{d}z} \tag{6.8}$$

j_A は z 方向の拡散流束であり，精確には $j_{A,z}$ であるが，このように方向が明確な場合にはこれ以降も略して表す．静止座標に対する成分 A の質量流束は次式で求められる．

$$\dot{\boldsymbol{n}}_A=-\rho D_{AB}\nabla\omega_A+\omega_A\dot{\boldsymbol{n}} \tag{6.9}$$

なお，式(6.7)および式(6.9)はモル量を用いてそれぞれ次式のように表される．

$$\boldsymbol{J}_A=-CD_{AB}\nabla x_A \tag{6.10}$$

$$\dot{\boldsymbol{N}}_A=-CD_{AB}\nabla x_A+x_A\dot{\boldsymbol{N}} \tag{6.11}$$

表 6.3　フィックの法則

$$\boldsymbol{j}_A=-\rho D_{AB}\nabla\omega_A$$
$$\dot{\boldsymbol{n}}_A=-\rho D_{AB}\nabla\omega_A+\omega_A\dot{\boldsymbol{n}}$$
$$\boldsymbol{J}_A=-C\,D_{AB}\nabla x_A$$
$$\dot{\boldsymbol{N}}_A=-C\,D_{AB}\nabla x_A+x_A\dot{\boldsymbol{N}}$$

6・3　物質伝達の支配方程式 (governing equations of mass transfer)

物質伝達の支配方程式は，各成分の質量保存すなわち化学種の保存則（the law of conservation of species）から導かれる．図 6.2 に示すデカルト座標系の場合，検査体積への成分 A の物質収支より次の連続の式(equation of continuity)を得る．

$$\frac{\partial\rho_A}{\partial t}+\frac{\partial}{\partial x}\left(\rho_A u-\rho D_{AB}\frac{\partial\omega_A}{\partial x}\right)+\frac{\partial}{\partial y}\left(\rho_A v-\rho D_{AB}\frac{\partial\omega_A}{\partial y}\right)$$
$$+\frac{\partial}{\partial z}\left(\rho_A w-\rho D_{AB}\frac{\partial\omega_A}{\partial z}\right)=\dot{n}_{A,\mathrm{gen}} \tag{6.12}$$

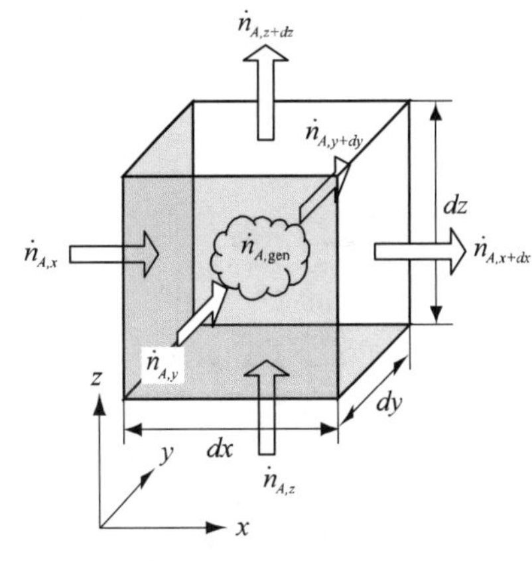

図 6.2　検査体積への成分 A の出入り

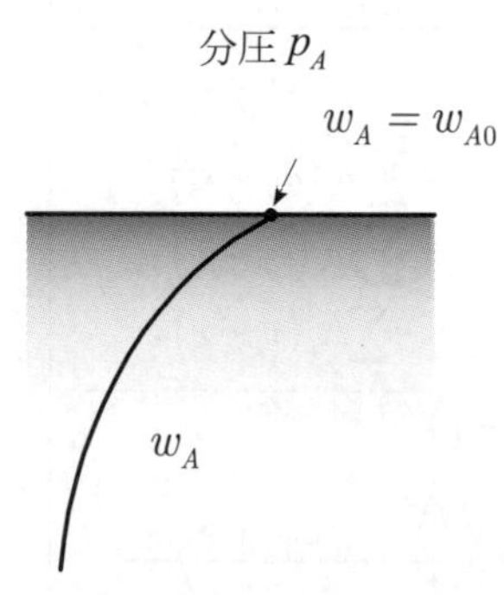

図 6.3　表面での濃度が規定される境界条件

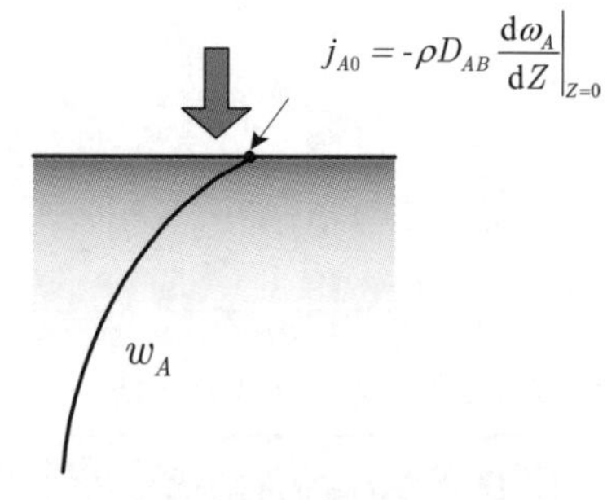

図 6.4 表面での流束が規定される境界条件

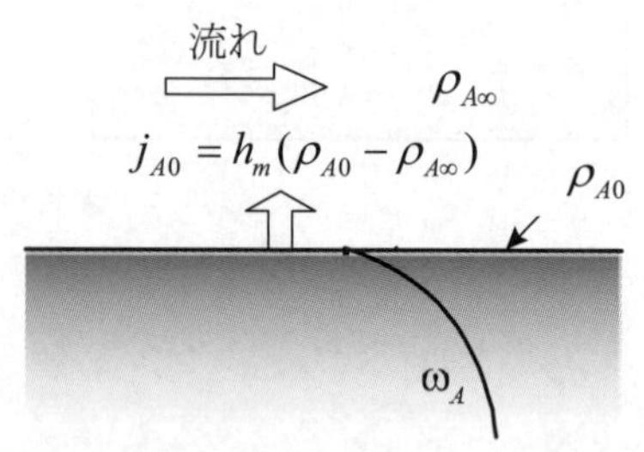

図 6.5 対流がある場合の境界条件

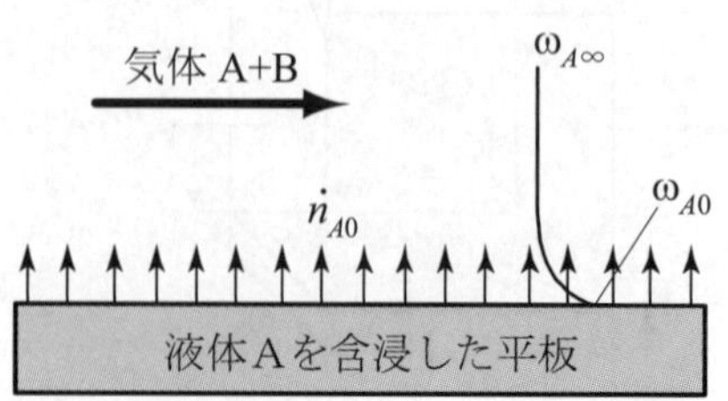

図 6.6　平板表面から気流への対流物質伝達

ここに，$\dot{n}_{A,\mathrm{gen}}$ (kg/(m^3・s))は均質化学反応(homogeneous chemical reaction)によって生成される成分 A の単位時間単位体積当たりの生成速度(production rate)，u, v, w はそれぞれ x, y, z 方向の質量平均速度である．この連続の式は拡散方程式(diffusion equation)と呼ばれる．希薄溶液の場合は ρ が一定とみなすことができ，また，理想気体の場合には C が一定である．このような場合には D_{AB} も一定とみなすことができ，拡散方程式はそれぞれ次式となる．

$$\frac{\partial \rho_A}{\partial t} + \left(u\frac{\partial \rho_A}{\partial x} + v\frac{\partial \rho_A}{\partial y} + w\frac{\partial \rho_A}{\partial z} \right) - D_{AB}\left(\frac{\partial^2 \rho_A}{\partial x^2} + \frac{\partial^2 \rho_A}{\partial y^2} + \frac{\partial^2 \rho_A}{\partial z^2} \right) = \dot{n}_{A,\mathrm{gen}} \tag{6.13}$$

$$\frac{\partial C_A}{\partial t} + \left(U\frac{\partial C_A}{\partial x} + V\frac{\partial C_A}{\partial y} + W\frac{\partial C_A}{\partial z} \right) - D_{AB}\left(\frac{\partial^2 C_A}{\partial x^2} + \frac{\partial^2 C_A}{\partial y^2} + \frac{\partial^2 C_A}{\partial z^2} \right) = \dot{N}_{A,\mathrm{gen}} \tag{6.14}$$

ここに，U, V, W はそれぞれ x, y, z 方向のモル平均速度，$\dot{N}_{A,\mathrm{gen}}$ (mol/(m^3・s))は成分 A のモル生成速度である．

主な境界条件は以下のとおりである．

$$z = 0 \;:\; \omega_A = \omega_{A0} \tag{6.15}$$

$$z = 0 \;:\; -\rho D_{AB}\frac{\partial \omega_A}{\partial z}\bigg|_{z=0} = j_{A0} \tag{6.16}$$

$$z = 0 \;:\; -\rho D_{AB}\frac{\partial \omega_A}{\partial z}\bigg|_{z=0} = \rho h_m\left(\omega_{A0} - \omega_{A\infty}\right) \tag{6.17}$$

式(6.15)では境界面の濃度が与えられており，これは，吸収液中に気体が吸収されたり（図 6.3），水蒸気が水面から空気中に拡散する場合のように気液界面が平衡状態にあるような場合に用いられる．式(6.16)は物質流束が既知の場合（図 6.4）であり，$j_{A0} = 0$ は軸対称や面対称の現象の対称軸，あるいは物質の吸収や放出のない面など，この条件の特殊な場合に相当する．式(6.17)は固体表面から周囲の流体に対流によって物質伝達が生じる場合（図 6.5）の固体面での境界条件であり，h_m は物質伝達率(mass transfer coefficient)，j_{A0} は固体表面における成分 A の質量拡散流束，ρ_{A0} および $\rho_{A\infty}$ はそれぞれ固体表面および主流における成分 A の質量濃度である．

6・4　対流物質伝達 (convective mass transfer)

図 6.5 のように固体表面あるいは気液界面に沿う方向に流体の流れが存在する場合には，熱伝達の場合と同様，物質伝達にも対流の効果が現れ，この場合の物質伝達を対流物質伝達(convective mass transfer)という．図 6.6 に示すように，物質 A の液を含浸した平板に沿って気体 A+B が流れる場合，平板表面から気流中への A の物質伝達性能を表す物質伝達率 h_m (m/s)は次式で定義される．

$$j_{A0} = h_m \left(\rho_{A0} - \rho_{A\infty} \right) = \rho h_m \left(\omega_{A0} - \omega_{A\infty} \right) \tag{6.18}$$

または

$$J_{A0} = h_m \left(C_{A0} - C_{A\infty} \right) = C h_m \left(x_{A0} - x_{A\infty} \right) \tag{6.19}$$

したがって，平板表面からの質量流束 $\dot{n}_{A0}$ は

$$\dot{n}_{A0} = h_m \left(\rho_{A0} - \rho_{A\infty} \right) + \omega_{A0} \left(\dot{n}_{A0} + \dot{n}_{B0} \right) \tag{6.20}$$

で求められる．

強制対流の場合の物質伝達率は，一般には以下のような関数で表される．

$$Sh = f\left(Re, Sc \right) \tag{6.21}$$

ここに，Sh はシャーウッド数(Sherwood number)，Sc はシュミット数(Scmidt number)であり，それぞれ以下の式で定義される．

$$Sh = \frac{h_m L}{D_{AB}} \tag{6.22}$$

$$Sc = \frac{\nu}{D_{AB}} = \frac{\mu}{\rho D_{AB}} \tag{6.23}$$

熱伝達と物質伝達のアナロジー(analogy between heat and mass transfer)によると，幾何学的形状，流動様式および境界条件が熱伝達と同じであれば，熱伝達を表す整理式

$$Nu = f\left(Re, Pr \right) \tag{6.24}$$

において h，Nu，Pr をそれぞれ h_m，Sh，Sc に置き換えると物質伝達を表すことができる．

【例 6.3】図 6.7 に示すように面積 $0.05\mathrm{m}^2$ のナフタリン製の平板の片面に 300K の空気を流したところ，昇華によりナフタリンの質量が 10 分間で 3.0g 減少した．この場合の平板から空気への強制対流物質伝達率を求めよ．ただし，300K におけるナフタリンの分圧は 13.3Pa，ナフタリンと空気の分子量はそれぞれ 128.2，28.98 である．

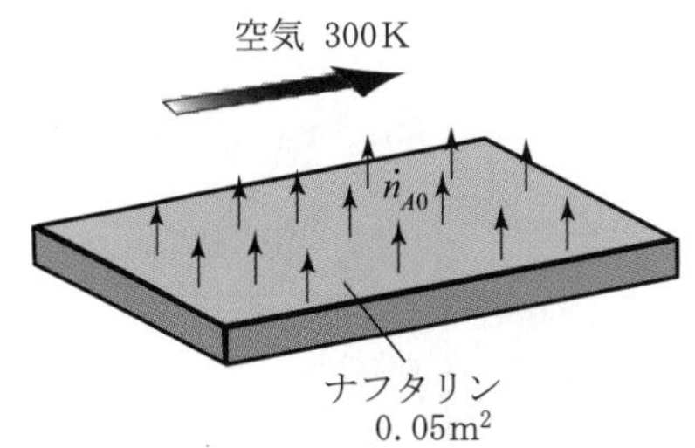

図 6.7 ナフタリンの昇華による物質伝達率の測定

【解 6.3】ナフタリン（成分 A）の昇華流束は

$$\dot{n}_{A0} = \frac{3.0\times10^{-3}}{0.05\times10\times60} = 1.000\times10^{-4}\ \mathrm{kg/(m^2\cdot s)}$$

であり，ナフタリンの表面の質量濃度は

$$\rho_{A0} = \frac{p_{A0}}{RT} = \frac{13.3}{64.87\times300} = 6.834\times10^{-4}\ \mathrm{kg/m^3}$$

である．この場合，$\dot{n}_B = 0$ であり，$x_A = 13.3/(1.013\times10^5) = 1.31\times10^{-4} \ll 1$ であるので，式(6.20)より

$$h_m = \frac{\dot{n}_{A0}}{\rho_{A0} - \rho_{A\infty}} = \frac{1.0\times10^{-4}}{6.834\times10^{-4} - 0} = 0.146\,\mathrm{m/s}$$

となる．

6・5　一次元定常拡散 (one-dimensional steady-state diffusion)

化学反応のない 2 成分系において，1 次元定常拡散は，

$$\frac{\mathrm{d}\dot{N}_A}{\mathrm{d}z}=0 \tag{6.25}$$

$$\dot{N}_A+\dot{N}_B=\dot{N} \tag{6.26}$$

$$\dot{N}_A=-CD_{AB}\frac{\mathrm{d}x_A}{\mathrm{d}z}+x_A\dot{N} \tag{6.27}$$

で表されるので，基礎方程式は以下の 2 式となる．

$$\frac{\mathrm{d}\dot{N}}{\mathrm{d}z}=0 \tag{6.28}$$

$$-D_{AB}\frac{\mathrm{d}}{\mathrm{d}z}\left(C\frac{\mathrm{d}x_A}{dz}\right)+\dot{N}\frac{\mathrm{d}x_A}{dz}=0 \tag{6.29}$$

したがって，$\dot{N}$ について 1 つ，x_A について 2 つの境界条件が与えられれば，原理的には式(6.28)と式(6.29)から x_A すなわち濃度分布が求められる．

以下に示す場合には基礎方程式は簡単になる．

(i)　$\dot{n}=\dot{N}=0$ の場合，または $\dot{N}_B=0$ かつ $x_A\ll 1$ の場合

$$\dot{N}_A=\dot{J}_A=-CD_{AB}\frac{\mathrm{d}x_A}{\mathrm{d}z} \tag{6.30}$$

$$\frac{\mathrm{d}}{\mathrm{d}z}\left(CD_{AB}\frac{\mathrm{d}x_A}{\mathrm{d}z}\right)=0 \tag{6.31}$$

(ii)　$\dot{N}_B=0$ の場合

$$\dot{N}_A=\dot{J}_A=-\frac{CD_{AB}}{1-x_A}\frac{\mathrm{d}x_A}{\mathrm{d}z} \tag{6.32}$$

$$\frac{\mathrm{d}}{\mathrm{d}z}\left(\frac{1}{1-x_A}\frac{\mathrm{d}x_A}{\mathrm{d}z}\right)=0 \tag{6.33}$$

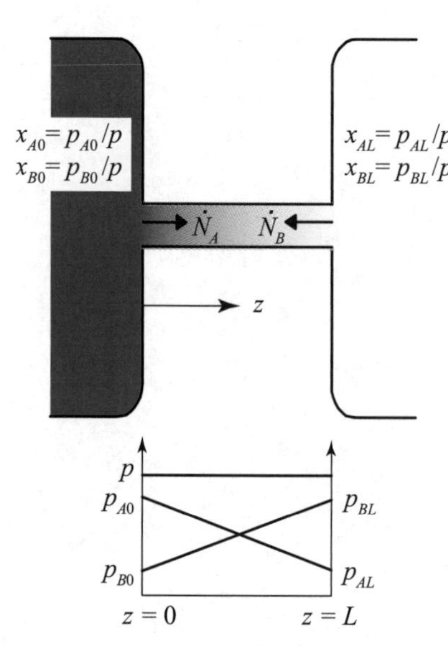

図 6.8　等モル相互拡散

(a) 等モル相互拡散(equimolar counterdiffusion)

図 6.8 に示すように，等温等圧の理想気体の混合気が入っている容器が流路でつながっており，相互に拡散する等モル相互拡散の場合には $\dot{n}=\dot{N}=0$ である．この場合の拡散は式(6.30)と式(6.31)で表され，これを $C=$ 一定，$D_{AB}=$ 一定として解くと成分 A のモル流束に対して次式が得られる．

$$\dot{N}_A=\frac{D_{AB}}{R_0T}\frac{p_{A0}-p_{AL}}{L} \tag{6.34}$$

ここに，p_{A0}，p_{AL} はそれぞれ $z=0, L$ における成分 A の分圧である．

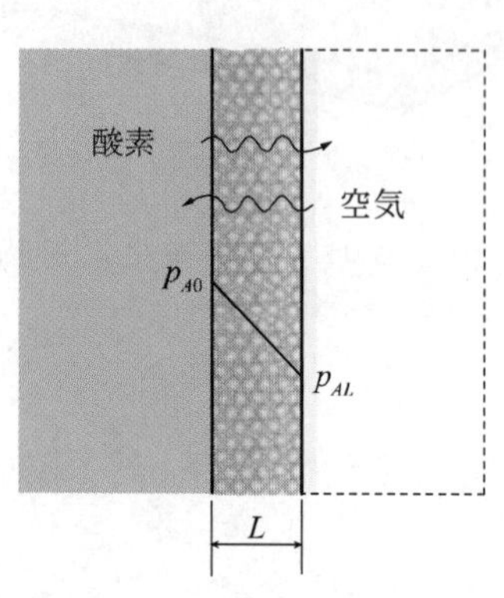

図 6.9 粒子充填層を介したガスの等モル相互拡散

【例 6.4】静止した酸素と空気が粒子層からなる厚さ 1cm の多孔板で隔てられている（図 6.9）．1atm，20℃の場合に，空気側に拡散する酸素のモル流束を求めよ．ただし，粒子層の空隙率 ε（全体に対する空間の割合）を 0.2，屈曲率 τ（ガスの実際の流路長と直線流路長すなわち充填層厚さとの比）を 1.5 とする．また，酸素と空気の相互拡散係数は 1.78×10^{-5} m²/s であり，理想気体と仮定してよい．

【解 6.4】多孔板の断面積に対する開口面積の比が空隙率に等しいと仮定すると，多孔板単位面積あたりのモル流束は式(6.34)に開口面積と流路長を考慮して次式で求められる．

$$\dot{N}_A = \varepsilon \frac{D_{AB}}{R_0 T}\frac{p_{A0}-p_{AL}}{\tau L} = \varepsilon \frac{pD_{AB}}{R_0 T}\frac{x_{A0}-x_{AL}}{\tau L}$$

空気中の酸素分圧は 0.21 であり，$1\,\text{atm} = 1.013\times10^5\,\text{Pa}$ であるので，モル流束は

$$\dot{N}_A = 0.2\times\frac{(1.013\times10^5)\times(1.78\times10^{-5})}{8.314\times293.15}\frac{(1-0.21)}{1.5\times0.01} = 7.79\times10^{-3}\,\text{mol/(m}^2\cdot\text{s)}$$

となる．ここに，単位の確認は以下のとおりである．

$$\left[\dot{N}_A\right] = [\text{-}]\frac{\left[\text{N/m}^2\right]\left[\text{m}^2\text{/s}\right]}{\left[\text{N}\cdot\text{m/(mol}\cdot\text{K)}\right][\text{K}]}\frac{[\text{-}]}{[\text{-}][\text{m}]} = \left[\frac{\text{mol}}{\text{m}^2\cdot\text{s}}\right]$$

(b) 静止媒体中の一方向拡散 (diffusion through a stagnant medium)

静止気体 B 中に A が蒸発拡散するような場合は $\dot{N}_B = 0$ すなわち $\dot{N} = \dot{N}_A$ であるので，基礎式は式(6.32)および式(6.33)となる．このような一方向拡散の場合のモル流束は次式で表される．

$$\dot{N}_A = \dot{N}_{A0} = \frac{CD_{AB}}{L}\ln\left(\frac{1-x_{AL}}{1-x_{A0}}\right) \tag{6.35}$$

【例 6.5】下端が封じてある内径 3mm の細いガラス管内にエタノールを入れ，その開口部に空気を直角に緩やかに流した（図 6.10）．十分に時間が経過し，開口部から液面までの距離が 50mm になった時から，エタノールの蒸発により液面が 1mm 下がるまでに要した時間を測定したところ 2 時間 10 分であった．この結果より空気中のエタノールの拡散係数を求めよ．ただし，系全体は 310K に保たれており，この温度におけるエタノールの蒸気圧は$15.28\,\text{kPa}$，液の密度は $785\,\text{kg/m}^3$ である．

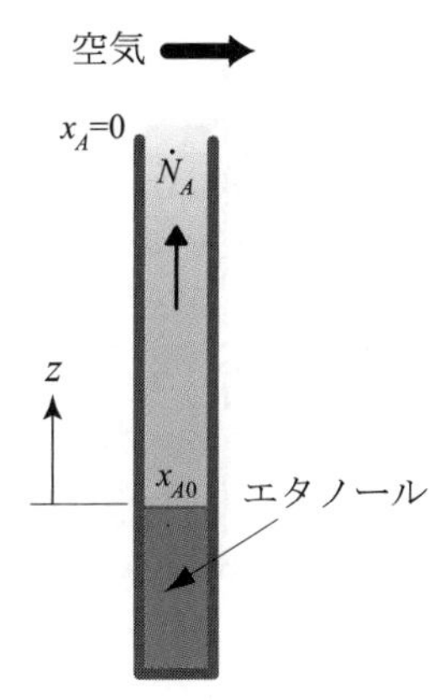

図 6.10 細管内一方向拡散

【解 6.5】液面の変化が液面までの距離に比べて小さいので，蒸発速度はほぼ一定とみなすことができる．単位面積当たりの平均蒸発速度（モル流束）を $\dot{N}_A$ とすると，物質収支より次式が得られる．

$$\rho_l \Delta L = M_A \dot{N}_A \Delta t$$

ここに，ΔL は液面の移動距離，Δt は蒸発時間，ρ_l は液の密度である．$\dot{N}_A$ は平均距離 $\bar{L}$ を用いて式(6.35)から求めることができるので，この式と上式より

$$D_{AB} = \frac{\rho\Delta L}{\Delta t}\frac{\bar{L}}{M_A C}\bigg/\ln\left(\frac{1-x_{AL}}{1-x_{A0}}\right) = \frac{\rho\Delta L}{\Delta t}\frac{LR_0 T}{M_A P}\bigg/\ln\left(\frac{1-x_{AL}}{1-x_{A0}}\right)$$

$$= \frac{\dfrac{785 \times 1 \times 10^{-3} \times 8.314 \times 310 \times 0.0505}{7800 \times 46.07 \times 10^{-3} \times 1.013 \times 10^{5}}}{\ln\left(\dfrac{1-0}{1-(15.28/101.3)}\right)} = 1.72 \times 10^{-5}\,\mathrm{m^2/s}$$

となる．単位の確認は以下のとおりである．

$$[D_{AB}] = \frac{\dfrac{[\mathrm{kg/m^2}][\mathrm{m}][\mathrm{N \cdot m/(mol \cdot K)}][\mathrm{K}][\mathrm{m}]}{[\mathrm{s}][\mathrm{kg/mol}][\mathrm{N/m^2}]}}{[-]} = \left[\frac{\mathrm{m^2}}{\mathrm{s}}\right]$$

(c) 固体内ガス拡散(diffusion in a solid) *

固体中をガスが拡散する場合には $\dot{N}_B = 0$ であり，かつ固体中の溶質の濃度が小さく $x_A \ll 1$ であるため，式 (6.30)と式(631)が成り立つ．したがって，拡散によるガスのモル流束は等モル相互拡散と同じ式(6.34)で求められるが，その際には表面における固体内のガス濃度が必要である．なお，希薄溶液中の溶質やガスの拡散の場合も同様の取り扱いが可能である．

(d) 膜透過(diffusion through a film) *

非多孔質性の高分子膜を溶質やガスが透過するような場合には，溶質が膜に溶解して拡散する．したがって，図 6.11 に示すように膜表面における溶質の濃度は溶液中（C_A）と膜中（C'_A）では異なり，その差は溶解度に依存する．これらの関係は分配係数(partition coefficient, distribution coefficient) K を用いて以下のように表される．

$$K = \frac{C'_A}{C_A} \tag{6.36}$$

したがって，膜を透過する溶質のモル流束は次式で表される．

$$\dot{N}_A = D_{AB}\frac{C'_{A1} - C'_{A2}}{\delta} = KD_{AB}\frac{C_{A1} - C_{A2}}{\delta} \tag{6.37}$$

ガスの場合には理想気体の状態方程式より

$$K = \frac{C'_A}{C_A} = \frac{C'_A}{p_A}R_0T = SR_0T \tag{6.38}$$

と表される．ここに，S (mol/(m$^3 \cdot$Pa)) は

$$S = \frac{C'_A}{p_A} \tag{6.39}$$

で定義される溶解度係数(solubility coefficient)と呼ばれる係数であり，標準状態 273.15 K (0℃)，1.013×10^5 Pa (1 atm)における体積 (m^3(STP)) を用いて (m^3(STP)/(m$^3 \cdot$Pa)) 等の単位で表される場合もある．式(6.37)，(6.38)よりガスの透過モル流束は次式のようにも表される．

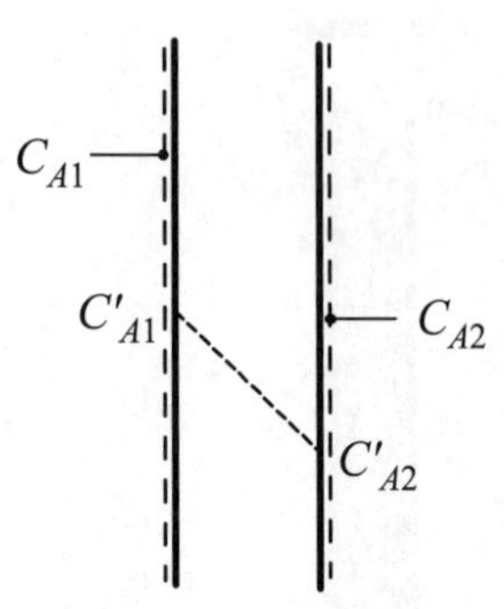

図 6.11 膜透過

$$\dot{N}_A = P\frac{p_{A1} - p_{A2}}{\delta} \tag{6.40}$$

ここに，P は

$$P = D_{AB}S \tag{6.41}$$

で定義される透過係数(permeability coefficient)であり，(mol/(m·s·Pa))，(mol·m/(m^2·s·Pa))，(m^3(STP)·m/(m^2·s·Pa)) 等の単位で表される．

【例 6.6】厚さ 1mm のパイレックスガラス製の直径 10cm の球形の容器の中にヘリウムガスが封入してある．これを 800K に保たれた炉の中に保持したところ内圧は 2atm であった．この場合の単位時間当たりのヘリウムの漏えい量を求めよ．ただし，800K でのパイレックスガラス中の拡散係数は 8.0×10^{-10} m^2/s，溶解度係数は 0.024m^3(STP)/(m^2·atm) である．

【解 6.6】直径に対してガラスの厚さが薄いので平板とみなすと，

$$\dot{N}_A = D_{AB} S \frac{p_{A1} - p_{A2}}{\delta}$$

$$= 8.0\times10^{-10} \frac{0.024}{1.013\times10^5} \frac{2\times1.013\times10^5 - 0}{1\times10^{-3}}$$

$$= 3.84\times10^{-8}\ \mathrm{m^3(STP)/(m^2\cdot s)}$$

したがって漏えい量は以下のように求められる．

$$3.84\times10^{-8}\times(3.14\times0.1^2) = 1.206\times10^{-9}\ \mathrm{m^3(STP)/s} = 4.3\mathrm{cm^3(STP)/h}$$

(e) 総括物質移動係数(overall mass transfer coefficient)

成分 A の濃度が $C_{A1\infty}$ の流体 1 から $C_{A2\infty}$ の流体 2 へ膜や隔壁を介して物質移動が行われる場合には，一般には図 6.12 に示すように流体と膜の中に濃度分布が形成されるので，対流と拡散の両方の抵抗を考慮する必要がある．この場合の物質伝達は熱通過と同様，次式で表される．

$$\dot{N}_A = K_m (C_{A1\infty} - C_{A2\infty}) \tag{6.42}$$

ここに，K_m (m/s) は総括物質移動係数(overall mass transfer coefficient)であり次式で定義される．

$$\frac{1}{K_m} = \frac{1}{h_{m1}} + \frac{\delta}{K D_{AB}} + \frac{1}{h_{m2}} \tag{6.43}$$

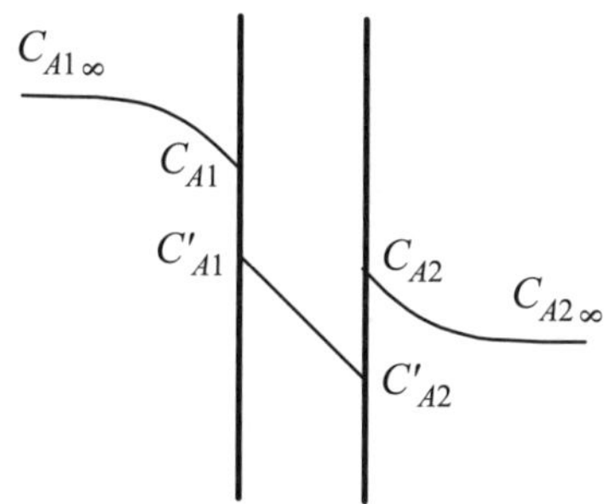

図 6.12 膜透過の濃度分布

【例 6.7】内径 200μm，膜厚 20μm，長さ 250mm の中空糸の束からなるダイアライザ（透析器）で血液の透析を行う．中空糸の内側を流れる血液および外側の透析液の中の尿素の濃度をそれぞれ 0.2mg/mℓ，0mg/mℓ とする．8 g/h の尿素の除去に必要な中空糸の内表面積と本数を求めよ．ただし，膜内の尿素の拡散係数を 4×10^{-10} m^2/s，血液側および透析液側の物質伝達率をそれぞれ 1.2×10^{-5} m/s，3.0×10^{-5} m/s とし分配係数を 1.8 とする．また，膜厚が内径に比べて薄いので，膜内の物質移動は曲率の影響を無視し，表面積が中空糸内表面積に等しい平板として考えることとする．

【解 6.7】総括物質移動係数は以下のように求められる．

$$K_m = \left[\frac{1}{1.2\times10^{-5}} + \frac{20\times10^{-6}}{1.8\times4.0\times10^{-10}} + \frac{1}{3.0\times10^{-5}}\right]^{-1}$$

$$= 6.923\times10^{-6}\ \ \mathrm{m/s}$$

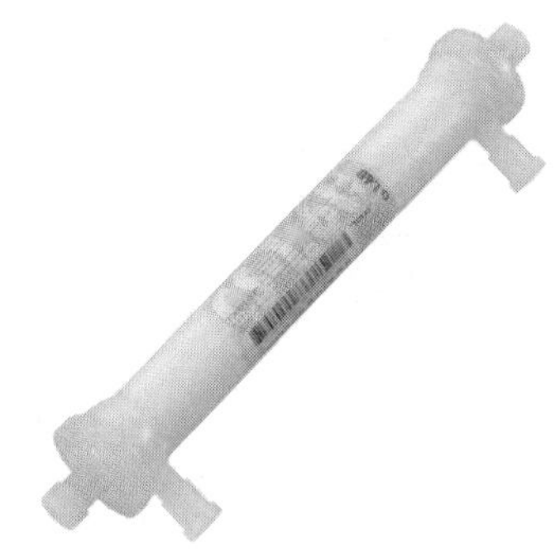
図 6.13 ダイアライザ
（提供　東レ株式会社）

したがって，尿素の透過質量流束は

$$6.923\times10^{-6}\times(0.2\times10^{3}-0)=1.385\times10^{-3}\ \mathrm{g/(m^2\cdot s)}$$

となるので，必要面積は

$$\frac{8.0/3600}{1.385\times10^{-3}}=1.604\,\mathrm{m}^2$$

であり，中空糸の本数は

$$\frac{1.604}{\pi\times200\times10^{-6}\times0.25}=10211\ 本$$

となる．実際には血液および透析液中の尿素の濃度は流れ方向に変化するので，熱交換器の設計の場合と同様に対数平均濃度差を用いた解析が必要である．

(f) 二成分液体の蒸発(evaporation of binary liquid mixture) ∗

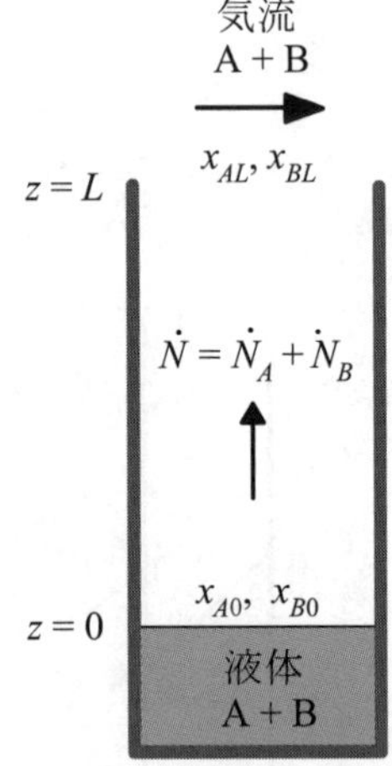

図 6.14　二成分液体の蒸発（一次元定常拡散）

図 6.14 に示すように，成分 A, B からなる 2 成分液体が同じ 2 成分からなる気体中へ蒸発する場合には，拡散方程式は理想気体の仮定より $C=$一定とすると式(6.29)より

$$-CD_{AB}\frac{\mathrm{d}^2x_A}{\mathrm{d}z^2}+\dot{N}\frac{\mathrm{d}x_A}{\mathrm{d}z}=0 \tag{6.44}$$

となる．式(6.28)より $\dot{N}$ も一定であるので，上式を積分して境界条件（気液界面 $(z=0)$ で x_{A0}，$z=L$ で x_{AL}）を考慮すると成分 A の濃度分布は次のように求められる．

$$\frac{x_A-x_{A0}}{x_{AL}-x_{A0}}=\frac{\exp\left(\dfrac{\dot{N}}{CD_{AB}}z\right)-1}{\exp\left(\dfrac{\dot{N}}{CD_{AB}}L\right)-1} \tag{6.45}$$

式(6.27)に式(6.45)を代入，整理すると蒸発量 $\dot{N}$ は次式で表される．

$$\dot{N}_A=\dot{N}\left[x_{A0}-\frac{x_{AL}-x_{A0}}{\exp\left(\dfrac{\dot{N}L}{CD_{AB}}\right)-1}\right] \tag{6.46}$$

以上より，濃度分布および全体の蒸発量に占める成分 A の割合は，蒸発量に依存することがわかる．

この例のような状況は一般には熱の移動を伴って生じるため熱伝達と物質伝達の連成問題となる．したがって，熱収支も考慮して $\dot{N}_A$ を求める必要がある．

6・6　非定常拡散 (transient diffusion)

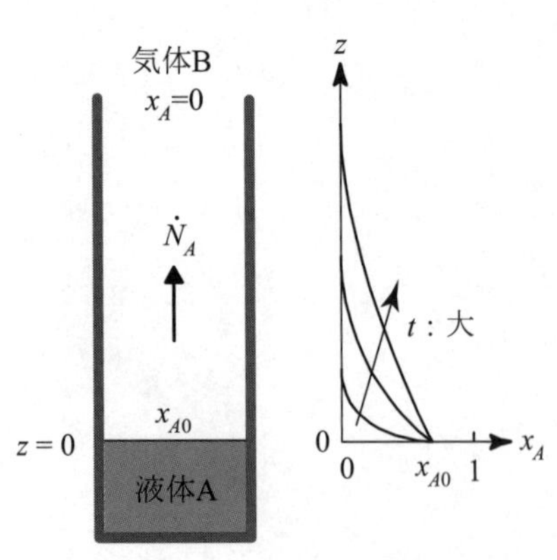

図 6.15　蒸発した液の静止気体中への非定常拡散

6・5(b)に示した静止媒体中の一方向拡散が過渡的に生じ，拡散する成分 A が希薄な場合には，D_{AB} と C を一定とした基礎式は以下のように表される．

$$\frac{\partial C_A}{\partial t}=D_{AB}\frac{\partial^2 C_A}{\partial z^2} \tag{6.47}$$

この式を，初期条件および境界条件

$$t = 0 \ : \ C_A = C_{Ai} = 0 \tag{6.48}$$

$$z = 0 \ : \ C_A = C_{A0} \tag{6.49}$$

$$z = L \ : \ \frac{\partial C_A}{\partial z} = 0 \tag{6.50}$$

のもとに解くと濃度分布が以下のように求められる.

$$\frac{C_A}{C_{A0}} = 1 - \mathrm{erf}\frac{z}{2\sqrt{D_{AB}t}} = \mathrm{erfc}\frac{z}{2\sqrt{D_{AB}t}} \tag{6.51}$$

ここに，erf は誤差関数，erfc は余誤差関数であり，それぞれ式(2.38)，(2.39)で定義される.

【例 6.8】例 6.5 と同様，下端が封じてある内径 3mm の細いガラス管内にエタノールを静かに入れ，その開口部に空気を直角に緩やかに流した．開口部から 100mm の位置までエタノールを入れ，系全体を 310K に保った場合，エタノール蒸気が大気中に放出しだすまでに要する時間を求めよ．ただし，空気中のエタノールの拡散係数を 0.16 cm^2/s とする.

【解 6.8】非常に長い管内の一方向拡散において液面から 100mm の位置のエタノール濃度が $C_A / C_{A0} \geq 0.01$ になるのに要する時間を求めると考えると，表 2.7 より $\mathrm{erfc}(\xi) = 0.01$ となるのは $\xi \simeq 1.8$ であるので式(6.51)より

$$t = \left(\frac{z}{1.8 \times 2}\right)^2 \frac{1}{D_{AB}} = \left(\frac{0.1}{1.8 \times 2}\right)^2 \frac{1}{1.6 \times 10^{-5}} = 48\mathrm{s}$$

となる.

＝＝＝＝＝＝　練習問題　＝＝＝＝＝＝＝＝＝＝＝＝＝＝＝＝＝＝＝＝＝＝＝

【6・1】A 22-cm diameter rubber balloon that was inflated with Helium gas at 1.1 atm is wafted in the air at 25℃. How long will it take the balloon to become deflated by 1 cm in diameter when the thickness and the permeability coefficient of the rubber is 0.05 mm and 1.0×10^{-14} $\mathrm{mol \cdot m/(m^2 \cdot s \cdot Pa)}$, respectively? Assume that the internal pressure is constant during deflation.

【6・2*】 The surface of ethanol liquid in a thin glass tube is at 10 mm from the top in the situation shown in Fig. 6.10 (example 6.5). Estimate the time required for the surface to drop to 20 mm from the top due to evaporation, assuming a pseudo-steady condition, where the diffusion rate is evaluated from the equation for steady-state diffusion, since the surface moves very slowly.

【6・3】例 6.3 のナフタリンの平板に高さ 50cm のフードを取り付けた．この場合には 10 分間でのナフタリンの昇華量はいくらになるか．ただし，フード内ではナフタリンの一方向拡散を仮定してよい．なお，ナフタリンの拡散係数は 6.2mm^2/s である.

【6・4*】直径 $d = 0.3\,\mathrm{mm}$ の水滴が相対速度 $u = 2.0\,\mathrm{m/s}$ で大気圧の乾燥空気中を飛んでいる．水滴の温度が 20℃，乾燥空気の温度が 60℃の場合に水滴

の蒸発速度を求めよ．ただし，球まわりの強制対流物質伝達率は次式で見積もることができる．

$$Sh_d = 2 + 0.6 Re_d^{1/2} Sc^{1/3}$$

ここに，$Sh_d = h_m d / D_{AB}$，$Re_d = ud/\nu$，$Sc = \nu / D_{AB}$，h_m は物質伝達率，ν は動粘度であり，水蒸気の空気中への拡散係数 D_{AB} は次式で求められる．

$$D_{AB} = \frac{2.27}{p}\left(\frac{T}{273}\right)^{1.8} \qquad D_{AB}[\mathrm{m^2/s}],\ p[\mathrm{Pa}],\ T[\mathrm{K}],$$

また，20℃における水蒸気の分圧は 2.337 kPa である．

【6・5*】モル分率で 1%の空気を含む 1atm の水蒸気が冷却面上で凝縮している．この場合，不凝縮ガスである空気が凝縮液界面近傍に滞留し蒸気相内に濃度分布が生じる．図 6.16 に示すようにこの濃度境界層を厚さ δ_v の膜とみなし，一次元定常拡散として取り扱うことにする．濃度境界層厚さが 2 mm，液膜厚さ δ_l が 60μm，凝縮量（流束）$2.16\times10^{-2}\ \mathrm{kg/(m^2 \cdot s)}$ の場合の凝縮面温度を求めよ．また，空気を含まない水蒸気の凝縮と比較して，伝熱面過冷度が同じ場合の凝縮量がどの程度低下したかを求めよ．なお，拡散係数を $D_{AB} = 3.9\times10^{-5}\ \mathrm{m^2/s}$，水蒸気の密度を $\rho_v = 0.5976\,\mathrm{kg/m^3}$，蒸発潜熱を $h_{lv} = 2257\,\mathrm{kJ/kg}$，凝縮液の熱伝導率を $k_l = 0.681\,\mathrm{W/(m \cdot K)}$ とし，いずれも一定と仮定する．

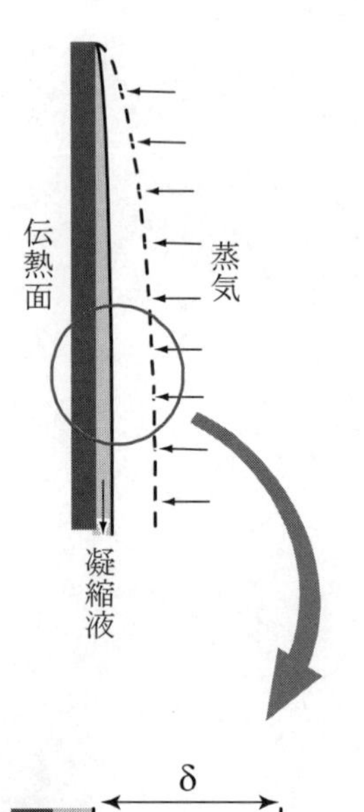

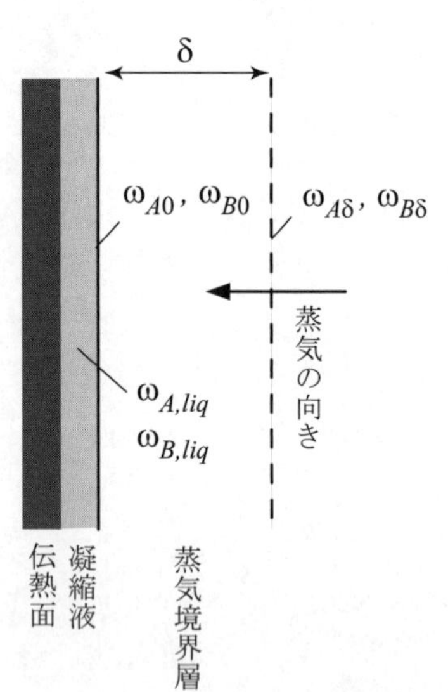

図 6.16 二成分混合蒸気の凝縮

第 7 章

伝熱の応用と伝熱機器

Applications of Heat Transfer and Heat Transfer Equipments

7・1　熱交換器の基礎（fundamentals of heat exchangers）

我々の身の回りでは，高温の流体と低温の流体の間で熱エネルギーを受け渡す事例が数多く見られる．このとき，高温流体と低温流体の間で生じる伝熱現象を熱交換(heat exchange)といい，そのための伝熱機器を熱交換器(heat exchanger)という．

【例 7.1】身の回りにある熱交換器を挙げよ．また，その熱交換器がなぜそのような形態をしているかを考察せよ．

熱交換器では，高温流体と低温流体の混合を避けるため，図 7.1 のように両流体間に隔板をおくことが多い．このような熱交換器を隔板式熱交換器(surface heat exchangers)という．このとき，隔板と高温流体の間，隔板と低温流体の間では対流熱伝達が，隔板内では熱伝導が生じているが，その結果として生じている熱流束はいずれも同一である．このときの高温流体から低温流体への熱移動は，高温流体・隔壁間の熱伝達，隔壁内の熱伝導，隔壁と低温流体間の熱伝達を総合して，次の熱通過率(overall heat-transfer coefficient)

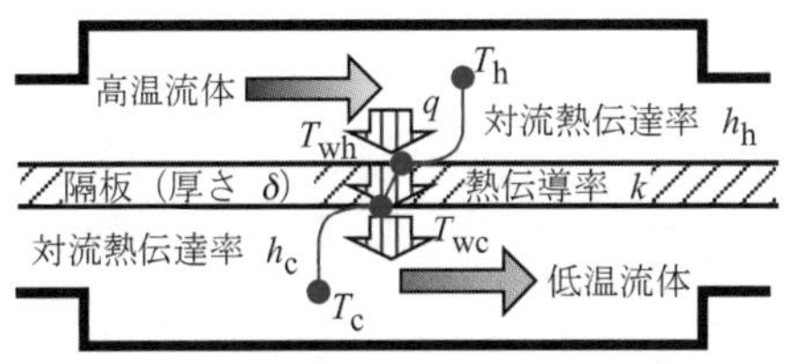

図 7.1　隔板を介した二流体間の熱交換（熱通過）

$$K = \frac{1}{\dfrac{1}{h_h}+\dfrac{\delta}{k}+\dfrac{1}{h_c}} \tag{7.1}$$

を用いて

$$q = K(T_h - T_c) \tag{7.2}$$

のように評価できる．ここで h_h と h_c は高温流体側と低温流体側の隔板表面における熱伝達率，δ と k は隔板の厚さと熱伝導率である．

【例 7.2】温度 40℃ の温水を使って 20℃ の空気を暖める熱交換器を考える．温水側の熱伝達率を 200 W/m^{2}K，空気側の熱伝達率を 20 W/m^{2}K とし，隔板を厚さ 1 mm のアルミニウム（熱伝導率 204 W/(m·K)）であるとして，熱通過率とこの位置における通過熱流束を求めよ．

【解 7.2】熱通過率は式(7.1)から，

$$K = \frac{1}{\dfrac{1}{200}+\dfrac{0.001}{204}+\dfrac{1}{20}} = 18.2\ \mathrm{W/(m^2\cdot K)}$$

であり，この場所での通過熱流束は，式(7.2)より，

$$q = 18.2\left(40 - 20\right) = 364\ \mathrm{W/m^2}$$

である．

熱通過率の式(7.1)を単位系で表せば，

$$\frac{1}{\dfrac{1}{\left[\mathrm{W/m^2 \cdot K}\right]}+\dfrac{[\mathrm{m}]}{\left[\mathrm{W/(m \cdot K)}\right]}+\dfrac{1}{\left[\mathrm{W/(m^2 \cdot K)}\right]}} = \frac{1}{\dfrac{1}{\left[\mathrm{W/(m^2 \cdot K)}\right]}} = \left[\mathrm{W/(m^2 \cdot K)}\right]$$

となって，熱通過率の式(7.1)の分母は，熱通過面積基準の熱伝達・熱伝導の熱抵抗の直列合成抵抗であることがわかる．

【例 7.3】例 7.2 の問題において，通過熱流束を増大したい．温水側の熱伝達率，空気側の熱伝達率，隔板の熱伝導のどれを変化させるのが最も有効か．

【解 7.3】空気側の熱伝達率．熱通過率の定義式(7.1)の分母は，隔板両面の対流伝熱による熱抵抗（と熱通過面積の積）と隔板内の熱伝導による熱抵抗（と熱通過面積の積）の合成抵抗となっており，これらのうち熱抵抗の最も大きい伝熱機構が全体の熱通過を支配している．この場合、空気側の対流伝熱による熱抵抗が最も大きいから，この部分の伝熱を促進することが最も有効である．

【例 7.4】例 7.2 の問題において，空気側の対流熱伝達を促進するために，隔板の空気側表面に伝熱面積の 10 倍の面積を持つフィン（拡大伝熱面）を設置したとする．設置されたフィンのフィン効率を 0.8 として，このときの熱通過率を求めよ．ただしフィンの設置によって空気側の伝熱面における熱伝達率は変化しないものとする．

【解 7.4】熱通過率の定義式(7.1)の分母の各項が熱抵抗と伝熱面積の積であることに注意すれば，隔板空気側（低温側）表面にフィンを設置した場合の熱通過率は，

$$K = \frac{1_c}{\dfrac{1}{h_h}+\dfrac{\delta}{k}+\dfrac{1}{h_c}\dfrac{A}{\left(A + A_f \phi\right)}}$$

と書ける．ここで、A は隔板の伝熱面積，A_f はフィンの面積であり，ϕ はフィン効率である．具体的に数値を代入すると，

$$K = \frac{1_c}{\dfrac{1}{200}+\dfrac{0.001}{204}+\dfrac{1}{20}\dfrac{1}{\left(1+10\times 0.8\right)}} = 94.7\ \mathrm{W/(m^2 \cdot K)}$$

である．

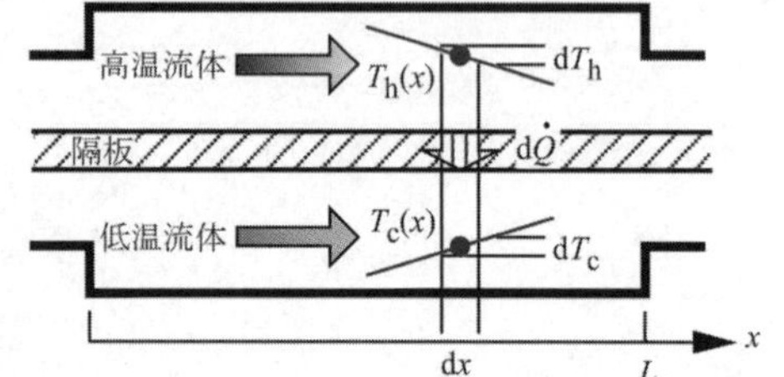

図 7.2　同一方向に流れる二流体間の熱通過

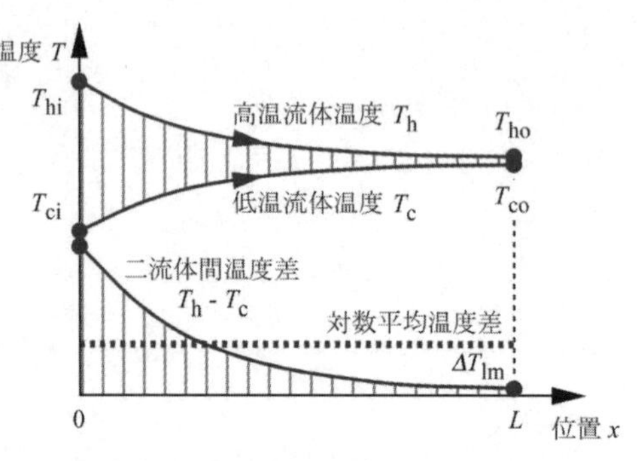

図 7.3　同一方向に流れる二流体間の熱通過に伴う温度変化

隔板を介した熱通過によって高温流体は熱エネルギーを失い，低温流体は熱エネルギーを受け取るから，それぞれの流体は流れ方向に温度が変化していく．図

7.2 のように隔板を介して二流体が同一方向に流れつつ熱交換を行う場合（並流型熱交換器(parallel-flow heat exchangers)）には，高温流体は流れ方向に温度が低下し，低温流体は流れ方向に温度が上昇するから，図 7.3 のように両流体間の温度差は x 方向に減少していく．このときの両流体間の温度差は，

$$T_h - T_c = \left(T_{hi} - T_{ci}\right)\exp\left\{-\left(\frac{K}{\dot{m}_h c_h} + \frac{K}{\dot{m}_c c_c}\right)x\right\} \tag{7.3}$$

と表される．

一方，図 7.4 のように，高温流体と低温流体が逆向きに流れつつ熱交換を行う場合（向流型熱交換器(counter-flow heat exchangers)）の両流体間の温度差は

$$T_h - T_c = \left(T_{hi} - T_{co}\right)\exp\left\{-\left(\frac{K}{\dot{m}_h c_h} - \frac{K}{\dot{m}_c c_c}\right)x\right\} \tag{7.4}$$

と求められる（図 7.5 参照）．この式からわかるように，高温流体と低温流体が逆向きに流れつつ熱交換を行う場合の両流体の温度差は，高温流体と低温流体の質量流量と比熱の積の大小関係によって x 方向に拡大することも減少することもある．これらの場合の両流体間の温度差を流路入口から出口まで平均すると，

$$\Delta T_{lm} = \frac{\Delta T_1 - \Delta T_2}{\ln \dfrac{\Delta T_1}{\Delta T_2}} \tag{7.5}$$

なる平均温度差を定義することができる．ここで，ΔT_1 と ΔT_2 は図 7.6 に示す流路出入口における高温流体と低温流体の温度差である．この平均温度差を対数平均温度差(logarithmic-mean temperature difference)という．対数平均温度差を用いれば，この熱交換器の総熱交換量は，

$$\dot{Q} = K\Delta T_{lm} A \tag{7.6}$$

とかける．ただし，流路奥行きが単位長さであるから，L は熱交換面積 A に相当することに注意せよ．

熱交換器が並流型・向流型でない場合には，総交換熱量は対数平均温度差の補正係数 Ψ を用いて，

$$\dot{Q} = \Psi K\Delta T_{lm} A \tag{7.6'}$$

となる．ただし，対数平均温度差 ΔT_{lm} には熱交換器を向流型と見なしたときの定義を用いる．補正係数 ψ は，様々な条件の直交流型熱交換器，シェルアンドチューブ型熱交換器などに対して求められており，線図の形で提供されている(1)．

【例 7.5】熱交換器に高温流体が 100℃ で流入し 80℃ で流出するとき 20℃，で流入した低温流体が 60℃ まで温度上昇した．熱交換器が並流型熱交換器である場合と向流型熱交換器である場合の双方について，両流体間の対数平均温度差を求めよ．また，隔板の熱通過率が 100 W/(m^2・K)，熱通過面積が 0.2 m^2 であるとき，高温流体と低温流体間の総熱交換量を求めよ．

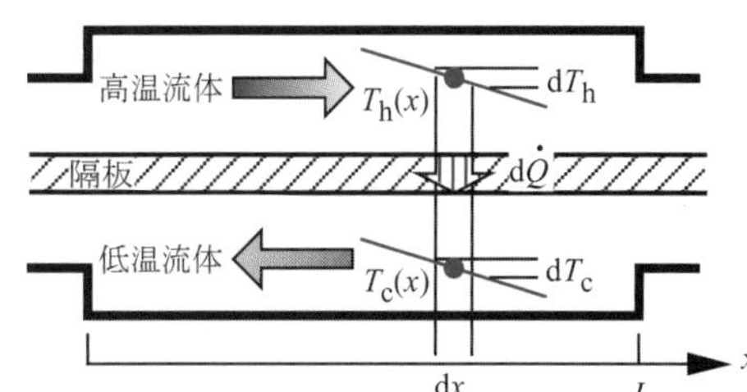

図 7.4　互いに逆向きに流れる二流体間の熱通過

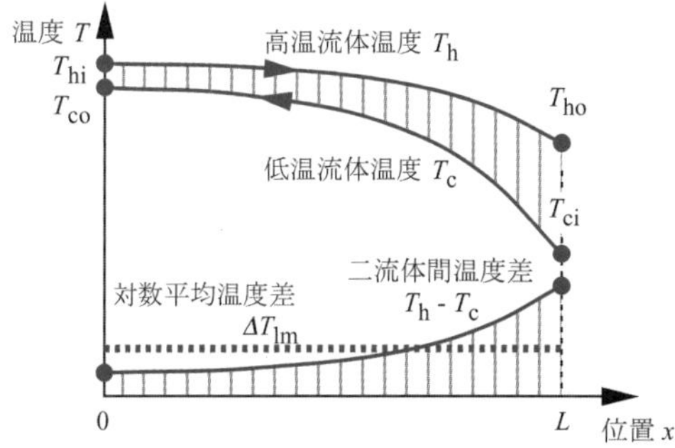

図 7.5　互いに逆向きに流れる二流体間の熱通過に伴う温度変化

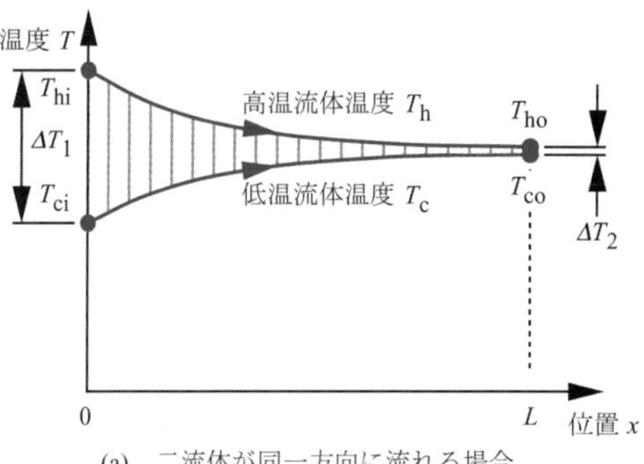

(a)　二流体が同一方向に流れる場合

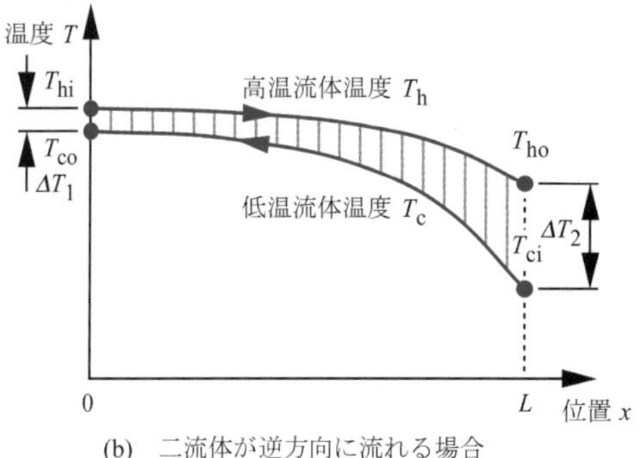

(b)　二流体が逆方向に流れる場合

図 7.6　対数平均温度差に用いる温度差 ΔT_1，　ΔT_2

【解 7.5】並流型熱交換器の場合，対数平均温度差は，

$$\Delta T_{lm}=\frac{(100-20)-(80-60)}{\ln\dfrac{(100-20)}{(80-60)}}=43.3\ \mathrm{K}$$

向流型熱交換器である場合には，

$$\Delta T_{lm}=\frac{(100-60)-(80-20)}{\ln\dfrac{(100-60)}{(80-20)}}=49.3\ \mathrm{K}$$

である．総熱交換量は，並流型熱交換器の場合，

$$\dot{Q}=100\times 43.28\times 0.2=866\ \mathrm{W}$$

であり，向流型熱交換器の場合には，

$$\dot{Q}=100\times 49.33\times 0.2=987\ \mathrm{W}$$

である．

7・2　熱交換器の設計法（design of heat exchangers）

熱交換器は高温流体の持つ熱エネルギーを低温流体へ受け渡す装置であるから，熱交換器の性能は，

(1) 高温流体から低温流体へどれだけの熱エネルギーを移動させられるか（熱交換性能）

(2) 高温流体と低温流体の温度をどれだけ変化させせられるか（温度交換性能）

の 2 つの視点から評価される．したがって、設計すべき熱交換器の伝熱条件もこれらのいずれか（場合によっては双方）が規定されることで与えられることが多い．

熱交換性能を評価するためには，高温流体・低温流体間の交換伝熱量を求めればよい．すなわち，隔板の熱通過率を K，面積を A，両流体の対数平均温度差を ΔT_{lm} とすれば，熱交換器の交換伝熱量 $\dot{Q}$ は式(7.6')に示したとおり，

$$\dot{Q}=\Psi K\Delta T_{lm}A \tag{7.6'}$$

である．ここで ψ は補正係数で、熱交換器が並流型・向流型である場合は 1 とおけばよい．また、この交換伝熱量は，高温流体・低温流体双方のエンタルピー変化から，

$$\begin{aligned}\dot{Q}&=\dot{m}_h c_h\left(T_{hi}-T_{ho}\right)\\ \dot{Q}&=\dot{m}_c c_c\left(T_{co}-T_{ci}\right)\end{aligned} \tag{7.7}$$

と求めることもできる．

一方，熱交換器の温度交換性能を評価するためには，高温流体あるいは低温流体の温度変化を両流体間の最大温度差（高温流体入口温度と低温流体入口温度の差）で正規化した温度効率(temperature effectiveness)で評価される．

$$\phi_h=\frac{T_{hi}-T_{ho}}{T_{hi}-T_{ci}}$$

$$\phi_c = \frac{T_{co} - T_{ci}}{T_{hi} - T_{ci}} \tag{7.8}$$

これらの温度効率は，並流型熱交換器に対しては，式(7.3)から，

$$\phi_h = \frac{1-\exp\left(-N_h\left(1+R_h\right)\right)}{1+R_h}$$
$$\phi_c = R_h\phi_h = R_h\frac{1-\exp\left(-N_h\left(1+R_h\right)\right)}{1+R_h} \tag{7.9}$$

となり，それ以外の交換器に対しては，式(7.4)から，

$$\phi_h = \frac{1-\exp\left(-\Psi N_h\left(1-R_h\right)\right)}{1-R_h\exp\left(-\Psi N_h\left(1-R_h\right)\right)}$$
$$\phi_c = R_h\frac{1-\exp\left(-\Psi N_h\left(1-R_h\right)\right)}{1-R_h\exp\left(-\Psi N_h\left(1-R_h\right)\right)} \tag{7.10}$$

となる．ただし，高温流体と低温流体の熱容量流量（質量流量と比熱の積）が等しい場合には，

$$\phi_h = \phi_c = \frac{\Psi N_h}{1+\Psi N_h} \tag{7.11}$$

である．ここで N_h と R_h は，

$$N_h = \frac{K\ A}{\dot{m}_h c_h} \tag{7.12}$$

$$R_h = \frac{\dot{m}_h c_h}{\dot{m}_c c_c} \tag{7.13}$$

である．前者は高温流体の熱容量流量に対する隔板の熱通過の良さを表し，伝熱単位数(Number of Heat Transfer Unit: NTU)と呼ばれる．後者は高温流体と低温流体の熱容量流量比である．

すなわち、熱交換器のパラメータとしては，

・高温流体の出入口温度 T_{hi}，T_{ho} と熱容量流量 $\dot{m}_h c_h$

・低温流体の出入口温度 T_{ci}，T_{co} と熱容量流量 $\dot{m}_c c_c$

・隔板の熱通過率と伝熱面積の積 KA

・熱交換器の総交換熱量 $\dot{Q}$

の 8 つがあり，これらの間の関係式は式(7.6),（7.7）と，式(7.9)～(7.11)のいずれかひとつの 3 式あるから，パラメータのうちの 5 つを与えれば残りを決めることができる．なお，並流型・向流型以外の熱交換器における対数平均温度差の補正係数 Ψ は，上記 8 つのパラメータの関数であるため，未定のパラメータによっては繰り返し計算が求められる．

【例 7.6】ボイラの燃焼排ガスを使って給水を予熱する熱交換器を設計したい．図 7.7 に示すように，燃焼排ガスの熱交換器入口温度は 300℃，出口温度は 250℃，質量流量が 0.3 kg/s，比熱が 1200 J/(kg・K) であり，給水の入口温度が 20℃，質量流量 0.1 kg/s，比熱 4200 J/(kg・K) であるとき，給水の予熱後の温度を求めよ．ただし熱交換器を向流型熱交換器とする．また、隔板の熱通過率を 50 W/(m^2・K) とすると，熱通過面積はいくらか．

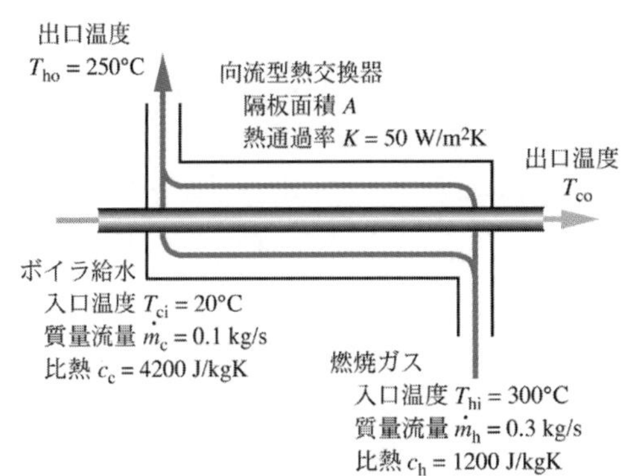

図 7.7　ボイラ給水予熱器

【解 7.6】与えられている条件は，高温流体の入口温度$T_{hi}=300$℃，出口温度$T_{ho}=250$℃，熱容量流量$\dot{m}_h c_h = 360$ W/K，低温流体の入口温度$T_{ci}=20$℃，熱容量流量$\dot{m}_c c_c = 420$ W/K の5つである．これらから，まず式(7.7) を用いて交換熱量と低温流体出口温度を求める．

$$\dot{Q} = \dot{m}_h c_h \left(T_{hi} - T_{ho}\right) = 360 \times \left(300 - 250\right) = 1.80 \times 10^4 \text{ W}$$
$$= \dot{m}_c c_c \left(T_{co} - T_{ci}\right)$$

より，

$$T_{co} = \frac{\dot{Q}}{\dot{m}_c c_c} + T_{ci} = 62.9\ ^\circ\text{C}$$

これより，両流体間の対数平均温度差は，式(7.5)から，

$$\Delta T_{lm} = \frac{\left(300-62.9\right)-\left(250-20\right)}{\ln\dfrac{\left(300-62.9\right)}{\left(250-20\right)}} = 234 \text{ K}$$

式(7.6)から，隔板の熱通過率と熱通過面積の積KAは，

$$KA = \frac{\dot{Q}}{\Delta T_{lm}} = 77.1 \text{ W/K}$$

熱通過率が$K = 50$ W/(m$^2\cdot$K) であることから，隔板の熱通過面積は，

$$A = \frac{77.1}{50} = 1.54 \text{ m}^2$$

と求まる．

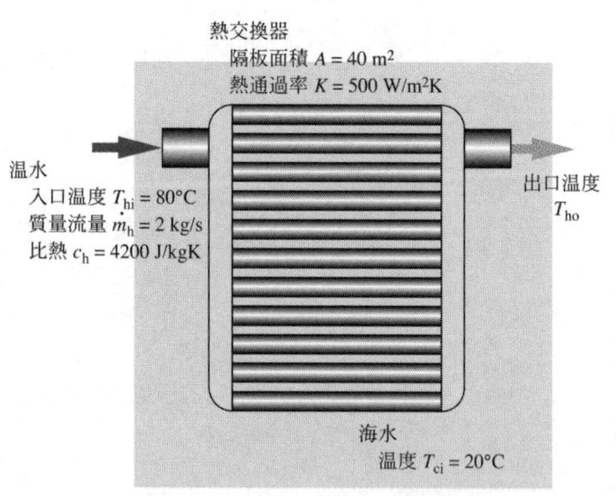

図7.8　海水による温水冷却器

【例 7.7】図7.8のように，20℃の海洋中にパイプを並べた熱交換器によって初期温度80℃の温水を冷却したい．温水の質量流量が2 kg/s，比熱を4200 J/(kg·K) であるとし，パイプ壁面の熱通過率を500 W/(m$^2\cdot$K)，総熱通過面積を40m^{2}としたとき，冷却後の温水温度と両流体間の対数平均温度差を求めよ．

【解 7.7】与えられている条件は，高温流体の入口温度$T_{hi}=80$℃，質量流量$\dot{m}_h c_h = 8400$ W/K，低温流体の入口温度$T_{ci}=20$℃，隔板の熱通過率と熱通過面積の積$KA = 2\times10^4$ W/K の4つであり，条件がひとつ足りない．この問題の場合，低温流体は十分な熱容量をもった海洋であることから，低温流体の熱容量流量$\dot{m}_h c_h$ を無限大と考える．

このとき，両流体の熱容量流量比は，

$$R_h = \frac{\dot{m}_h c_h}{\dot{m}_c c_c} = \frac{8400}{\infty} = 0$$

隔板の伝熱単位数は，

$$N_h = \frac{K\ A}{\dot{m}_h c_h} = \frac{2\times10^4}{8400} = 2.38$$

このときの高温流体の温度効率は，式(7.9)あるいは式(7.10)から，

$$\phi_h = 1 - \exp\left(-N_h\right) = 0.91$$

この場合，熱交換器を並流型と考えても向流型と考えても同じ結果になる，温度効率の定義式(7.8)より，高温流体の出口温度は

$$T_{ho}=T_{hi}-\phi_h\left(T_{hi}-T_{ci}\right)=25.6\ ^\circ\mathrm{C}$$

となる．

両流体間の対数平均温度差は，低温流体が十分大きな熱容量をもつことから，低温流体の温度変化がないと考えて，

$$\Delta T_{lm}=\frac{(80-20)-(25.6-20)}{\ln\dfrac{(80-20)}{(25.6-20)}}=22.9\ \mathrm{K}$$

と求められる．

熱交換器内を流動する流体は必ずしも「きれい」ではなく，不純物が熱交換器表面に堆積する場合があり得る．これらの汚れ(fouling)は熱交換器隔板の熱抵抗を増すから，これによって熱交換性能・温度交換性能が低下する．

汚れによる熱交換器の性能変化を逐次予測するのは通常，難しいので，一般には熱交換器に流される流体の種類や流動状況から汚れによる熱抵抗の最大値を予測し，あらかじめこれを考慮して熱通過率を評価しておくことが多い．このときの汚れによる熱抵抗の増分を汚れ係数(fouling factor)といい，汚れによる熱抵抗を考慮した熱通過率は，

$$K=\frac{1}{\dfrac{1}{h_i}+r_i+\dfrac{\delta}{k}+r_o+\dfrac{1}{h_o}} \tag{7.14}$$

と評価される．ここで r_i と r_o は隔板内外面の汚れ係数であり，代表的な条件における汚れ係数が数値として提供されている．このようにして汚れによる影響を勘案すると，汚れのない熱交換器使用過程の初期においては性能を過小評価する（実際の性能が設計性能を上回る）ことになるが，伝熱機器としての熱交換器の設計ではこのような手法がとられるのが普通である．

【例 7.8】汚れがないときの平均熱通過率が 200 W/(m^2・K) である隔板を有する熱交換器において，隔板内面に 0.0005 m^{2}K/W，隔板外面に 0.0007 m^{2}K/W の汚れが付着することを想定するとき，同等の熱交換性能を期待するためには熱交換器の伝熱面積はどの程度大きくしておく必要があるか．

【解 7.8】汚れがない場合の熱通過率から，隔板両表面での対流熱伝達と隔板の熱伝導による熱抵抗の和は，1/200 = 0.005 m^{2}K/W である．これに汚れによる熱抵抗が加わるから，汚れた後の隔板の熱通過率は，

$$K'=\frac{1}{0.005+0.0005+0.0007}=161\ \mathrm{W/(m^2\cdot K)}$$

となり，汚れのない場合の約 80 % に低下する．したがって、汚れのない場合と同等の熱交換性能を期待するためには，伝熱面積を 1.24 倍にしておく必要がある．

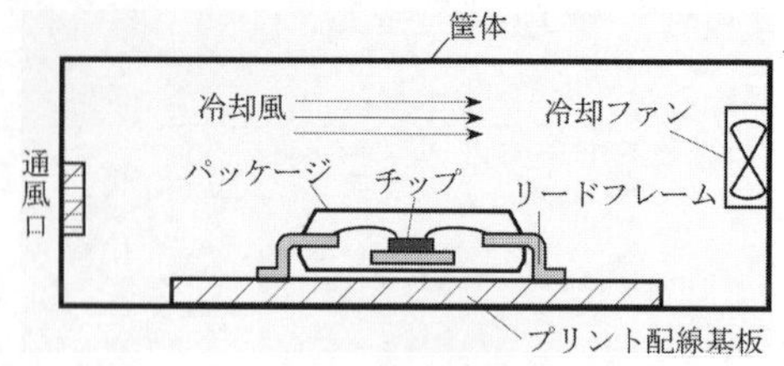

図 7.9　電子機器の構成

7・3　電子機器の冷却(cooling of electronic equipment)

一般の電子機器は内部に実装されている熱に弱い部品を守るために冷却設計がなされている．図 7.9 に電子機器の代表的な構成例を示す．熱を発生するチップ(chip)はパッケージ(package)と呼ばれる容器に収納され，そのパッケージはプリント配線基板（printed wiring board）に搭載され，さらにプリント配線基板は筐体(cabinet)のなかに収納される．ここで，プリント配線基板は単に基板(board）とも呼ばれる．図 7.10 に示すようにパッケージ内部に実装されたチップ内部では半導体接合部（ジャンクション：junction)で発熱する．

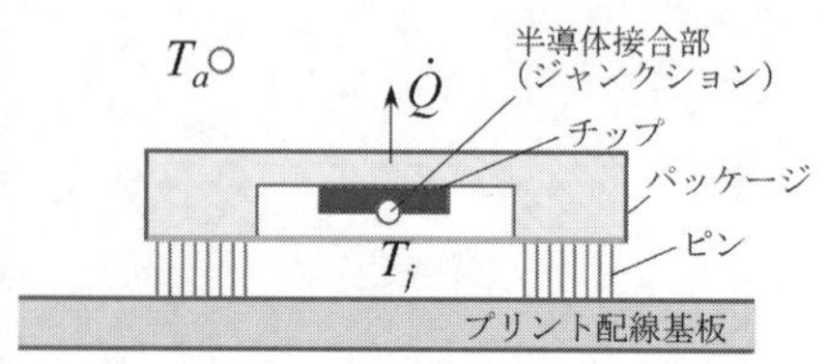

図 7.10　パッケージ内のチップで発生した熱の放熱形態

7・3・1 パッケージの冷却（package cooling）

電子機器の分野ではパッケージの熱性能を表わすのに，第 2 章で説明した熱抵抗（thermal resistance）という概念がよく用いられる．パッケージから $\dot{Q}$ (W) の発熱があり，チップの半導体接合部温度 T_j(℃) が周囲温度 T_a(℃) より ΔT(K) だけ上昇したとすれば，$\dot{Q}$ と ΔT の間に,次式の関係式が成り立つ．

$$\Delta T = T_j - T_a = R\dot{Q} \tag{7.15}$$

ここで R (K/W) を熱抵抗とよび，熱の伝わり難さを示す．

【例 7.9】熱抵抗の計算：図 7.10 のパッケージで，チップの発熱が 5W で，そのチップを 30℃の空気で冷却し，ジャンクション温度を 100℃以下に保たなければならない場合を考えると，周囲空気とジャンクションとの間の許容できる最大の熱抵抗 R_{ja} はいくらか．

【解 7.9】　式(7.15)から許容できる最大の熱抵抗は以下のように求まる．

$$R_{ja} = \frac{100-30}{5} = 14\,\mathrm{K/W}$$

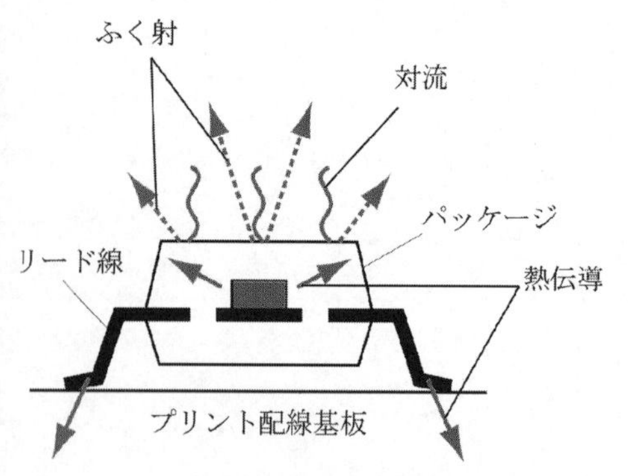

図 7.11　パッケージからの放熱形態

一般にパッケージからの放熱形態は図 7.11 のように熱伝導，対流，ふく射の 3 形態があるので，それにともない熱抵抗も伝導熱抵抗，対流熱抵抗，ふく射熱抵抗が存在し，表 7.1 の形をとる．しかし，熱抵抗には，それ以外に固体表面間の接触部分に接触熱抵抗（contact thermal resistance）が存在する．この抵抗値は理論式によって評価できるケースは極めて少なく，経験値を用いることが多い．

表 7.1　パッケージの熱抵抗の種類

放熱形態	熱抵抗 (R)	
(1)　熱伝導	$R_{cond} = \dfrac{L}{k \cdot A}$	L : 伝導経路の長さ (m) k : 熱伝導率 (W/(m·K)) A : 伝熱面積 (m^2)
(2)　対流	$R_{conv} = \dfrac{1}{h \cdot A}$	h : 熱伝達率 (W/(m^2·K)) A : 放熱面積 (m^2)
(3)　ふく射	$R_{rad} = \dfrac{1}{4\varepsilon\sigma FAT_m^{\ 3}}$	ε : ふく射率 σ : ステファン・ボルツマン定数 (W/(m^2·K^4)) F : 形態係数 A : 表面積 (m^2) T_m : 加熱面と周囲との平均温度 (K)

【例 7.10】いま，図 7.12 のように基板上に $\dot{Q}=5.0$ W を発熱するパッケージがあり，その上を 20℃ の空気が u=1m/s の速度で左から右に流れている．パッケージは上から見て正方形で，1 辺が L=10 cm である．パッケージ表面を平板と仮定して，平均表面温度を計算しなさい．放熱は上面からのみと仮定する．

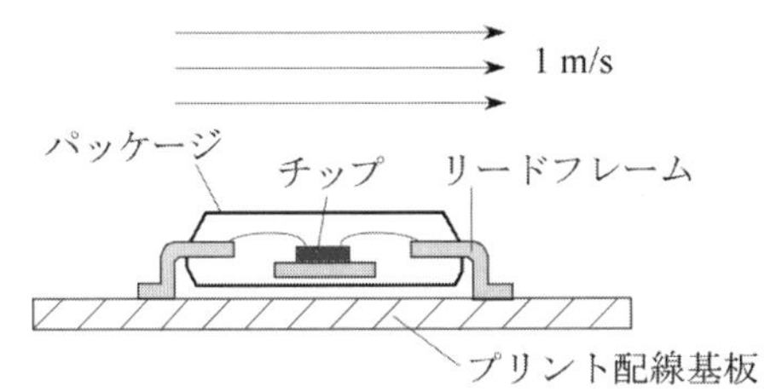

図 7.12　基板上のパッケージ

【解 7.10】平均表面温度を 60℃と仮定して，膜温度 $T=(20+60)/2=40$ ℃での空気の物性値を使う．巻末の表から，熱伝導率 k=0.0272 W/(m·K)，動粘度 $\nu=1.704\times10^{-5}$ m²/s，プラントル数 $Pr=0.711$ が得られる．パッケージ表面を平板と仮定して，パッケージ表面上の流れの Re_L 数を計算する．

$$Re_L=\frac{uL}{\nu}=\frac{1.0\times0.1}{1.704\times10^{-5}}=5.870\times10^3$$

よって，流れは層流とみなせるから，3 章の層流の平均強制対流熱伝達の式 (3.48) を使う．

$$Nu_L=0.664\cdot Pr^{\frac{1}{3}}\cdot Re_L^{\frac{1}{2}} \tag{3.48}$$

$$Nu_L=0.664\times0.711^{\frac{1}{3}}\times(5.870\times10^3)^{\frac{1}{2}}=45.41$$

よって平均強制対流熱伝達率は

$$h=\frac{Nu\cdot k}{L}=\frac{45.41\times0.0272}{0.1}=12.35\ \mathrm{W/(m^2\cdot K)}$$

となる．したがって，熱抵抗は

$$R=\frac{1}{h\cdot A}=\frac{1}{12.35\times0.01}=8.097\quad ℃／\mathrm{W}$$

となるから，

$$T=R\cdot\dot{Q}+T_\infty=8.097\times5.0+20.0=40.49+20.0=60.49\ ℃$$

よって温度は 60.5℃となる．

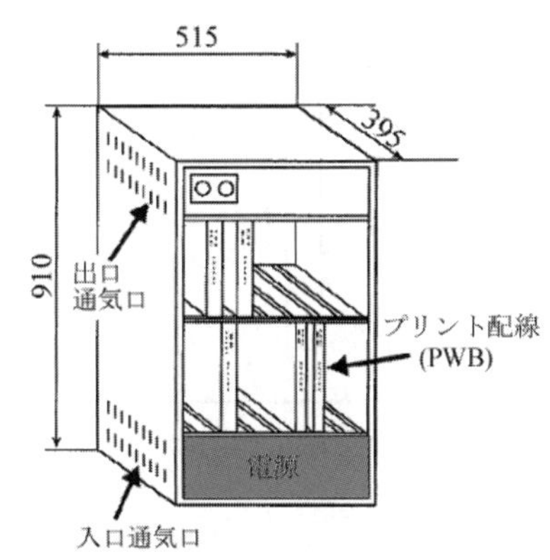

図 7.13　自然空冷筐体例

7・3・2　筐体内部の冷却

(a)　自然空冷(natural air convection cooling)

図 7.13 には代表的な縦型の自然空冷通風筐体を示す．筐体側面の下部と上部にそれぞれ空気の入口通気口と出口通気口があり，中に通常プリント配線基板が縦型に配列され，発熱体となる電源は下方に置かれる場合が多い．発熱体を下方に置くと，筐体内部の多量の空気が加熱され，大きな浮力が発生し，その結果，入口から流入する空気量が増すことが期待される．

【例 7.11】大きな自然空冷筐体の中に，1 枚の基板が垂直に設置され，一様に 40W 発熱している．基板は一辺の長さが 30cm の正方形で両面放熱である．基板周囲空気温度を 20℃とし，基板表面を滑らかな平板と仮定すると，図 7.14 示すように基板表面の最上端で最大温度になる．そのときの温度を求めよ．また基板の厚さと基板からのふく射は無視してよい．

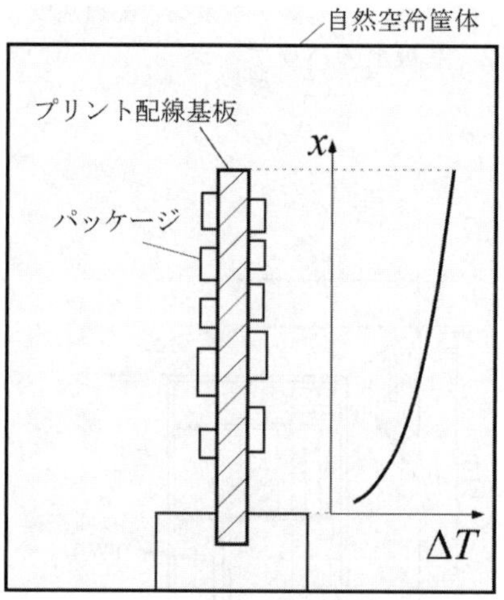

自然空冷筐体
プリント配線基板
パッケージ
x
ΔT

図 7.14　自然空冷筐体内の垂直基板

【解 7.11】まず，基板の温度を 70℃と仮定して，グラスホフ数 Gr の値を計算する．

膜温度は $T=(20+70)/2=45$ ℃であるから，巻末の物性値から線形補間して 45℃の物性値を求めると,熱伝導率 $k=0.02757$ W/(m·K) ,体膨張率

$\beta=1/(45+273.15)=0.003143$ K^{-1}，プラントル数 $Pr=0.7105$，

$\nu=1.752\times10^{-5}$ m^2/s　となる．

代表長さとして，基板高さ L=0.3 m を用いると，

$$Gr=\frac{9.807\times0.003143\times0.3^3\times(70-20)}{(0.1752\times10^{-4})^2}=1.356\times10^8 \tag{7.16}$$

この値の範囲では基板表面は層流自然対流熱伝達と考えられるので，以下の藤井による垂直平板の等熱流束壁の式[(2)]を近似的に使う．局所ヌセルト数 Nu_x は以下で与えられる．

$$Nu_x=\frac{0.631Pr^{2/5}}{\left(Pr+0.9\sqrt{Pr}+0.4\right)^{1/5}}\left(\frac{g\beta q_w x^4}{\nu^2 k}\right)^{1/5} \tag{7.17}$$

ここで壁面での熱流束 q_w は

$$A=0.3\times0.3\times2=0.18\ \mathrm{m}^2$$

$$\therefore q_w=\frac{\dot{Q}}{A}=\frac{40}{0.18}=222.2\ \mathrm{W/m^2}$$

となる．そこで，最上端での Nu_x は

$$Nu_x=\frac{0.631\times0.7105^{2/5}}{\left(0.7105+0.9\sqrt{0.7105}+0.4\right)^{1/5}}\left(\frac{9.807\times0.003143\times222.2\times0.3^4}{(1.752\times10^{-5})^2\times0.02757}\right)^{1/5}$$
$$=44.63$$

となるから，熱伝達率 h は

$$h=\frac{Nu_x\cdot k}{x}=\frac{44.63\times0.02757}{0.3}=4.102\ \mathrm{W/(m^2\cdot K)}$$

となるので，先端基板表面の温度上昇 ΔT は

$$\Delta T=\frac{q_w}{h}=\frac{222.2}{4.101}=54.17\ ℃$$

となる．したがって基板上端温度は， $T=20.0+54.2=74.2$ ℃となる

この結果は最初に仮定した基板温度 70℃に近い値となっているので再計算をしないが，結果と仮定した温度との差がたとえば 10℃以上違った場合は，最初の仮定した温度を修正して計算し直す必要がある．

（b）強制空冷　(forced air convection cooling)

高速の情報処理装置の冷却には自然空冷では冷却能力に限界があるので，通常，小型ファンにより，1～2 m/s 程度の風速が得られる強制空冷が適用される．その際，チップまたはパッケージ表面の温度上昇には，冷却空気自身がパッケージからの発熱を吸収して温度上昇する部分と，冷却空気とパッケージ表面との熱抵抗により温度上昇する部分がある．

【例 7.12】基板上の全パッケージから 30W の発熱があり，その上を基板入口部で 20℃の空気が流れているとき，基板出口部での空気温度上昇を $\Delta T = 30$℃にするためには，空気の体積流量をいくらにすれば良いか．

【解 7.12】出口では空気温度は 50℃であるから，膜温度 $T = (20+50)/2 = 35$ ℃での物性値を用いて計算する．今，35℃での空気の密度 ρ と定圧比熱 c_p は．巻末の表から $\rho = 1.146\ \mathrm{kg/m^3}$， $c_p = 1007\ \mathrm{J/(kg \cdot K)}$ である．基板表面は平板とし，空気の物性値は一定で定常状態を考える．
体積流量を V とすれば， 全パッケージからの発熱量 $\dot{Q}$ と空気によって運ばれる熱流量は等しいから，次式が得られる．

$$\dot{Q} = \rho \cdot c_p \cdot V \cdot \Delta T \tag{7.18}$$

$$V = \dot{Q} \Big/ \left(\rho \cdot c_p \cdot \Delta T \right) = 30.0 \big/ \left(1.146 \times 1007 \times 30 \right) = 0.8665 \times 10^{-3}$$

よって，流量は　$0.867 \times 10^{-3}\ \mathrm{m^3/s}$ となる．

（c）液体冷却（liquid cooling）

液体冷却には，自然対流，強制対流， 沸騰冷却の 3 方式とそれらを混合した方式がある．熱伝達率の点から最大の冷却能力を有するのは，水による強制対流沸騰(forced convective boiling cooling)方式である． 各種冷却方式の代表的な熱伝達率の比較を表 7.2 に示す．

表 7.2　各種冷却方式の代表的な熱伝達率の比較

伝熱形態	冷媒	熱伝達率 ($\mathrm{W/(m^2 \cdot K)}$)
自然対流	空気	3 ~ 20
	フッ化炭素液	50 ~ 200
強制対流	空気 (0.5 ~ 20 m/s)	10 ~ 200
	フッ化炭素液 (0.1 ~ 20 m/s)	200 ~ 1000
	水 (0.1 ~ 5 m/s)	50 ~ 5000
沸騰	フッ化炭素液（プール沸騰）	1000 ~ 2000
	フッ化炭素液（対流沸騰）	1000 ~ 20000

【例 7.13】パソコンにおいてもマイクロプロセッサー（micro processor unit: MPU）を水循環で冷却する機構が取り入れられている．そして，MPU で加熱された水は，ポンプで循環されるが，その間に自然空冷で冷やされて，また MPU まで戻る．この場合，表 7.2 に示すように水の冷却能力が高いので，この MPU はどんな高発熱でも許容温度以下に保つことができるといえるか．

【解 7.13】 MPU を冷却した水の温度は当然上昇するが，その水は自然空冷で冷やされるので，水の温度が自然空冷でどこまで冷却されるかによって，このパソコンの冷却能力が決まってしまう．つまり，このパソコンは本来自然空冷と考えるべきである．一般にノートブックパソコンでは 30 W 程度が限界とされている．ただし，水冷は MPU という局所的な部分を効率的に冷やすという利点はある．

7・3・3　断熱技術 (insulation technology)

断熱技術(insulation technology)は電子機器の分野でも，熱の進入や漏れを防ぐために広く応用されている．

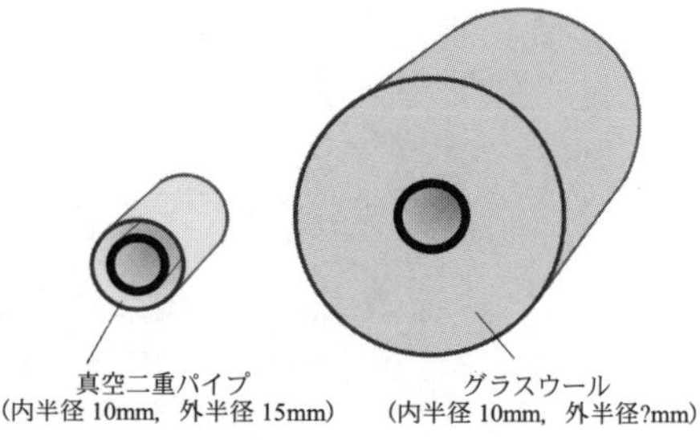

図 7.15　真空二重パイプとグラスウールとの断熱比較

【例 7.14】 限られたスペースで高い断熱性を必要とする場合，図 7.15 の左図のようなステンレス真空二重パイプで構成される．ステンレス真空二重パイプが内管（内半径 10mm）と外管（外半径 15mm）で構成された場合，これと同等の断熱性を得るために，図 7.15 の右図のように直径 r_1=10mm の芯にグラスウール（熱伝導率：$k_2 = 0.04$ W/(m·K) ）を巻きつけると，その外径 r_2 はいくらか推定してみよ．ただし，真空二重パイプ間の内外面の放射率 ε_1，ε_2 をともに 0.2 とし，グラスウールの長手方向長さ $d = 0.3$m，内径側温度 $T_1 = 20$ ℃，外径側温度 $T_2 = 40$ ℃とする．

【解 7.14】真空二重パイプの場合はふく射伝導の式から，グラスウールは 2 重円筒熱伝導の式から内側と外側との間で，同じ温度差で同じ熱流が流れると仮定する．真空二重パイプの場合の内管（温度 T_1，外表面積 A_1）から外管（温度 T_2，外表面積 A_2）への伝熱量 $\dot{Q}_1$ は

$$\dot{Q}_1 = \sigma \cdot \left((T_1 + 273.15)^4 - (T_2 + 273.15)^4 \right) \cdot A_1 \cdot \frac{1}{\dfrac{1}{\varepsilon_1} + \dfrac{A_1}{A_2}\left(\dfrac{1}{\varepsilon_2} - 1\right)} \tag{7.19}$$

となり，またグラスウールの半径方向の伝熱量 $\dot{Q}_1$ は 2 重円筒の式を用いて以下のように表される．

$$\dot{Q}_1 = \frac{2\pi k_1 d}{\ln\left(\dfrac{r_2}{r_1}\right)}(T_1 - T_2) \tag{7.20}$$

ただし，ステファン・ボルツマン定数 σ は $\sigma = 5.67 \times 10^{-8}$ W/(m^2·K) である．
いま，式(7.19)と式(7.20)を等しいとして，外円筒の半径 r_2 を求める．
ここで，$A_1 = 2\pi r_1 d$，$A_2 = 2\pi r_2 d$ である．式(7.19)に数値をいれると

$$\dot{Q}_1 = 5.67 \times \left(\left(\frac{40 + 273.15}{100} \right)^4 - \left(\frac{20 + 273.15}{100} \right)^4 \right) \times 0.0188$$

$$\times \frac{1}{\dfrac{1}{0.2} + \dfrac{0.0188}{0.0283} \times \left(\dfrac{1}{0.2} - 1 \right)} = 0.3106 \text{ W}$$

となる．つぎに，式(7.20)から，

$$0.3106=\frac{2\pi\times0.04\times0.3}{\ln\left(\frac{r_2}{0.01}\right)}\times20$$

$\ln\left(\frac{r_2}{0.01}\right)=4.854$ となる．

よって，$\frac{r_2}{0.01}=128.4$ となるから，$r_2=1.284\,\mathrm{m}$

が得られる．つまり，真空二重パイプ外管（0.015m）に比べ 85.6 倍の外径が必要になる．

＝＝＝＝＝ 練習問題 ＝＝＝＝＝＝＝＝＝＝＝＝＝＝＝＝＝＝＝＝＝＝＝＝

【7・1】質量流量 2 kg/s で熱交換器を流れる温水から，質量流量 0.5 kg/s で流動する空気に対して 1×10^4 W の割合で熱エネルギーを移動させたとすると，温水と空気の温度変化はそれぞれいくらになるか．ただし、温水のほうが空気より温度が高いものとし，温水の比熱を 4200 J/(kg·K)，空気の比熱を 1000 J/(kg·K) とする．

【7・2】温度 80℃，毎秒 2 kg の流量で湧き出す温泉を空気によって 45℃まで冷却して風呂に供給したい．この冷却器（熱交換器）の隔板の熱通過率を 1000 W/(m^2·K)，隔板熱通過面積を 20 m^2 とするとき，必要な空気の質量流量を求めよ．ただし，温泉水の比熱を 4200 J/(kg·K)，空気の入口温度を 20℃，比熱を 1000 J/(kg·K) とし，熱交換器を補正係数 0.85 の直交流熱交換器とする．

【7・3】A counter-flow double-pipe heat exchanger is to be used to heat 0.5 kg/s of water from 20 to 70℃ with an oil flow of 1.0 kg/s from a marine Diesel engine. The water and the oil have specific heat of 1000 J/(kg·K) and 2100 J/(kg·K) respectively, and the oil enters the heat exchanger at a temperature of 180℃. The overall heat transfer coefficient of the heat exchanger is 400 W/(m^2·K). Calculate the heat transfer area of the heat exchanger.

【7・4】A home air-conditioning system uses a cross-flow finned-tube heat exchanger to cool 0.5 kg/s of air from 35℃ to 10℃. The cooling is accomplished with 0.6 kg/s of water entering at 5℃. Specific heat of the air and the water are 1000 J/(kg·K) and 4200 J/(kg·K). Calculate the area of the heat exchange assuming an overall heat transfer coefficient of 60 W/(m^2·K) and a correlation factor for the heat exchanger of 0.7. If the same airflow is to be cooled in a finned-tube heat exchanger with evaporating refrigerant in the tube, recalculate the exchanger area required in this case, assuming that the refrigerant temperature remains constant at 2℃ and that the overall heat transfer coefficient is 100 W/(m^2·K).

【7・5】There are a cellulose fiber plate of 1 m^2 in area and 3 cm in thickness and a silicon gum plate of 1 m^2 in area and 20 cm in thickness. Which one is better in the thermal insulation in the thickness direction? The thermal conductivity values of cellulose fiber and silicon gum are $0.03\,\mathrm{W/(m\cdot K)}$ and $0.2\,\mathrm{W/(m\cdot K)}$, respectively.

【7・6】There is a printed wiring board with upper surface area of 40cm×25cm. How much amount of heat removed from the upper surface by natural convection when the average temperature rise of the board against to the room temperature (20°C) is 30°C? Use the physical properties calculated from a table at the end of this book.

【7･7】長さ 40cm, 幅 30cm の基板上に一様に並んだパッケージ群から全部で 20.0W の発熱があり，その上の断面積 0.002m^2 の流路部を基板入口部で 20℃の空気が流れている．基板出口部での空気温度上昇を $\Delta T = 10$ ℃ にするためには，体積流量をいくらにすれば良いか計算せよ．また最下流側のパッケージ表面温度はいくらか推定せよ．ただし，基板表面は平面とし，ふく射は無視せよ．また空気の物性値は一定とせよ．

第 7 章の文献

(1) 日本機械学会編，JSME テキストシリーズ 伝熱工学，(2005)，190-191 日本機械学会．

(2) 文献(1)の 91 ページ．

第 8 章

伝熱問題のモデル化と設計

Modeling and Design of Heat Transfer Problem

我々の身近には種々の伝熱現象がある．それらを定量的に評価することや，機器の設計を行うためには，伝熱工学の知識が不可欠である．実際の伝熱現象は，種々の伝熱様式が複合し，諸種の要素が複雑に影響することから，既存の手法で正確な評価を行うことが難しい場合が多い．特に，今まで製作したことのない新しい機器の設計や，新しい熱現象の解明には，第一次近似として，大まかな伝熱の評価が必要になる場合がある．そこで，実際の伝熱現象をモデル化(modeling)によって単純化し，実用上評価可能な精度で伝熱現象を予測することが必要となる．

本章では，実際の伝熱現象や機器の設計(design)に必要な現象のモデル化とその評価について，例題によって解説する．読者はいくつかの事例を精読し，伝熱現象のモデル化と実機への応用について学んでほしい．

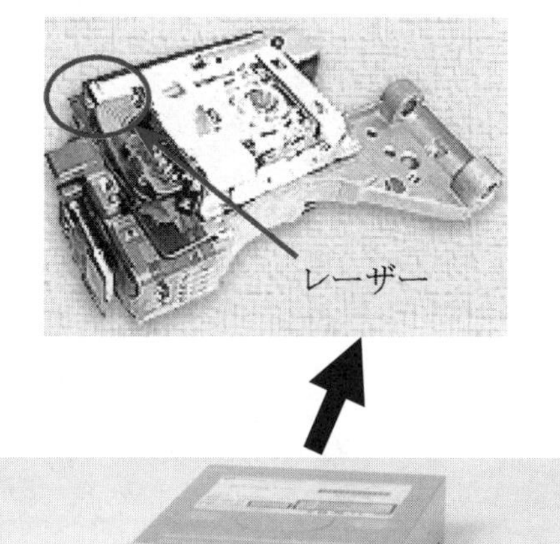

図 8.1　光ディスクドライバー
（資料提供　日立製作所（株））

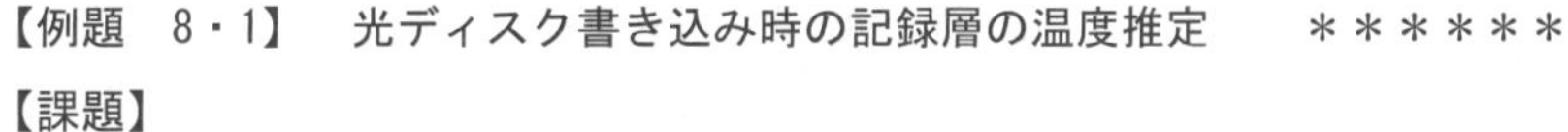

【例題　8・1】　光ディスク書き込み時の記録層の温度推定　　＊＊＊＊＊＊

【課題】

図 8.1 に示すように書き換え可能な DVD レーザーディスクドライブでは，ポリカーボネート板中に記録層を挟みレーザーで加熱することによって，記録層の光物性を変化させる．出力 $\dot{Q} = 15\,\mathrm{mW}$ のレーザー光を直径 $d = 0.9\,\mu\mathrm{m}$ に集光する．ディスクの初期温度が $T_i = 300\,\mathrm{K}$，加熱時間が $t = 20\,\mathrm{ns}$ のとき，記録層の到達温度 T_s を推定する．ただし，レーザー光に対する記録層の吸収率を $a = 0.1$ とする．

【仮定とモデル化】

(1)　レーザー光を吸収する記録層は 20 nm 程度で十分薄いため記録層の厚さは考慮しない．

(2)　図 8.2 に示すように，ポリカーボネート板はレーザー光を吸収しないとし，記録層に吸収されたエネルギーが両側に拡散するモデルを考える．つまり，DVDディスクを二つ割りにした状態で片面を加熱する1次元熱伝導問題に置き換える．

(3)　レーザー光焦点におけるエネルギー密度は一様とする．

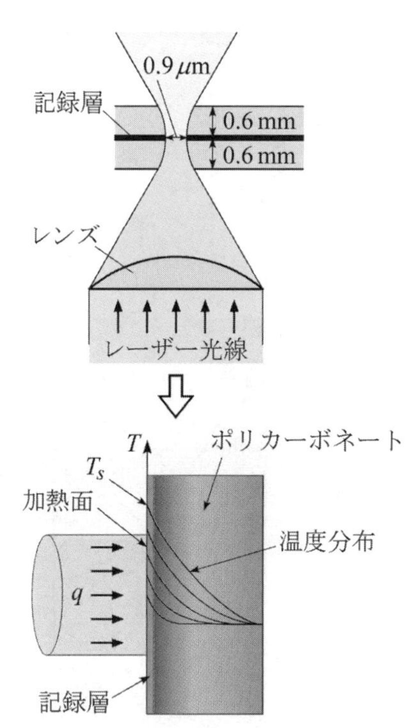

図 8.2　DVD ディスク記録加熱のモデル化．

【物性値の推定】

ポリカーボネートの熱物性値は常温の物性値[1]で近似し，熱伝導率 $k = 0.22\,\mathrm{W/(m \cdot K)}$，熱拡散率 $\alpha = 1.54 \times 10^{-7}\,\mathrm{m^2/s}$ とする．

図 8.3　宇宙往還機の大気圏再突入実験（資料提供　宇宙航空研究開発機構(JAXA)）

【解析】

焦点における片面当たりの加熱熱流束は，全吸収エネルギーの半分となるので，

$$q_s = \frac{\dot{Q}a/2}{\pi d^2/4} = \frac{15\times10^{-3}\times0.1/2}{\pi\times(0.9\times10^{-6})^2/4} = 1.179\times10^9\ \mathrm{W/m^2}$$

$t = 20\,\mathrm{ns}$ における表面温度は，式(2.41)より，

$$T_s = T_i + \frac{2q_s\sqrt{\alpha t}}{k\sqrt{\pi}} = 300 + \frac{2\times1.179\times10^9\times\sqrt{1.54\times10^{-7}\times2\times10^{-8}}}{0.22\times\sqrt{\pi}} = 635\,\mathrm{K}$$

となる．

【結果の考察】

(1)　焦点におけるレーザー光強度はガウス分布をしており，一様ではない．焦点中心はこの推定値より高温になる．

(2)　レーザー発光部から集光レンズまでの光学系にはエネルギー損失があるため，レーザーのパワーは，この例より大きなものが必要となる．

(3)　記録時にはディスクは高速（約6 m/s）で移動している．20 ns の照射時間では加熱領域が0.12 μm 移動するため，この移動を考慮する必要がある．

(4)　ここでは，常温の熱物性値を使用したが，実際は温度変化が大きいので，物性値の温度依存性を考慮する必要がある．

(5)　温度浸透厚さ δ を 2 章の式(2.43)と図 2.16 において $\xi = x/2\sqrt{\alpha t} = 1$ の値とすると，20 ns では $\delta = 111\,\mathrm{nm}$ となる．これは加熱直径900 nm に比べて十分薄いのとはいえないので 1 次元熱伝導は近似的な目安である．しかし，ポリカーボネート板の厚さ 0.6 mm に比べて十分薄いので無限平板の近似は成り立つ．

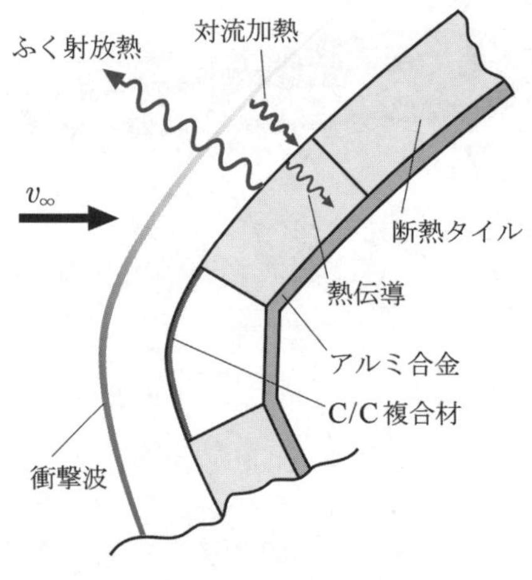

図 8.4　断熱タイルの伝熱様式

【例題　8・2】　大気圏に再突入する宇宙往還機の断熱材厚さ　　＊＊＊＊＊＊

【課題】

宇宙往還機では，高度120 km から速度7.8 km/s で再突入する際に，空力加熱で表面が1500 K から 2000 K に加熱される．図 8.3 に示す軌道再突入実験機では，先端部に炭素繊維強化炭素（C/C）複合材が使用されており，外周部はセラミック系の繊維を固めた断熱タイルで熱遮断を行っている．実験機の構造材はアルミニウム合金なので，断熱材裏面を $T_c = 450\,\mathrm{K}$ 以下に保つ必要がある．初期温度 $T_i = 280\,\mathrm{K}$ の断熱タイルが，再突入時に表面温度 $T_s = 1600\,\mathrm{K}$ の状態で10 分間加熱されるとき，断熱タイルの必要厚さを推定する．

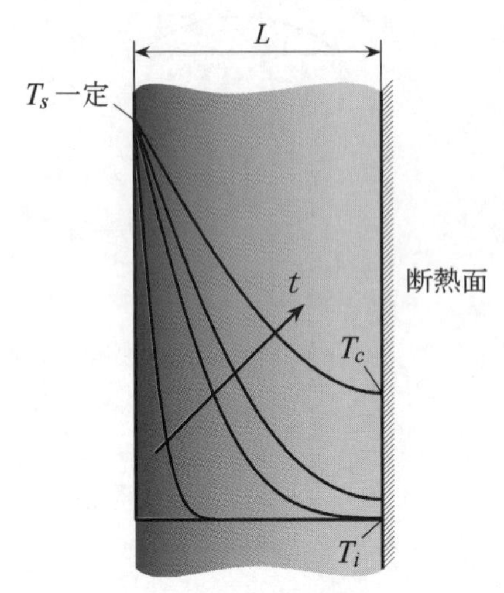

図 8.5　断熱層内の温度変化

【仮定とモデル化】

(1)　断熱タイルを平板の1 次元非定常熱伝導問題として簡略化する．

(2)　再突入時の表面温度は，図 8.4 に示すように，衝撃波背後の高温ガス流からの対流加熱，高温になった断熱タイル表面から外部へのふく射による放熱，および内部への熱伝導のエネルギー収支で決定される．ここでは簡単のために，再突入後すぐに断熱タイルの表面温度が $T_s = 1600\,\mathrm{K}$ になると仮定する．

(3)　アルミニウム合金の熱容量と伝熱は考慮せず，断熱タイル裏面は断熱条件とする．つまり，図 8.5 に示すように，断熱材裏面温度は，両面が等温加熱される厚さ $2L$ の平板の中心温度と等価となる．

【物性値の推定】
断熱タイルの等価熱伝導率は温度によって変化するが，ここでは有効熱伝導率，比熱，密度をそれぞれ，$k = 0.125\ \mathrm{W/(m \cdot K)}$，　$c = 1.10\ \mathrm{kJ/(kg \cdot K)}$，$\rho = 240\ \mathrm{kg/m^3}$ とする．

【解析】
時間 $t = 600\ \mathrm{s}$ における裏面温度を $T_c = 450\ \mathrm{K}$ とすると，無次元温度は，
$\theta = (T_c - T_s)/(T_i - T_s) = (450 - 1600)/(280 - 1600) = 0.8712$
図 2.23 において，平板の中心温度 $\theta_c = 0.8712$ におけるフーリエ数は約 0.15 である．
断熱タイルの物性値より，熱拡散率は $\alpha = k/(c\rho) = 4.734 \times 10^{-7}\ \mathrm{m^2/s}$ だから，断熱タイルの厚さは，

$$L = \sqrt{\frac{\alpha t}{Fo}} = \sqrt{\frac{4.734 \times 10^{-7} \times 600}{0.15}} = 44\ \mathrm{mm} \qquad (8.1)$$

となる．

【結果の考察】
(1)　大気圏再突入時は，速度や周囲の気体条件が刻々変化する．衝撃波の後方で高温になった流れの状態も往還機の高度と速度で変化するので，断熱タイル表面への熱流束も大きく変化する．この熱流束は，往還機先端の流れのよどみ点で最高となるが，位置によって変化するため，表面温度も変化する．
(2)　図 8.3 の軌道再突入実験機では，実際の宇宙往還機とは異なる飛行経路をとるので，加熱時間は本例に比べて遙かに短く，断熱タイル表面温度も最高 1300 K である．したがって，実験機の断熱タイル厚さは 20 mm 程度である．
(3)　断熱タイル裏面の金属構造体との接触面では熱流が存在し，このモデル化の条件よりは温度上昇が緩やかになる．
(4)　高温における多孔質断熱材内の伝熱は，多孔質体内部のふく射が主であり，多孔質体の有効熱伝導率は温度と共に増大する．有効熱伝導率の温度依存性や，厳密には，多孔質体内のふく射エネルギー輸送[(2)]を考慮する必要がある．
(5)　低空で表面温度が低下しても断熱タイル内部は高温の状態を保ち，その熱で内部の機器が高温に曝される場合があるので，注意する必要がある．文献[(3)]の第 1 章「伝熱の問題例(a)」を参照されたい．
(6)　式(8.1)において，図から読み取ったフーリエ数の値は 2 桁なので最後の答えも 2 桁で表示している．本例では，断熱タイル厚さの概略値を求めている．

【例題　8・3】　トナー定着機の立ち上がり時間の推定　　＊＊＊＊＊＊＊＊
【課題】
図 8.6 に示す複写機やレーザープリンターでは，用紙に転写されたトナー粒子に熱と圧力を加えて定着させている．これらの機器の消費電力のほとんどが定着機の加熱に用いられる．このため，省エネルギーや印刷・印字品質などの観点から定着機における加熱方法には様々な工夫や開発がなされている．
　各種機器に用いられるトナー粒子には固有の溶融温度があり，また，加熱の

図 8.6　レーザープリンタ・複写機

方式・機構も様々であるが，ここでは，図 8.7 に示すように，内部にヒーターを有する加熱ローラーと加圧ローラーで構成される定着機を想定し，トナー粒子の溶融に必要とされるヒーター温度（作動温度）が180 ℃のとき，加熱ローラーが3 通りの待機温度170 ℃，140 ℃，および80 ℃から，作動温度に達するまでの所要時間を検討する．加熱ローラーの素材はステンレスとし，直径50 mm，長さ 250 mm，内部ヒーターは直径20 mm で出力800 W とする．

【仮定とモデル化】

(1)　加熱ローラーは，図 8.8 に示すように内部に発熱部を有する中実円柱としてモデル化する．加熱ローラーの軸端部における熱損失等は無視し，内部の発熱ならびに温度分布は軸方向に一様と仮定する．すなわち，本課題を円柱座標系における半径方向への1次元非定常熱伝導問題として取り扱う．

(2)　ヒーターに相当する加熱部（領域 1）と，ローラー外周に相当する非加熱部(領域 2)に分割して，それぞれに対する基礎方程式および境界条件を設定する．加熱部では一様な内部発熱をしており，加熱部全体で800 W とする．

(3)　ローラー表面からのふく射による放熱は考慮しない．ただし，加熱によりローラーの表面温度上昇にともなう，周囲空気の対流による放熱のみを考慮する．

(4)　加熱ローラーから用紙や加圧ローラーへの熱移動は考慮しない．

(5)　初期状態は，加熱ローラーおよび周囲空気温度が，所定の待機温度で一様・一定になっているとする．また，周囲空気温度は，初期状態の温度で一定と仮定する．

(6)　上記の初期状態の温度を，待機温度，170 ℃,140 ℃,80 ℃とし，ヒーター表面温度が180 ℃（作動温度）に達するまでの所要時間を計算する．

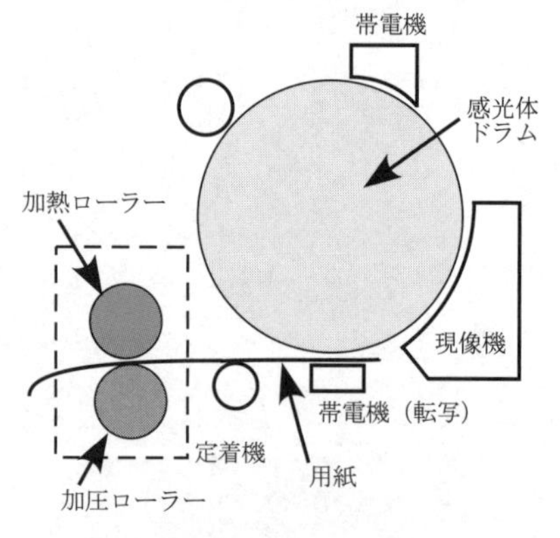

図 8.7　複写機と定着機の構造例

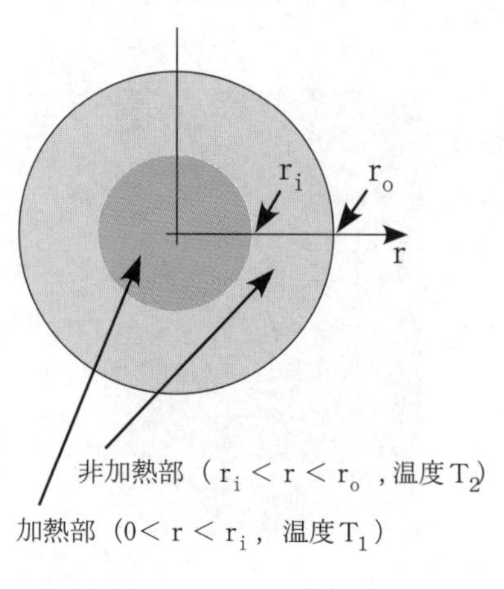

図 8.8　加熱ローラーのモデル

【物性値の推定】

問題の温度域における加熱ローラー（ステンレス）の熱拡散率は $\alpha = 7.34\times10^{-6}\ \mathrm{m^2/s}$，密度 $\rho = 7.72\times10^{3}\ \mathrm{kg/m^3}$，比熱 $c = 0.485\times10^{3}\ \mathrm{J/(kg\cdot K)}$，熱伝導率 $k_R = 27.3\ \mathrm{W/(m\cdot K)}$ とする．加熱部の単位体積あたりの発熱量は，加熱部の体積とヒーター出力より $S_v = 3.18\times10^{6}\ \mathrm{W/m^3}$ とする．

加熱ローラー周囲空気の物性値は，周囲空気温度（待機温度）と，作動温度に達したヒーターの表面温度(180 ℃)より評価した膜温度における値を巻末の表を用いて算出した．例えば，待機温度 80 ℃の場合，膜温度 $T_f = 403\ \mathrm{K}$ ，圧力 $p = 0.1\ \mathrm{MPa}$ における動粘度 $\nu = 2.661\times10^{-5}\ \mathrm{m^2/s}$ ，熱伝導率 $k_a = 3.347\times10^{-2}\ \mathrm{W/(m\cdot K)}$ ，体積膨張係数 $\beta = 2.481\times10^{-3}\ \mathrm{K^{-1}}$ ，熱拡散率 $\alpha = 3.775\times10^{-5}\ \mathrm{m^2/s}$ となる．

【解析および結果】

図 8.8 に示すモデルに対する基礎方程式（熱伝導方程式）は，

加熱部（領域 1）では，

$$\frac{\partial T_1}{\partial t} = \alpha\left(\frac{\partial^2 T_1}{\partial r^2} + \frac{1}{r}\frac{\partial T_1}{\partial r}\right) + \frac{S_v}{\rho c} \qquad (8.2)$$

非加熱部（領域 2 ）では，

$$\frac{\partial T_2}{\partial t} = \alpha\left(\frac{\partial^2 T_2}{\partial r^2} + \frac{1}{r}\frac{\partial T_2}{\partial r}\right) \tag{8.3}$$

境界条件は，

$$\frac{\partial T_1}{\partial r} = 0 \quad : \quad r = 0 \tag{8.4}$$

$$T_1 = T_2 \quad : \quad r = r_i \tag{8.4}$$

$$\frac{\partial T_1}{\partial r} = \frac{\partial T_2}{\partial r} \quad : \quad r = r_i \tag{8.5}$$

$$-k\frac{\partial T_2}{\partial r} = \overline{h}(T_2 - T_f) \quad : \quad r = r_o \tag{8.6}$$

初期条件は，$T_1 = T_2 = T_0 \quad : \quad t = 0$ (8.7)

加熱ローラー表面における自然対流熱伝達率 $\overline{h}$ は，McAdams による以下の整理式を用いて算定する．

$$\overline{Nu} = 0.53Ra^{1/4} \qquad (Ra = 10^3 \sim 10^9) \tag{8.8}$$

例えば，待機温度（初期温度） 80 ℃の場合，ローラー表面温度が作動温度に達した場合の平均熱伝達率を以下のように算出する．

$$Ra = \frac{g\beta(T_w - T_0)d^3}{\nu\alpha} = \frac{9.807\times 2.481\times 10^{-3}\times(180-80)\times 0.05^3}{2.661\times 10^{-5}\times 3.775\times 10^{-5}} = 3.028\times 10^5$$

式(8.9)より，$\overline{Nu} = 0.53Ra^{1/4} = 12.43$

従って，このときの平均熱伝達率は，

$$\overline{h} = \overline{Nu}\,k/d = 12.43\times 33.47\times 10^{-3} / 0.05 = 8.32 \text{ W/(m}^2\cdot\text{K)}$$

式(8.2)および式(8.3)は，変数分離法などにより解析的に解くことや，数値解法を用いて解くことが出来る．解析解はベッセル関数を含む形で与えられるため，本課題のように条件を変化させて多くの結果を得ようとする場合には不便である．数値解法については，多くの解説書（例えば文献[(1)]48-51 頁や文献[(4), (5)]）に詳細な解説があるので参照されたい．

図 8.9 に，コントロールボリューム法[(3)]を用いて式(8.2)～式(8.7)を解き，課題に与えられた初期温度条件に対してローラー表面温度が所定の動作温度に達するまでの時間を比較した結果を示す．

数値解析の結果では，ローラー表面が時間の経過に対してほぼ線形に上昇しており，所定の温度（180 ℃）に達するまでに，初期温度が 170 ℃，140 ℃，および 80 ℃の場合に対して，それぞれ 9 秒， 20 秒， 43 秒を要している．

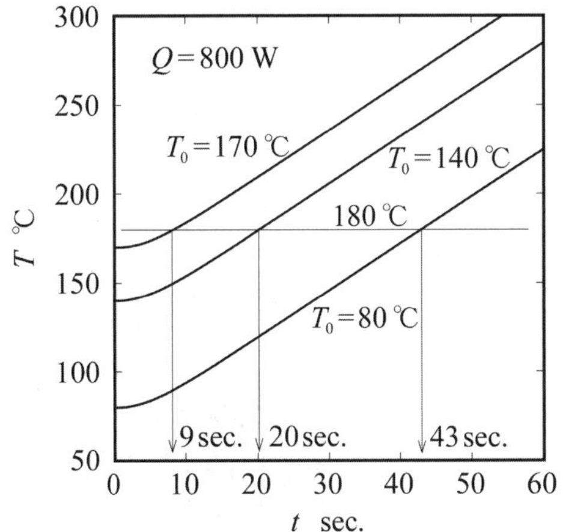

図 8.9　ローラー表面温度の所定温度到達時間の比較

【結果の考察】

(1) 課題と同様な仕様の実機では，待機温度が 170 ℃，140 ℃，および 80 ℃の場合に対して，立ち上がり時間がそれぞれ，ほぼ瞬時，約 20 秒，約 1 分となっており，解析で求めた結果と概ね良好な一致を示している．待機温度が低い場合に実機よりも立ち上がり時間が短くなっているが，これは実機における主に構造上の要因による熱損失を解析では考慮していないことや，ローラーの周囲温度を一定と仮定していること，さらに，加熱ローラー周囲の平均熱伝達率は加熱ローラーの温度上昇およびそれに伴う空気の物性値の変化に伴って変化するが，本解析では，所定の温度条件における最大値で一定として与えていることなどの理由によると考えられる．

(2) 図 8.9 に示した結果から，初期温度が異なる場合でも温度上昇率（図中温度変化の傾き）はほぼ等しいことがわかる．その他の初期温度条件に対しても，図より動作温度までの到達時間を推定することができる．

(3) 実際の定着機では，輻射加熱や，トナーが転写された用紙に接触する部分の近傍を局所的に加熱する方式など，様々な加熱方法が開発されている．本課題では，ローラーの軸方向に関して発熱および温度分布が一様と仮定したが，実機では用紙サイズに合わせて加熱ローラーの局所を加熱する方式があるなど，より複雑な構造をしており，さらに詳細なモデル化が必要になる．

(4) 定着機の温度条件は，使用するトナーの溶融温度と密接な関係がある．低融点トナーの開発とともに定着機の定着温度を下げ，低消費電力化やオンデマンド加熱方式による省エネルギー，加熱による用紙の品質低下を防ぐことなどを目的にして様々な定着方式（加熱方式）が開発されている．

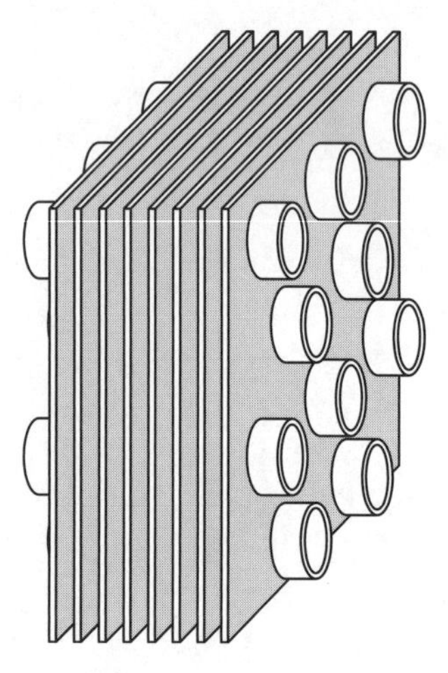

図 8.10　クロスフィン型熱交換器

【例題 8・4】クロスフィン型熱交換器のモデル化と設計　＊＊＊＊＊

【課題】

図 8.10 に示すクロスフィン型熱交換器は，空調用をはじめコンパクト熱交換器として一般的なものである．これは，管内側の作動流体の熱伝達率が外側の作動流体の熱伝達率より非常に大きい場合に用いられる．

熱交換器の伝熱設計の最初のステップは，熱通過率の最適化の観点から二つの作動流体の熱抵抗を同程度の値とすることである．いま，図 8.11 に示すような単位セルについて考え，この熱交換器のフィンピッチ P_F を推定せよ．ここで，管内側の熱伝達率 $h_i = 1000\ \mathrm{W/(m^2 \cdot K)}$，フィン側の熱伝達率 $h_o = 40\ \mathrm{W/(m^2 \cdot K)}$ であり，熱交換器の諸元は以下の値とする．

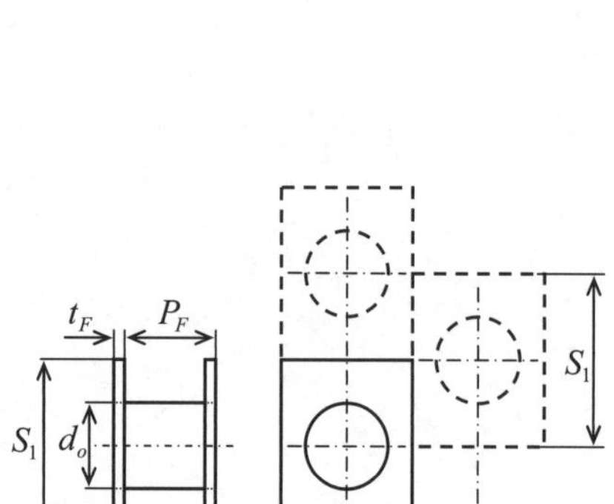

図 8.11　クロスフィン型熱交換器の単位セル

表 8.1　クロスフィン型熱交換器の諸元

管内径 d_i	8.82 mm	管の行ピッチ S_1	25.4 mm
管外径 d_o	9.52 mm	管の列ピッチ S_2	22.0 mm
管肉厚 t_p	0.35 mm	管の熱伝導率 k_p	398 W/(m·K)
フィン厚 t_F	0.12 mm	フィンの熱伝導率 k_F	237 W/(m·K)

【仮定とモデル化】

(1) 矩形の連続フィン（二次元）を図 8.12 に示すように環状フィン（一次元）で近似する．

(2) フィンピッチ（フィンの枚数）が変化しても管およびフィン表面の熱伝達率は変化しないものとする．

(3) 管およびフィン表面の熱伝達率は一様であるとする．

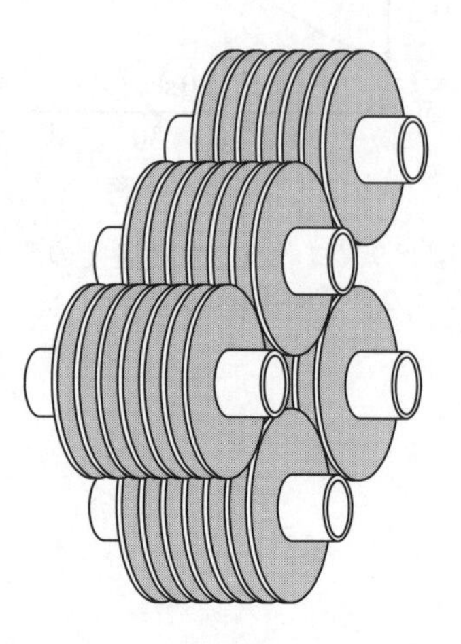

図 8.12　一次元環状フィンへのモデル化

【解析】

はじめに，フィンが無い円管の単位長さ当たりの熱抵抗 R_t は次式となる.

$$R_t = \frac{1}{\pi d_i h_i} + \frac{\ln(d_o/d_i)}{2\pi k_p} + \frac{1}{\pi d_o h_o} \tag{8.9}$$

各熱抵抗の値を計算すると以下のようになる.

$$\begin{aligned} R_t &= \frac{1}{\pi d_i h_i} + \frac{\ln(d_o/d_i)}{2\pi k_p} + \frac{1}{\pi d_o h_o} \\ &= \frac{1}{\pi(8.82\times10^{-3})\times1000} + \frac{1}{2\pi\times398}\ln\left(\frac{9.52\times10^{-3}}{8.82\times10^{-3}}\right) + \frac{1}{\pi(9.52\times10^{-3})\times40} \\ &= 3.61\times10^{-2} + 3.05\times10^{-5} + 8.36\times10^{-1} \end{aligned}$$

上式の右辺第二項の管の熱抵抗は非常に小さく無視することができる. 熱通過率の最適化の観点から，管内および管外の熱抵抗を同程度の値とすることが望ましく，管外の熱抵抗を小さくするためにフィンを付けることになる.

次に，図 8.11 に示す管長さ P_F（フィンピッチ）の単位セルにおいて，フィンを含む総括熱抵抗 R_t は次式で与えられる.

$$R_t = \frac{1}{A_{pi} h_i} + \frac{1}{2\pi P_F k_p}\ln\frac{d_o}{d_i} + \frac{1}{\left(A_{po} + \eta A_F\right)h_o} \tag{8.10}$$

ここで， A_{pi} は管内表面積， A_{po} はフィン部を除く管外表面積， A_F はフィンの全表面積であり，それぞれ以下の式で与えられる.

$$A_{pi} = \pi d_i P_F \tag{8.11}$$

$$A_{po} = \pi d_o (P_F - t_F) \tag{8.12}$$

$$A_F = 2\left(S_1 S_2 - \frac{\pi d_o^2}{4}\right) \tag{8.13}$$

矩形連続フィンを等面積基準で環状フィンに近似した場合の等価直径 d_F は次式となる.

$$d_F = \left(\frac{4S_1S_2}{\pi}\right)^{1/2} = \left(\frac{4\times(25.4\times10^{-3})\times(22.0\times10^{-3})}{\pi}\right)^{1/2} = 26.7\text{mm}$$

また，環状フィンのフィン効率 η は図 8.13 を用いて， m および d_F/d_o より求められる. ここで， $m = \sqrt{2h_o/(k_F t_F)}$ である.

$$\begin{aligned} mL &= \left(\frac{2h_o}{k_F t_F}\right)^{1/2}\left(\frac{d_F - d_o}{2}\right) \\ &= \left(\frac{2\times40}{237\times(0.12\times10^{-3})}\right)^{\frac{1}{2}}\left(\frac{26.7\times10^{-3} - 9.52\times10^{-3}}{2}\right) = 0.456 \end{aligned}$$

$$\frac{d_F}{d_o} = \frac{26.7\times10^{-3}}{9.52\times10^{-3}} = 2.80$$

したがって，図 8.13 よりフィン効率は

$$\eta = 0.93$$

式(8.10)の右辺の第一項と第三項の作動流体の熱抵抗が等しいとおくと

$$A_{pi} h_i = \left(A_{po} + \eta A_F\right)h_o$$

上式に式(8.11)～(8.13)を代入し，フィンピッチ P_F を求めると

$$\pi d_i P_F h_i = \left[\pi d_o (P_F - t_F) + 2\eta\left(S_1 S_2 - \frac{\pi d_o^2}{4}\right)\right]h_o$$

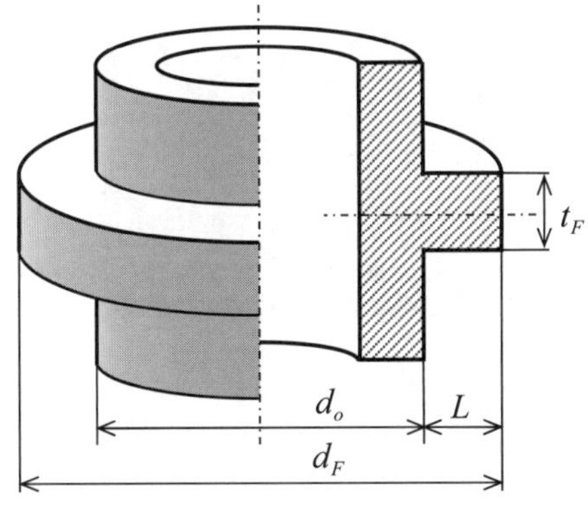

(a)　環状フィン

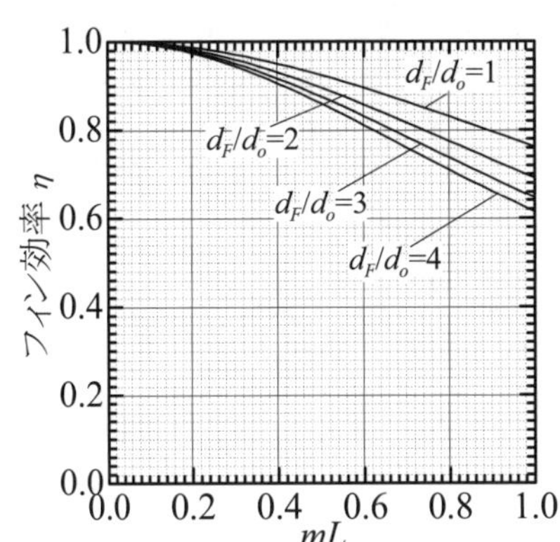

図 8.13　環状フィンのフィン効率

$$P_F=\frac{\left[-t_F+2\eta\left(\frac{S_1S_2}{\pi d_o}-\frac{d_o}{4}\right)\right]}{\left(\frac{d_i}{d_o}\frac{h_i}{h_o}-1\right)}$$

$$=\frac{\left[-(0.12\times10^{-3})+2\times0.90\times\left(\frac{(25.4\times10^{-3})\times(22.0\times10^{-3})}{\pi\times(9.52\times10^{-3})}-\frac{9.52\times10^{-3}}{4}\right)\right]}{\left(\frac{8.82\times10^{-3}}{9.52\times10^{-3}}\times\frac{1000}{40}-1\right)}$$

$$=1.32\mathrm{mm}$$

【結果の考察】

(1) 矩形の連続フィンは二次元温度分布をもつので，管の行ピッチ S_1 と列ピッチ S_2 が大きく異なる場合には必ずしも一次元の環状フィンでは表せない．

(2) フィン表面の熱伝達率がフィンピッチにより変化する場合，熱伝達率がフィンピッチの関数として得られていれば同様に対応できる．

(3) ここでは，熱交換器の伝熱設計に対する最初のステップとしてフィンピッチを推定したが，フィンピッチ（フィン枚数）の変化は熱交換器の圧力損失に大きく影響することにも注意が必要である．

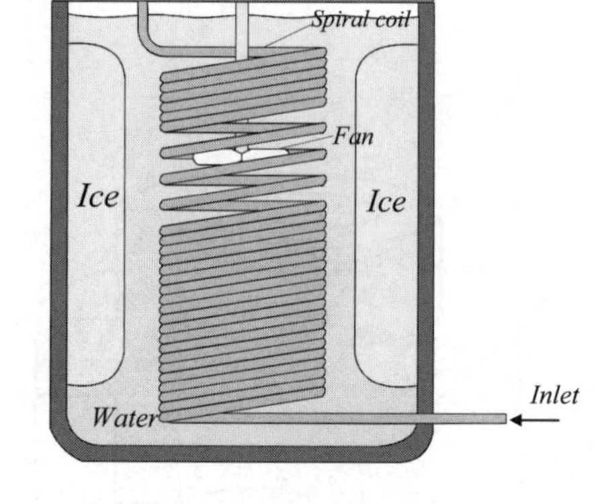

図 8.14 ビールサーバー

【例題　8.5】ビールサーバーから出る生ビールの温度の予測　＊＊＊＊＊

【課題】

図 8.14 は典型的な小型ビールサーバーである．容器の側壁には氷が張られており，質量 $m_f=6.65\,\mathrm{kg}$，温度 $T_f\big|_{t=0}=0$℃の水が入っている．容器の中央にはらせん状冷却コイルが支持され，その上部から水中に入れたファンによりの冷却水が撹拌されている．$T_B\big|_{x=0}=30$℃の生ビールが，内径 $d_i=5.5\,\mathrm{mm}$，外径 $d_o=6.5\,\mathrm{mm}$，全長 $L=9.55\,\mathrm{m}$ のステンレス製のらせん状コイルに，流量 $\dot{m}_B=58\,\mathrm{g/s}$ で流入し，冷却され流出する．注ぎ始めの時点から 30 秒間にわたる冷却コイル出口のビール温度（注がれる生ビールの温度）の変化を予測せよ．なお，冷却ファンの回転数は，冷却コイル外壁と冷却水間の熱伝達率が冷却コイル内のそれと同じになるよう調整されている．

【仮定とモデル化】

(1) ビールの給仕は，一度に多くても 5 杯程度であり，作業時間は約 30 秒程度と比較的短い．この間の氷の融解や容器と外部との熱のやり取りは，冷却水の熱容量が十分大きいことから，無視し得る．

(2) 冷却水は十分撹拌されており，冷却水の温度は容器全体にわたりほぼ均一とみなし得る．

(3) ビールは冷却コイルをすばやく通過するため，その間における冷却水の温度変化は無視し得る．すなわち，ビールの冷却は準定常的に行われる．

(4) ビールの物性値は水のそれと同じとする．

【解析】

ビールと冷却水の熱バランスを示す方程式はそれぞれ以下で与えられる．

$$\rho_B c_{pB}\left(\frac{\pi}{4}d_i^{\,2}\right)\frac{\partial T_B}{\partial t}+c_{pB}\dot{m}_B\frac{\partial T_B}{\partial x}=-\pi d_i U\left(T_B-T_f\right) \tag{8.14}$$

$$m_f c_{pf} \frac{dT_f}{dt} = \pi d_i U \int_0^L \left(T_B - T_f\right) dx \tag{8.15}$$

ここで，x はらせん状コイルの軸に沿った座標であり，冷却コイル入口を原点とする．なお，仮定（2）より T_f は，時間のみの関数となる．まず，熱通過率 U を，Dittus-Boelter の式（3.59）を用いて，温度 $(30+0)/2=15$℃の水の物性値に基づき算出する．

$$U = \frac{1}{\dfrac{1}{h_i} + \dfrac{d_i \ln\left(d_o / d_i\right)}{2k_s} + \dfrac{d_i}{d_o h_o}} \cong \frac{1}{2} h_i = \frac{1}{2} \times 0.023 \left(\frac{4\dot{m}_B}{\pi \mu_B d_i}\right)^{0.8} Pr_B^{\ 0.3} \frac{k_B}{d_i}$$

$$= \frac{1}{2} \times 0.023 \times \left(\frac{4 \times 0.058}{3.14 \times 0.00115 \times 0.0055}\right)^{0.8} \times 8.2^{0.3} \times \frac{0.591}{0.0055} = 4170 \ \mathrm{W/\left(m^2 \cdot K\right)}$$

冷却水の温度上昇の時間スケールは後に明らかになるように，$m_f c_{pf} / \dot{m}_B c_{pB}$ で与えられる．この値 $m_f c_{pf} / \dot{m}_{BpB} = 6.65/0.058 = 115\,\mathrm{s}$ は，ビールの通過時間 $\rho_B \left(\dfrac{\pi}{4} d_i^{\,2} L\right) / \dot{m}_B = 3.91\,\mathrm{s}$ に比べ十分大きいことから，仮定（3）が成立し，ビールの冷却過程を準定常的に扱うことができる．すなわち，式(8.14)の非定常項を無視し，

$$c_{pB} \dot{m}_B \frac{\partial T_B}{\partial x} = -\pi d_i U \left(T_B - T_f\right)$$

これを解いて

$$T_B\big|_{x=L} - T_B\big|_{x=0} = \left(T_f - T_B\big|_{x=0}\right)\left(1 - \exp\left(-\frac{\pi d_i U}{\dot{m}_B c_{pB}} L\right)\right) \tag{8.16}$$

この解を式(8.15)に代入し

$$m_f c_{pf} \frac{dT_f}{dt} = \pi d_i U \int_0^L \left(T_B - T_f\right) dx = -c_{pB} \dot{m}_B \left(T_B\big|_{x=L} - T_B\big|_{x=0}\right)$$

$$= -c_{pB} \dot{m}_B \left(T_f - T_B\big|_{x=0}\right)\left(1 - \exp\left(-\frac{\pi d_i U}{\dot{m}_B c_{pB}} L\right)\right)$$

これを解いて

$$T_f - T_B\big|_{x=0} = \left(T_f\big|_{t=0} - T_B\big|_{x=0}\right) \exp\left(-\left(1 - \exp\left(-\frac{\pi d_i U}{\dot{m}_B c_{pB}} L\right)\right) \frac{\dot{m}_B c_{pB}}{m_f c_{pf}} t\right)$$

この結果を式(8.16)に代入することで，冷却コイル出口のビール温度 $T_B\big|_{x=L}$ が以下のように求まる．

$$T_B\big|_{x=L} = T_B\big|_{x=0} + \left(T_f\big|_{t=0} - T_B\big|_{x=0}\right)\left(1 - \exp\left(-\frac{\pi d_i U}{\dot{m}_B c_{pB}} L\right)\right)$$

$$\times \exp\left(-\left(1 - \exp\left(-\frac{\pi d_i U}{\dot{m}_B c_{pB}} L\right)\right) \frac{\dot{m}_B c_{pB}}{m_f c_{pf}} t\right)$$

これに値を代入し，以下を得る．

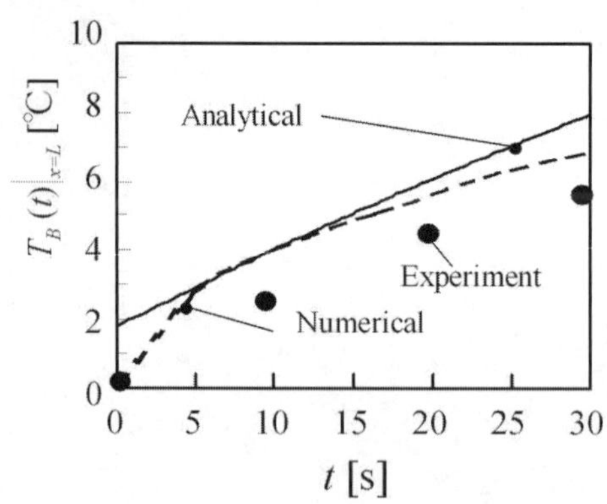

図 8.15 生ビールの温度変化

$$T_B\big|_{x=L}=30-30\times\left(1-\exp\left(-\frac{3.14\times0.0055\times4170}{0.058\times4190}\times9.55\right)\right)$$
$$\times\exp\left(-\left(1-\exp\left(-\frac{3.14\times0.0055\times4170}{0.058\times4190}\times9.55\right)\right)\times\frac{0.058}{6.65}t\right)$$
$$=30-28.2\exp(-0.00821t)℃$$

【結果の考察】

(1)　図 8.15 は，本近似解と実験値および（氷を 0 ℃の等温面として冷却水およびビールの熱流動場を連成させ解いた）数値解[(5)]とを比較したものである．実験値に比べ 1 ~ 2 ℃高めの温度を予測する傾向にあるが，数値解とは，注ぎ始めの数秒を除き，概ね良好な一致が認められる．これより，本解析の妥当性が伺われる．

(2)　ビールの適温域は 4 ~ 8 ℃程度と言われている．今回の解析結果によれば，注ぎだして 10 秒後に約 4 ℃に，また 30 秒後に約 8 ℃に温度が上昇する．すなわち，適温域のビールが注がれるのは，給仕開始後 10 秒から 30 秒の 20 秒間に限られる．給仕開始後，迅速に適温域に至らしめ，適温域にあるビールをできるだけ多く確保するには，冷却コイルは短過ぎても長過ぎてもだめである．

(3)　図 8.16 には，冷却水の量（すなわち容器のサイズ）を変えた場合の温度変化を示してある．冷却水が多過ぎると 4 ℃までの温度上昇に長い時間を要し，また少な過ぎると早めに 8 ℃を超過してしまうことが分かる．すなわち，30 秒間の給仕時間内に適温状態をできるだけ長く確保するには，適量の冷却水が必要となる．

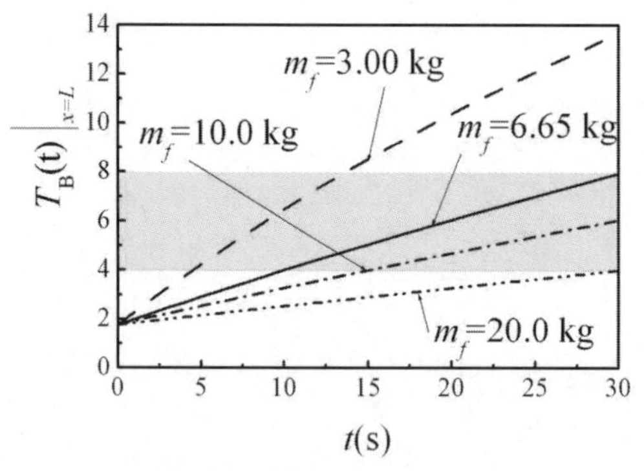

図 8.16 冷却水の量の影響

【例題　8・6】　電気炉排ガス空冷設備の出口ガス温度の推定　＊＊＊＊＊＊＊

【課題】

製鉄所の電気炉からは約 500 ℃の排ガスが発生する．この排ガスを環境に放出するまでに所定の温度以下になるように冷却するために，排ガス冷却器（通称，トロンボーンクーラー，図 8.17）が設置されている．この冷却器の条件が以下のように与えられている．排ガスが管内を通過する間に，外側を風速 3 m/s の横風で冷却される時，排ガスの出口温度を推定せよ．ただし，周囲温度は 25 ℃とし，冷却管表面からのふく射による伝熱も考慮せよ．

(a) 冷却管の諸元

内径 $d_i=790\,\mathrm{mm}$，外径 $d_0=800\,\mathrm{mm}$，肉厚 $\delta=5\,\mathrm{mm}$，垂直方向高さ $H=16\,\mathrm{m}$，セグメント数 $n=6$，流路全長 $L(=nH)=96\,\mathrm{m}$，熱伝導率 $k_t=16.0\,\mathrm{W/(m\cdot K)}$，冷却管表面の放射率 $\varepsilon=0.8$

(b) 排ガスの条件と物性値

排ガス入口温度 $T_{g,0}=500$ ℃，ガス流量 $\dot{V}_g=70\mathrm{m^3/min}$，密度 $\rho_g=0.680\,\mathrm{kg/m^3}$，分子量 $M_g=28.97\,\mathrm{kg/kmol}$，定圧比熱 $c_{pg}=1.01\,\mathrm{kJ/(kg\cdot K)}$，熱伝導率 $k_g=0.040\,\mathrm{W/(m\cdot K)}$，粘性係数 $\mu_g=27.0\,\mu\mathrm{Pa\cdot s}$，プラントル数 $Pr_g=1.467$

図 8.17 電気炉用冷却器
（提供：新日鉄エンジニアリング）

(c) 周囲空気の条件と物性値

空気温度 $T_a = 25$ ℃，密度 $\rho_a = 1.164\,\mathrm{kg/m^3}$，定圧比熱 $c_{pa} = 1.02\,\mathrm{kJ/(kg\cdot K)}$，熱伝導率 $k_a = 0.0261\,\mathrm{W/(m\cdot K)}$，粘性係数 $\mu_a = 18.72\,\mu\mathrm{Pa\cdot s}$，プラントル数 $Pr_a = 0.712$

【仮定とモデル化】

(1) 冷却流路は全長 96 m と長く，管外表面の温度は流路に沿って変化するので，排ガスや周囲空気の物性値も当然変化するはずであるが，第一近似として，物性値は一定として計算する．したがって，管内および管外熱伝達率は一定である．

(2) 図 8.18 に示すように垂直管を 6 つのセグメントに分割し，上流から順に各セグメントの出口排ガス温度を推定する．

(3) 管内を通過する排ガスから対流により伝えられた熱は管壁を通過した後，管外表面から空気による強制対流とふく射によって周囲に放出される．（図 8.19）

(4) 横風による熱伝達は，円柱周りの熱伝達の整理式により推定する．

(5) 熱通過率の計算の際，曲率の影響は無視し，外表面基準で伝熱量を計算する．

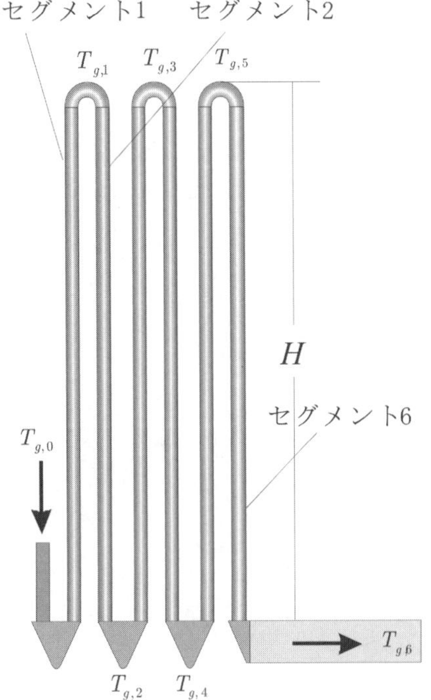

図 8.18 解析領域の分割

【解析】

セグメントの接続部分の排ガスの温度を図 8.18 のように $T_{g,i}$ とすると，i 番目のセグメントの排ガスの入口および出口温度は，それぞれ $T_{g,i-1}$，$T_{g,i}$ である．排ガスの質量流量を $\dot{m}_g$ (kg/s) とすると，そのセグメントを通過する間に排ガスが失う熱量 $\dot{Q}_{seg,i}$ (W) は

$$\dot{Q}_{seg,i} = \dot{m}_g c_{pg}(T_{g,i\text{-}1} - T_{g,i}) = A_{seg}\cdot K_{seg,i}\cdot \Delta T_{lm,i} \tag{8.17}$$

である．ここで，$K_{seg,i}$ は熱通過率 (W/(m$^2\cdot$K))，$\Delta T_{lm,i}$ は対数平均温度差であり，それぞれ次式で与えられる．

$$K_{seg,i} = \left(\frac{1}{h_g} + \frac{\delta}{k_t} + \frac{1}{h_a + h_{r,i}}\right)^{-1} \tag{8.18}$$

$$\Delta T_{lm,i} = \frac{(T_{g,i-1} - T_a) - (T_{g,i} - T_a)}{\ln\left(\dfrac{T_{g,i-1} - T_a}{T_{g,i} - T_a}\right)} \tag{8.19}$$

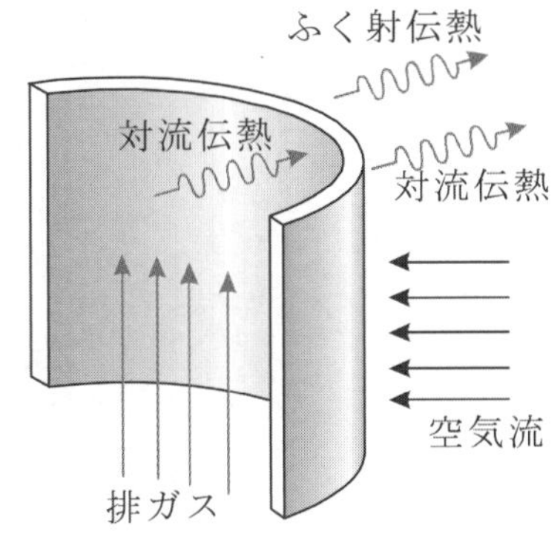

図 8.19 解析モデル

式(8.18)において，h_g，h_a，$h_{r,i}$ はそれぞれ排ガス，空気流およびふく射の熱伝達率であり，後述の手順により求める．物性値が場所によらず一定であると仮定しているので，h_g と h_a は一定であり，$h_{r,i}$ のみが場所により変化する．

さて，式(8.17)と(8.19)から，

$$\frac{T_{g,i-1} - T_{g,i}}{\Delta T_{lm,i}} = \ln\left(\frac{T_{g,i-1} - T_a}{T_{g,i} - T_a}\right) = \frac{A_{seg}K_{seg,i}}{\dot{m}_g c_{pg}} \equiv N_{h,i} \tag{8.20}$$

したがって，このセグメントの出口排ガス温度は

$$T_{g,i} = T_a + (T_{g,i-1} - T_a)\cdot\exp(-N_{h,i}) \tag{8.21}$$

となる．

$N_{h,i}$ が求まると，式(8.21)より，そのセグメントの出口排ガス温度を求めることができる．その出口温度を次のセグメントの入口排ガス温度として入力すれば上流から順に出口温度を求めることができ，最終的に最後のセグメントの出口温度を求めることができる．

$N_{h,i}$ を計算するには h_g，h_a，$h_{r,i}$ が必要であり，以下にこれらの求め方を説明する．

(a) h_g の計算

まず，排ガスの質量流量を求める．

$$\dot{m}_g = \frac{p_g \dot{V}_g}{R_g T_a} = \frac{M_g p_g \dot{V}_g}{\Re T_a}$$

$$= \frac{28.97(\mathrm{kg/kmol}) \times 10^5(\mathrm{Pa}) \times 70(\mathrm{m^3/min}) \times (1/60)(\mathrm{min/s})}{8314(\mathrm{J/(kmol \cdot K)}) \times 298.15(\mathrm{K})}$$

$$= 1.363\,\mathrm{kg/s}$$

排ガス流路断面積は $A_g = \pi d_i^2 / 4 = 0.4902\,\mathrm{m^2}$ であるから，排ガスの平均速度は

$$u_g = \frac{\dot{m}_g}{\rho_g A_g} = \frac{1.363\,(\mathrm{kg/s})}{0.680\,(\mathrm{kg/m^3}) \times 0.4902\,(\mathrm{m^2})} = 4.090\,\mathrm{m/s}$$

となる．レイノルズ数を計算すると

$$Re_g = \frac{\rho_g u_g d_i}{\mu_g} = \frac{0.680(\mathrm{kg/m^3}) \times 4.090(\mathrm{m/s}) \times 0.790(\mathrm{m})}{27.0 \times 10^{-6}\,(\mathrm{Pa \cdot s})} = 8.138 \times 10^4$$

であり，$Re_g > 2300$ であるので，流れは乱流である．したがって，熱伝達率の計算には，Dittus-Boelter の式(3.59)を用いる．

$$h_g = 0.023 Re_g^{\ 0.8} Pr_g^{\ 0.3} \frac{k_g}{d_i}$$

$$= 0.023 \times (8.138 \times 10^4)^{0.8} \times (1.467)^{0.3} \frac{0.040\,(\mathrm{W/(m \cdot K)})}{0.790\,(\mathrm{m})} = 11.08\,\mathrm{W/(m^2 \cdot K)}$$

(b) h_a の計算

ここでは円柱周りの熱伝達率に対する Zhukauskas の式(3.65)を用いる．まず，レイノルズ数を求める．

$$Re_a = \frac{\rho_a u_a d_o}{\mu_a} = \frac{1.164\,(\mathrm{kg/m^3}) \times 3(\mathrm{m/s}) \times 0.8(\mathrm{m})}{18.72 \times 10^{-6}\,(\mathrm{Pa \cdot s})} = 1.492 \times 10^5$$

$Pr_a \approx Pr_w$ で近似して，

$$h_a = 0.26 Re_a^{\ 0.6} Pr_a^{\ 0.36} \frac{k_a}{d_o}$$

$$= 0.26 \times (1.492 \times 10^5)^{0.6} (0.712)^{0.36} \frac{0.0261\,(\mathrm{W/(m \cdot K)})}{0.800\,(\mathrm{m})} = 9.544\,\mathrm{W/(m^2 \cdot K)}$$

(c) h_r の計算

対象とするセグメントの管外表面温度 $T_{w,i}$ を一定と近似し，また，セグメント同士のふく射による熱交換を無視し，そのセグメントは大きな灰色体で囲まれているものとすると，h_r は，例 1.6 と同様に，次式で計算される．

$$h_{r,i} = \varepsilon \sigma (T_{w,i} + T_a)(T_{w,i}^{\ 2} + T_a^{\ 2}) \tag{8.22}$$

$T_{w,i}$ は近似的に，

$$T_{w,i} = (T_{g,i-1} + T_{g,i})/2 \tag{8.23}$$

で与えればよい．ただし，$T_{g,i}$ は未知なので，適当な初期値を与えて，収束するまで反復法により求めればよい．

セグメント 1 の出口温度の計算

出口の初期推定値を $T_{g,1} = 300$ ℃とすると，$T_{w,1} = 400$ ℃であり，これより

$$h_{r,1} = \varepsilon\sigma(T_{w,1} + T_a)(T_{w,1}{}^2 + T_a{}^2) = 23.88\ \mathrm{W/(m^2 \cdot K)}$$

熱通過率は式(8.18)から

$$K_{seg,1} = \left(\frac{1}{h_g} + \frac{\delta}{k_t} + \frac{1}{h_a + h_{r,1}}\right)^{-1} = \left(\frac{1}{11.08} + \frac{5\times10^{-3}}{16.0} + \frac{1}{9.544 + 23.88}\right)^{-1}$$

$$= 8.299\ \mathrm{W/(m^2 \cdot K)}$$

セグメントの表面積は $A_{seg} = \pi d_o H = 40.21\,\mathrm{m^2}$ であり，

$$N_{h,1} = \frac{A_{seg} K_{seg,1}}{\dot{m}_g c_{pg}} = 0.243$$

$$T_{g,1} = T_a + (T_{g,0} - T_a)\cdot\exp(-N_{h,1}) = 25 + (500 - 25)\cdot\exp(-0.242) = 397.8\ ℃$$

となる．この値を式(8.23)に代入すると $T_{w,1} = 448.9$ ℃となる．これを使って再計算し，収束するまで反復計算をすると，

$$h_{r,1} = 28.12\ \mathrm{W/(m^2 \cdot K)}$$

$$K_{seg,1} = 8.538\ \mathrm{W/(m^2 \cdot K)}$$

$$N_{h,1} = 0.249$$

$$T_{g,1} = 395.2\ ℃$$

となる．セグメント 1 からの放熱量は

$$\dot{Q}_{seg,1} = \dot{m}_g c_{pg}(T_{g,0} - T_{g,1})$$

$$= 1.363\,\mathrm{(kg/s)} \times 1.01\,\mathrm{(kJ/(kg\cdot K))} \times (500 - 395.2)\,\mathrm{(K)} = 144.3\ \mathrm{kW}$$

となる．

セグメント 2～6 の出口温度の計算

セグメント 2 の計算は，セグメント 1 で求めた $T_{g,1}$ を使って同じ手順で行えばよい．以下，セグメント 1 を含めて結果のみを示すと次のようになる．

セグメント No.	$T_{g,i}$ (℃)	$Q_{seg,i}$ (kW)	$h_{r,i}$ $(\mathrm{W/(m^2\cdot K)})$	$K_{seg,i}$ $(\mathrm{W/(m^2\cdot K)})$	$N_{h,i}$
1	395.2	144.3	28.12	8.538	0.249
2	317.5	107.0	20.41	8.067	0.236
3	258.7	80.96	15.74	7.685	0.224
4	213.4	62.41	12.75	7.384	0.216
5	177.9	48.87	10.74	7.149	0.209
6	149.7	38.74	9.330	6.966	0.203

排ガスの出口温度は 149.7℃となる．

全放熱量は

$$\dot{Q}_{total} = \dot{m}_g c_{pg} (T_{g,0} - T_{g,6})$$
$$= 1.363\,(\text{kg/s}) \times 1.01\,(\text{kJ/(kg}\cdot\text{K)}) \times (500 - 149.7)\,(\text{K}) = 482.3\ \text{kW}$$

となる．この値は，6 つのセグメントの放熱の合計 $\sum_{i=1}^{6} \dot{Q}_{seg,i}$ に等しい．

【結果の考察】

(1) 管外表面の熱伝達率は，流れに垂直に配置された円柱の整理式を用いたが，実際には管同士の干渉により，単管に比べて熱伝達率は低下する．

(2) 実際の冷却器では，無風状態のとき自然対流による冷却が行われる．この場合，排ガスの出口温度は今回の計算値よりも高くなる．

(3) ふく射による放熱の方が強制対流による放熱よりも大きい．ただし，実際は管同士のふく射熱交換があり，また管群の内側にある管からのふく射による冷却量は本計算値ほど大きくはない．

(4) 冷却器を 6 つのセグメントに分けて計算したが，全長をまとめて一つのセグメントとして計算しても出口温度は144.5℃，放熱量は489.6 kW であり，近似的には 6 分割した場合と大差はない．

(5) 上記(1)～(3)から，本解析結果は，実際の冷却能力以上の値となっており，この近似計算をそのまま冷却設計に使用することは危険である．

(6) 実際のトロンボーン冷却器は複数のバンクを有しており，バンクを切り替えて伝熱面積を増減することによって，風速の変化による冷却能力の変化に対応している．

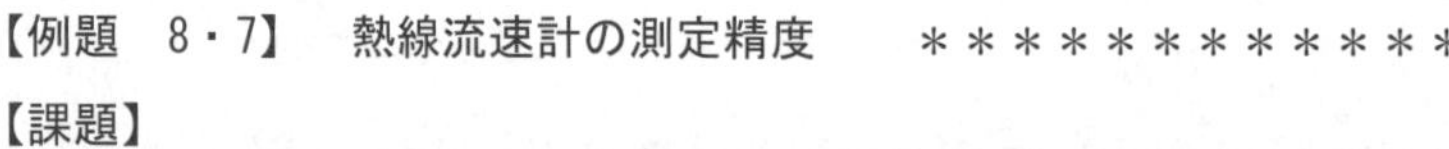

【例題 8・7】 熱線流速計の測定精度 ＊＊＊＊＊＊＊＊＊＊＊

【課題】

図 8.20 に示すように熱線流速計は，極細線の熱線を気流中で加熱し，その伝熱量から流速を計測する装置である．一般的には，熱線を一定温度に保つための電気回路を設け，その電流を計ることによって流速を計測する．いま，速度 $\boldsymbol{v} = 10$ m/s で流れている温度 $T_0 = 300$ K の空気流速を熱線流速計で測定するときの必要印加電流を推定する．また，電流計の測定精度が 0.5 mA のとき，流速の測定精度を推定する．ただし，熱線は直径 $d = 5\ \mu$m，長さ $l = 5$ mm のタングステン線で，温度 $T_w = 400$ K に加熱されている．

【仮定とモデル化】

(1) 熱線は直径に比べて十分長いので，両端からの熱伝導による熱損失は無視できる．

(2) 熱線内部の温度は一様である．

(3) 熱線からの伝熱は，対流熱伝達のみを考慮する．

【物性値の推定】

温度 $T_0 = 300$ K，圧力 $p = 0.1$ MPa における空気の物性値は，巻末見開きの物性値表より，動粘度 $\nu = 1.58 \times 10^{-5}$ m^2/s，熱伝導率 $k_a = 2.61 \times 10^{-2}$ W/(m・K)．タングステンの体積抵抗率は，文献[6]のデータを $T_w = 400$ K の値について線形補間す

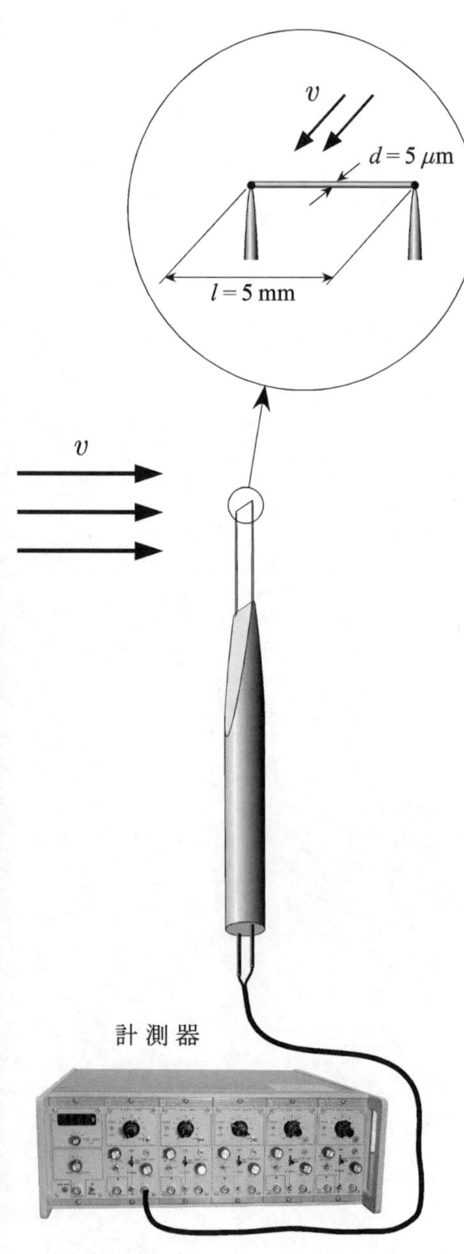

図 8.20 熱線流速計による流速測定

ると，$\rho_e = 8.00 \times 10^{-8}$ Ωm となる．

【解析】

タングステン線の直径を代表長さとしたレイノルズ数は，

$$Re = \frac{vd}{\nu} = 3.165 \tag{8.24}$$

となる．このレイノルズ数に対応した円柱の平均ヌセルト数は，Collis の式[7]を用いると，

$$Nu = \frac{\bar{h}d}{k_a} = (0.24 + 0.56Re^{0.45})\left(\frac{T_w + T_0}{2T_0}\right)^{0.17}, \qquad 0.02 < Re < 44 \tag{8.25}$$

熱線からの伝熱量は，

$$\dot{Q} = \pi dl\bar{h}(T_w - T_0) = \pi lk_a(0.24 + 0.56Re^{0.45})\left(\frac{T_w + T_0}{2T_0}\right)^{0.17}(T_w - T_0) = 4.968 \times 10^{-2}\ \mathrm{W} \tag{8.26}$$

一方，タングステン線の電気抵抗は，

$$R = \frac{\rho l}{\pi d^2 / 4} = 20.37\,\Omega \tag{8.27}$$

となる．電流 i (A) が流れたときの加熱量は，

$$\dot{Q} = Ri^2 \tag{8.28}$$

であるから，式(8.26)と(8.28)より，求める電流は次式となる．

$$i = \left[\frac{\pi dl\bar{h}(T_w - T_0)}{R}\right]^{1/2} = \left(\frac{4.968 \times 10^{-2}}{20.37}\right)^{1/2} = 4.939 \times 10^{-2}\ \mathrm{A} \tag{8.29}$$

一方，式(8.25)と(8.29)より，流速と電流の関係は次式となる．

$$i = \left[\frac{\pi lk_a\left\{0.24 + 0.56\left(\frac{vd}{\nu}\right)^{0.45}\right\}\left(\frac{T_w + T_0}{2T_0}\right)^{0.17}(T_w - T_0)}{R}\right]^{1/2} \tag{8.30}$$

この変化を図 8.21 に示す．

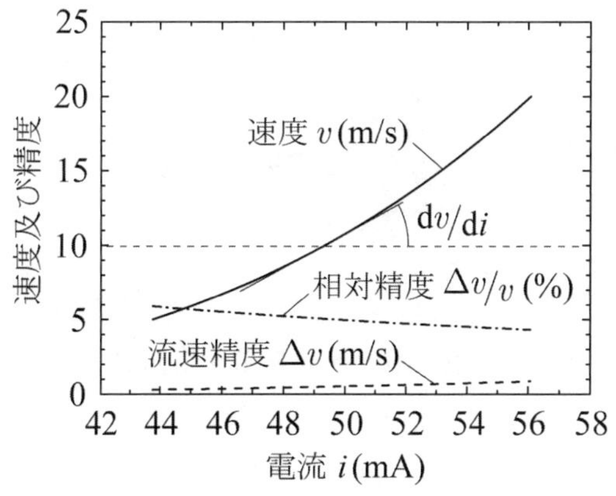

図 8.21　印可電流と流速および　その測定精度の変化

ここで，電流計測の精度 Δi に対する流速計測の精度を推定する．流速を電流の関数として式(8.30)を微分すると次式を得る．

$$\mathrm{d}i = \left[\frac{0.56\pi lk_a\left(\frac{d}{\nu}\right)^{0.45}\left(\frac{T_w + T_0}{2T_0}\right)^{0.17}(T_w - T_0)}{R}\right]^{1/2} 0.225v^{-0.775}\mathrm{d}\boldsymbol{v} \tag{8.31}$$

電流の測定精度は $\Delta i = 0.5$ mA であるから，流速 $\boldsymbol{v} = 10$ m/s における測定精度は，

$$\Delta\boldsymbol{v} = \frac{\mathrm{d}\boldsymbol{v}}{\mathrm{d}i}\Delta i = 0.505\ \mathrm{m/s} \tag{8.32}$$

となる．図 8.21 を見ると，速度が大きくなると誤差も大きくなるが，相対精度は向上することがわかる．

【結果の考察】

(1)　実際の熱線流速計では，細線の電気抵抗値の推定精度が高くないため，ピトー管など他の速度計測法を用いて流速を検定してから使用することが一般的である．

(2)　多くの計測器では電圧を測定している．この場合，回路中の他の抵抗も考慮する必要がある．

(3)　仮定(2)について，文献[1]例題 8.5 で示されるように，ビオ数は $Bi = 1.9\times10^{-4}$ となる．ビオ数が小さいのでタングステン線内部の温度分布は無視できる．

(4)　式(8.26)より，対流熱伝達率は $\overline{h} = 6.33\times10^{3}\ \mathrm{W/(m^{2}\cdot K)}$ であり，式(1.11)で計算される有効ふく射熱伝達率に比べて著しく大きいので，ふく射伝熱は無視できる．

(5)　本例の測定精度は，電流計測に起因する速度の分解精度であり，測定の不確かさを検証するためには他の要素も考慮した統計的な処理が必要になる．詳しくは文献[8]を参照されたい．

図 8.22 ノートパソコンのキーボード

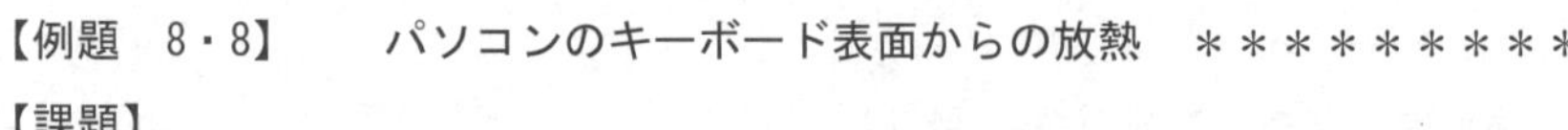

【例題　8・8】　　パソコンのキーボード表面からの放熱　＊＊＊＊＊＊＊＊＊

【課題】

図 8.22 に示すようなノートパソコンのキーボード表面が平均で周囲温度 ($T_0 = 20$℃)よりも $\Delta T = 5\mathrm{K}$ の温度上昇があった場合，そのキーボード表面から自然対流とふく射によって何Wの熱が放出されていることになるかを推定する．ただし，キーボードの表面積は18 cm× 29 cm である．

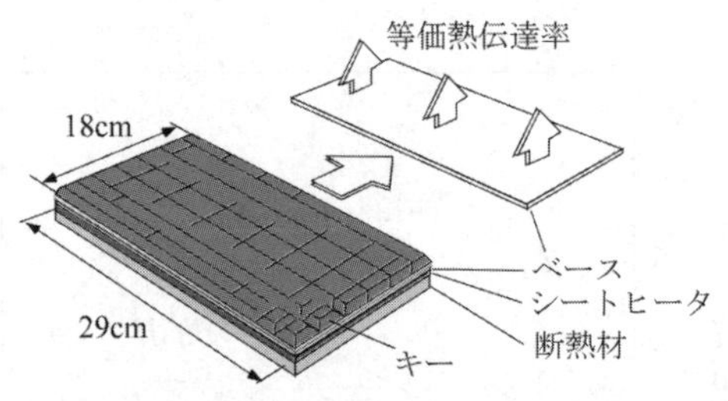

図 8.23 キーボードの熱伝達率測定[10]

【仮定とモデル化】

(1)　キーボード表面は平面と仮定し，図 8.23 のような実験を行い，ふく射伝熱成分を除いた対流熱伝達率から図 8.24 に示すような結果が得られた．この実験式をもとにキーボードの伝熱量の推定を行う．

$$Nu = 0.45(Gr\cdot Pr)^{1/4} \tag{8.33}$$

ここで，

$$Nu = \frac{h\cdot L}{k},\ Gr = \frac{g\beta L^3 \Delta T}{\nu^2} \tag{8.35}$$

(2)　キーボード裏と端からの放熱は無視する．

(3)　キーボード表面の放射率を $\varepsilon = 0.9$ とし，その面から室内空間への形態係数は 1 とする．

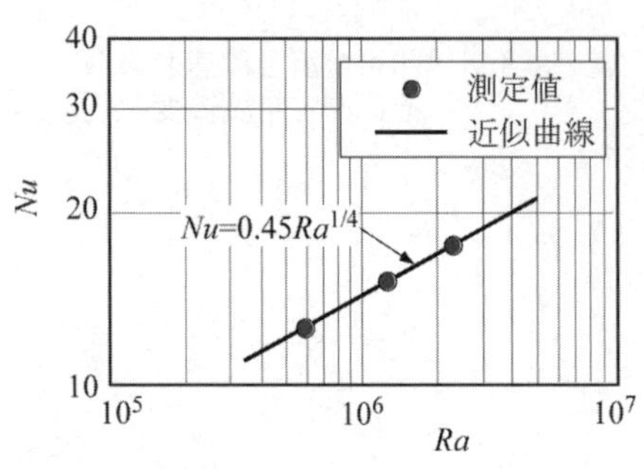

図 8.24　キーボードの熱伝達率測定結果[9]

【物性値の推定】

周囲温度 $T_0 = 20$ ℃でキーボードとの温度差は $\Delta T = 5\mathrm{K}$ であるから膜温度 $T = (20+25)/2 = 22.5$ での 1 気圧における空気の物性値を使う．巻末の物性値表からプラントル数 $Pr = 0.7132$，体膨張率　$\beta = 1/(273.15+22.5) = 0.0003382$，

熱伝導率 $k = 0.0261\ \mathrm{W/(m\cdot K)}$，動粘度 $\nu = 1.562\times10^{-5}\ \mathrm{m^2/s}$ とする．

【解析】

キーボードからの自然対流熱伝達率 h を式(8.33)から求める．

はじめに，代表寸法 L を L = 面積／周長から求めると，

$$L=\frac{0.18\times 0.29}{2\times(0.18+0.29)}=0.0555\ \text{m}$$

となる．すると Ra 数は

$$Ra=Pr\times Gr=0.7132\times\frac{9.807\times 0.003382\times(5.55\times 10^{-2})^3\times 5}{(0.1562\times 10^{-4})^2}$$
$$=8.410\times 10^4$$

となる．よって Nu 数は式(8.34)から

$$Nu=0.45(8.410\times 10^4)^{0.25}=7.663$$

と求まる．したがって，自然対流熱伝達率 h は式(8.35)から

$$h=\frac{Nuk}{L}=\frac{7.663\times 0.02612}{0.0555}=3.604\ \text{W/(m}^2\cdot\text{K)}$$

となる.すると自然対流熱伝達による放熱量 $\dot{Q}_1$ は次のように求まる.

$$\dot{Q}_1=hA\Delta T=3.591\times 0.0522\times 5=0.9406\ \text{W}$$

つぎに，ふく射による放熱量 $\dot{Q}_2$ を考える．形態係数は 1 であるから，
ふく射の放熱量 $\dot{Q}_2$ は以下の式で求まる．温度 T は℃で表しているので，

$$\dot{Q}_2=\varepsilon A\sigma\left\{(T_1+273.15)^4-(T_0+273.15)^4\right\}$$
$$=0.9\times 0.0522\times 5.67\times\left\{\left(\frac{25.0+273.15}{100}\right)^4-\left(\frac{20.0+273.15}{100}\right)^4\right\}$$
$$=1.377\ \text{W}$$

よって，合計放熱量 $\dot{Q}$ は

$$\dot{Q}=\dot{Q}_1+\dot{Q}_2=0.9406+1.377=2.323\ \text{W}$$

つまり，合計放熱量は 2.32 W となる.

【結果の考察】

(1)　実際のキーボードは人間の指に常時触れるので，5 ℃も温度上昇するように設計されていない.また，一般にパソコンの全放熱量は 40 W 以上あるので，キーボードからの放熱は無視されている．ただし，ディスプレイからの放熱を積極的に利用する方法は採用されている.

(2)　一般の自然空冷機器では，自然対流とふく射のよる放熱量は半々と考えておくとよい．ただし，機器の温度が 100 ℃に近づくとふく射の影響は大きくなる.

【例題　8・9】　密閉自然空冷筐体の放熱能力　＊＊＊＊＊＊＊＊＊＊＊＊＊＊

【課題】

図 8.25 の自然空冷されている密閉電子機器筐体が，室温 20 ℃の部屋に置かれている．その内部には攪拌器が設置されている．一般に電子機器の外部表面温度は人が触る可能性を考慮して比較的低温に押さえられる．いま、図 8.25 の大きさの筐体で，筐体表面の平均温度上昇を $\Delta T_s=10$ ℃としたとき，筐体表面からの最大放熱量 (W) を推定せよ.

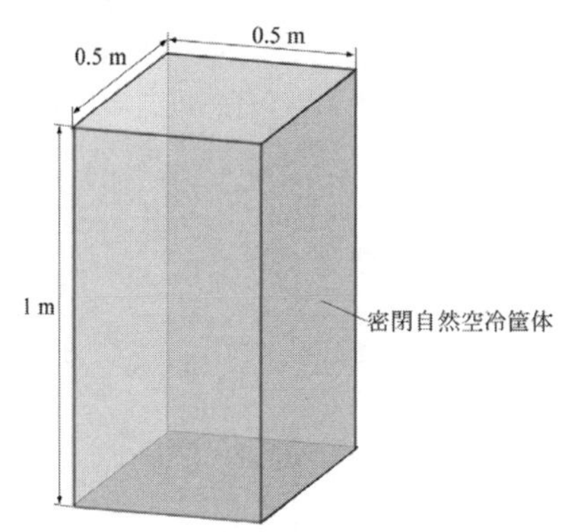

図 8.25　自然空冷筐体例

【仮定とモデル化】

・筐体表面からは等温平板からの熱伝達とふく射による放熱があるとする．

・筐体内部温度は攪拌器で一様に保たれていて，筐体外表面温度は等温とする．

【物性値の推定】

ここでの物性値は，筐体壁面と周囲温度との膜温度 $T=(20+30)/2=25$ ℃の値を用いる．巻末表から補間して求めると，

空気の密度：$\rho=1.184\,\mathrm{kg/m^3}$，定圧比熱：$c_p=1007\,\mathrm{J/(kg\cdot K)}$，熱伝導率：$k=0.0261\,\mathrm{W/(m\cdot K)}$，動粘度：$\nu=1.562\times10^{-5}\,\mathrm{m^2/s}$，プラントル数：$Pr=0.7131$ となる．また筐体表面からの放射率は $\varepsilon=0.9$ とする．また，体膨張 β は，$\beta=1/(25+273.15)=0.003354$ を使う．

【解析】

まず，等温平板からの熱伝達式は，層流垂直平板では 3 章の式(3.78)から，水平上面加熱，水平下面加熱については，式(3.81a)と式(3.81b)からそれぞれ下記で与えられる．

垂直平板の場合　　　　　　$Nu=0.59(Pr\cdot Gr)^{1/4}$

水平平板上面加熱の場合　　$Nu=0.54(Pr\cdot Gr)^{1/4}$

水平平板下面加熱の場合　　$Nu=0.27(Pr\cdot Gr)^{1/4}$

また、ふく射による伝熱量 $\dot{Q}_r$ は，筐体から周囲空間への形態係数を 1 として，

$$\dot{Q}_r=\varepsilon A\sigma\left\{(T_1+273)^4-(T_a+273)^4\right\}$$

つぎに，筐体の上表面積 A_{top}，下表面積 A_{bottom}，側表面積 A_{side}，全表面積 A はそれぞれ以下となる．

$$A_{top}=0.5\times0.5=0.25\,\mathrm{m^2}$$

$$A_{bottom}=0.5\times0.5=0.25\,\mathrm{m^2}$$

$$A_{side}=0.5\times1.0\times4=2.0\,\mathrm{m^2}$$

$$A=2.5\,\mathrm{m^2}$$

代表寸法 L_1 は側面では高さ 1 m を，上下の水平面では $L_2=L_3=$ 面積／周長から求めると

$$L_2=L_3=\frac{0.5\times0.5}{2\times(0.5+0.5)}=0.125\,\mathrm{m}$$

となる．

まず側面での Ra 数は

$$Ra_1=Pr\cdot Gr_1=0.7131\times\frac{9.807\times0.003354\times1.0^3\times10}{(0.1562\times10^{-4})^2}$$

$$=0.7131\times1.348\times10^9=9.588\times10^8$$

となる．よって Nu_1 数は

$$Nu_1=0.59\times(9.588\times10^8)^{0.25}=103.82$$

したがって，側面からの自然対流層流熱伝達率 h_1 は

$$h_1=\frac{Nu_1 k}{L_1}=\frac{103.82\times0.02610}{1.0}=2.709\ \mathrm{W/(m^2\cdot K)}$$

同様に上面からと下面からの自然対流層流熱伝達率 h_2, h_3 はそれぞれ，

$$h_2 = 4.263 \text{ W/(m}^2 \cdot \text{K)}$$
$$h_3 = 2.099 \text{ W/(m}^2 \cdot \text{K)}$$

となる.すると自然対流熱伝達による放熱量 $\dot{Q}_n$ は次のように求まる.

$$\dot{Q}_n = (h_1 A_{side} + h_2 A_{top} + h_3 A_{bottom}) \Delta T_s$$
$$= (5.418+1.066+0.5247) \times 10 = 70.09 \text{ W}$$

つぎに，ふく射による放熱量 $\dot{Q}_r$ を考える．形態係数は 1 であるから，$\dot{Q}_r$ は以下の式でもとまる．ここで，温度の値は℃値である．

$$\dot{Q}_r = \varepsilon A \sigma \left\{ (T_1 + 273.15)^4 - (T_a + 273.15)^4 \right\}$$
$$= 0.9 \times 2.5 \times 5.67 \times \left\{ \left(\frac{30.0 + 273.15}{100} \right)^4 - \left(\frac{20.0 + 273.15}{100} \right)^4 \right\}$$
$$= 135.3 \text{ W}$$

よって，筐体表面からの放熱量の合計は

$$\dot{Q}_n + \dot{Q}_r = 70.09 + 135.3 = 205.4 \text{ W}$$

となる.よって，205 W が筐体表面から放熱できる能力である.

【結果の考察】

(1) 実際の機器の内部は複雑であり，流れる空気も筐体表面も一様な温度ではないので，あくまでも目安の数値である．

(2) 自然空冷機器ではふく射の影響が大きい．

(3) もし，放熱能力が内部発熱よりも小さい場合は，フィンを外表面に設置するか空気の通気口を設けるなどの対策を行う．

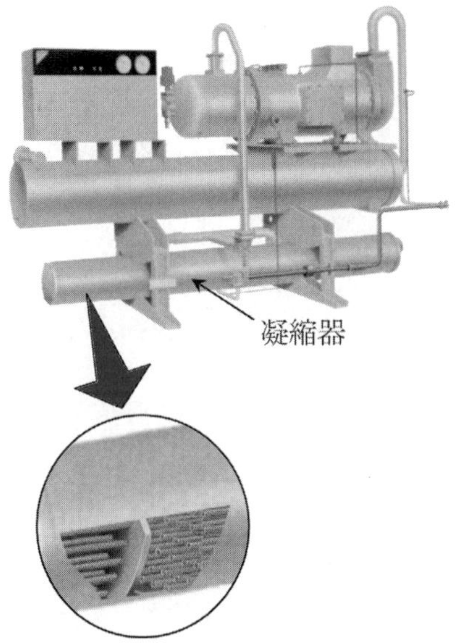

図 8.26　ウォーターチリングユニット
（提供　ダイキン工業株式会社）

【例題 8・10】シェルチューブ凝縮器の設計

【課題】

ビルの空調等の冷熱源として用いられる冷水は図 8.26 に示すような冷水製造装置（ウォーターチリングユニット）で造られる．R134a を冷媒とするウォーターチリングユニットに搭載する水冷のシェルチューブ凝縮器を設計するために，必要な凝縮管の長さと本数を求めよ．ただし，定格時の仕様は次のとおりである．熱交換量 200 kW，冷却水入口温度 $T_{cin} = 30$ ℃，冷却水出口温度 $T_{cout} = 35$ ℃，冷却水速度 $u = 1.6$ m/s，凝縮温度（飽和温度）$T_{sat} = 36$ ℃．

図 8.27　凝縮管の例
（提供　古河電気工業株式会社）

図 8.28　管まわりの凝縮の様子
（提供　古河電気工業株式会社）

【設計条件と仮定】

(1) 伝熱管には，外面にフィン，内面に螺旋リブ加工が施されたローフィン管（外径 d_o=19 mm，内径 d_i = 16 mm）を用いる．

(2) この伝熱管外側の凝縮熱伝達性能は平滑管の場合の 8 倍（伝熱促進率 = 8）である．

(3) 伝熱管内側の冷却水の強制対流熱伝達性能は平滑管の場合の 2.2 倍（伝熱促

進率＝2.2）である．

(4)　伝熱管の中の熱伝導抵抗は凝縮および対流熱伝達抵抗に比べて小さいので無視する．

【物性値の推定】

凝縮熱伝達率は 36 ℃の R134a の飽和液の熱物性値を用いて，管内強制対流熱伝達率は水の出入口平均温度 32.5 ℃の熱物性値を用いて計算する．巻末の見開きの物性値表より直線補間にて求めた値は以下のとおりである．冷媒 R134a：$\rho_l = 1163\,\mathrm{kg/m^3}$，$\mu_l = 170.7\,\mu\mathrm{Pa\cdot s}$，$k_l = 76.43\,\mathrm{mW/(m\cdot K)}$，$L_{lv} = 166.9\,\mathrm{kJ/kg}$．水：$\rho = 994.8\,\mathrm{kg/m^3}$，$c_p = 4.180\,\mathrm{kJ/(kg\cdot K)}$，$\mu = 761.2\,\mu\mathrm{Pa\cdot s}$，$k$=618.4 mW/(m·K)，$Pr = 5.150$．

【設計】

伝熱管 1 本あたりの冷却水流量および熱交換量は

$$\dot{m} = \frac{\pi}{4}d_i^2 \rho u = \frac{\pi}{4}\times(16\times10^{-3})^2\times994.8\times1.6 = 0.3200\,\mathrm{kg/s}$$

$$\dot{Q} = \dot{m}c_p(T_{Cout} - T_{Cin}) = 0.32\times4.18\times(35-30) = 6.688\,\mathrm{kW}$$

である．冷却水のレイノルズ数は

$$Re_d = \frac{ud_i}{(\mu/\rho)} = \frac{1.6\times(16\times10^{-3})}{(761.2\times10^{-6}/994.8)} = 33456 \quad > 2300$$

だから，円管内乱流に対する Dittus-Boelter の式(3.59)より

$$h_{DB} = 0.023\frac{k}{d_i}Re_d^{0.8}Pr^{0.4} = 0.023\times\frac{618.4\times10^{-3}}{16\times10^{-3}}\times33456^{0.8}\times5.15^{0.4}$$

$$= 7131\,\mathrm{W/(m^2\cdot K)}$$

を得る．伝熱促進率が 2.2 なので管内平均熱伝達率は次の値となる．

$$h_i = 7131\times2.2 = 15688\,\mathrm{W/(m^2\cdot K)}$$

平滑管まわりの凝縮熱伝達率はヌセルトの式(5.18)より求められる．凝縮温度差（過冷度）を $T_{sat} - T_w = 1\,\mathrm{K}$ と仮定すると，

$$h_N = 0.729\left[\frac{k_l^3\rho_l^2 g L_{lv}}{\mu_l(T_{sat}-T_w)d_o}\right]^{1/4}$$

$$= 0.729\times\left[\frac{(76.43\times10^{-3})^3\times1163^2\times9.807\times166.9\times10^3}{170.7\times10^{-6}\times1\times19\times10^{-3}}\right]^{1/4}$$

$$= 3046\,\mathrm{W/(m^2\cdot K)}$$

伝熱促進率が 8 なので管外平均熱伝達率は次の値となる．

$$h_o = 3046\times8 = 24368\,\mathrm{W/(m^2\cdot K)}$$

対数平均温度差は

$$\Delta T_{lm} = \frac{(36-30)-(36-35)}{\ln\left(\dfrac{36-30}{36-35}\right)} = 2.791\,\mathrm{K}$$

である．熱通過率を伝熱管外表面積基準で定義すると

$$\dot{Q} = \pi d_o L K \Delta T_{lm} = \pi d_i L h_i \Delta T_i = \pi d_o L h_o \Delta T_o$$

と表される．ここに，L は伝熱管の長さ，ΔT_i は水と管壁との平均温度差，ΔT_o は冷媒と管壁との平均温度差である．したがって，熱通過率は

$$K = \left[\frac{d_o}{h_i d_i} + \frac{1}{h_o} \right]^{-1} = \left[\frac{19 \times 10^{-3}}{15688 \times 16 \times 10^{-3}} + \frac{1}{24368} \right]^{-1} = 8567\,\mathrm{W/(m^2 \cdot K)}$$

であり，

$$\Delta T_o = \frac{K}{h_o} \Delta T_{lm} = \frac{8567}{24368} \times 2.791 = 0.98\,\mathrm{K} \quad \approx 1\mathrm{K}$$

となるので，$T_{sat} - T_w = 1\mathrm{K}$ の仮定とほぼ一致する．

よって，必要な伝熱管の長さは

$$L = \frac{\dot{Q}}{\pi d_o K \Delta T_{lm}} = \frac{6.688 \times 10^3}{\pi \times (19 \times 10^{-3}) \times 8567 \times 2.791} = 4.686\,\mathrm{m}$$

であり，所望の熱交換量を得るのに必要な管の本数は

$200 / 6.688 = 29.9$ 本

となる．したがって，長さ 4.7 m の管を 30 本配置したシェルチューブ凝縮器を製作する必要がある．

【結果の考察】

(1) 上記の例では，熱通過を考慮した凝縮温度差が初期値と等しかったが，これが異なる場合には凝縮温度差を仮定しなおして凝縮熱伝達率を再計算する必要がある．

(2) この結果の場合には，長さ 2.4 m の管を 60 本用いて，冷却水流路を 2 パスにするのが一般的である．

(3) この結果は定格運転での仕様を元に設計を行ったものであるので，通常は計算値より大きい値で凝縮器を製造する．ただし，本数を増やした場合には，同一流量では管内流速が小さくなるので注意を要する．

第 8 章の文献

(1) 日本機械学会編，JSME テキストシリーズ 伝熱工学, (2005)，日本機械学会.

(2) 円山重直，光エネルギー工学，(2004)，養賢堂.

(3) S.V.Patanker，水谷幸夫・香月正司訳，コンピュータによる熱移動と流れの数値解析，(1985)，森北出版.

(4) 岩井裕・ほか 6 名，エクセルとマウスでできる熱流体のシミュレーション，(2005)，丸善.

(5) 中山顕・ほか 3 名，日本機械学会論文集，**66**-643, B, (2000), 859-865.

(6) 国立天文台編，理科年表，丸善，(2003).

(7) 日本機械学会編，伝熱工学ハンドブック, (1992)，森北出版.

(8) 日本機械学会訳，計測の不確かさ—アメリカ機械学会性能試験規約計測機器及び試験装置に関する補則，第 1 部 (1987).

(9) 久野勝美・ほか 3 名，日本機械学会論文集，**62**-601, B,(1996), 3453-3458.

解　答

第 2 章

【2・1】(1) 壁を通過する熱量は，総括熱抵抗 R_t を用いることにより

$$\dot{Q}=\frac{(T_i-T_o)}{R_t}=\frac{(T_i-T_o)}{\frac{1}{A}\left(\frac{1}{h_1}+\frac{\delta_1}{k_1}+\frac{\delta_2}{k_2}+\frac{1}{h_2}\right)}$$

$$=\frac{\{20[℃]-(-10[℃])\}\times 1[\mathrm{m}^2]}{\frac{1}{6[\mathrm{W/(m^2\cdot K)}]}+\frac{0.005[\mathrm{m}]}{1.4[\mathrm{W/(m\cdot K)}]}+\frac{0.1[\mathrm{m}]}{0.7[\mathrm{W/(m\cdot K)}]}+\frac{1}{17[\mathrm{W/(m^2\cdot K)}]}}$$

$$=80.7\mathrm{W}$$

(2)モルタルとレンガの境界温度 T_m は，

$$\dot{Q}=\frac{(T_i-T_m)A}{\frac{1}{h_1}+\frac{\delta_1}{k_1}}$$

$$T_m=T_i-\frac{\dot{Q}}{A}\left(\frac{1}{h_1}+\frac{\delta_1}{k_1}\right)=20-\frac{80.7}{1}\times\left(\frac{1}{6}+\frac{0.005}{1.4}\right)=6.3℃$$

【2・2】(1) 壁を通過する損失熱量は，総括熱抵抗 R_t を用いることにより

$$\dot{Q}=\frac{(T_i-T_o)}{R_t}=\frac{(T_i-T_o)}{\frac{1}{A}\left(\frac{1}{h_i}+\frac{\delta}{k}+\frac{1}{h_o}\right)}$$

$$=\frac{\{25[℃]-0[℃]\}\times 3[\mathrm{m}]\times 3[\mathrm{m}]}{\frac{1}{10[\mathrm{W/(m^2\cdot K)}]}+\frac{0.02[\mathrm{m}]}{1.2[\mathrm{W/(m\cdot K)}]}+\frac{1}{25[\mathrm{W/(m^2\cdot K)}]}}$$

$$=1440\mathrm{W}=1.44\mathrm{kW}$$

(2) 断熱材を設置した場合の損失熱量は，総括熱抵抗 R_t を用いることにより

$$\dot{Q}_m=\frac{(T_i-T_o)}{R_t}=\frac{(T_i-T_o)}{\frac{1}{A}\left(\frac{1}{h_i}+\frac{\delta}{k}+\frac{\delta_m}{k_m}+\frac{1}{h_o}\right)}$$

となる．この式を整理すると，

$$\delta_m=k_m\left[\frac{(T_i-T_o)A}{\dot{Q}_m}-\left(\frac{1}{h_i}+\frac{\delta}{k}+\frac{1}{h_o}\right)\right]=k_m\left[\frac{(T_i-T_o)A}{0.5\times\dot{Q}}-\left(\frac{1}{h_i}+\frac{\delta}{k}+\frac{1}{h_o}\right)\right]$$

$$=k_m\left[2\left(\frac{1}{h_i}+\frac{\delta}{k}+\frac{1}{h_o}\right)-\left(\frac{1}{h_i}+\frac{\delta}{k}+\frac{1}{h_o}\right)\right]$$

$$=0.06\times\left(\frac{1}{10}+\frac{0.02}{1.2}+\frac{1}{25}\right)=9.40\mathrm{mm}$$

【2・3】基礎方程式は，

$$\frac{\mathrm{d}}{\mathrm{d}x}\left[(aT+b)\frac{\mathrm{d}T}{\mathrm{d}x}\right]=0$$

となる．この基礎方程式を積分すると

$$(aT+b)\frac{\mathrm{d}T}{\mathrm{d}x}=C_1$$

となり，さらに積分すると，一般解が得られる．

$$\left(\frac{a}{2}T^2+bT\right)=C_1x+C_2 \qquad (C_1, C_2\text{：任意定数})$$

境界条件より，

$$\left(\frac{a}{2}T_0^2+bT_0\right)=C_2$$

$$\left(\frac{a}{2}T_L^2+bT_L\right)=C_1L+C_2$$

この２式から積分定数を定めると次式が得られる．

$$\left(\frac{a}{2}T^2+bT\right)=\left[\frac{a}{2}\left(T_L^2-T_0^2\right)+b\left(T_L-T_0\right)\right]\frac{x}{L}+\frac{a}{2}T_0^2+bT_0$$

この温度 T に関する二次方程式の解が温度分布の式であり，温度分布は次式となる．

$$T=-\frac{b}{a}+\sqrt{\left(T_L-T_0\right)\left[\left(T_L+T_0\right)+\frac{2b}{a}\right]\frac{x}{L}+\left(T_0+\frac{b}{a}\right)^2}$$

【2・4】 (1) 単位長さ当たりに発生するジュール発熱量 $\dot{Q}_j$ は，

$$\dot{Q}_j=I^2R_e=\left(10[\mathrm{A}]\right)^2\times0.066[\Omega/\mathrm{m}]=6.60\mathrm{W/m}$$

(2) 長さ L のワイヤーから発生する熱量と空気への伝熱量が等しいことから，ワイヤーの温度は以下のように求められる．

$$\dot{Q}=I^2R_eL=2\pi r_wLh\left(T_w-T_\infty\right)$$

$$T_w=T_\infty+\frac{I^2R_e}{2\pi r_wh}=20+\frac{6.60}{2\pi\times\left(1.0\times10^{-3}\right)\times25}=62.0℃$$

(3) 絶縁物の外径を r_o とした場合の熱量は次式で与えられる．

$$\dot{Q}=\frac{2\pi L(T_w-T_\infty)}{\dfrac{1}{k}\ln\dfrac{r_o}{r_w}+\dfrac{1}{hr_o}}$$

例 2.6 より，伝熱量が最大となるためにワイヤーの温度が最小となる外径は $r_o=k/h$ で与えられる．

$$r_o=0.1/25.0=4.0\times10^{-3}=4.0\mathrm{mm}$$

したがって，絶縁物の厚さ t は

$$t=r_o-r_w=4.0-1.0=3.0\mathrm{mm}$$

【2・5】

(1) 物体(1)を通過する熱流束 q は，総括熱抵抗 R_t を用いることにより

$$q=\frac{\dot{Q}}{a}=\frac{T_1-T_2}{aR_t}=\frac{T_1-T_2}{a\left(\dfrac{L_1}{k_A a}+\dfrac{L_1}{k_B a}\right)}=\frac{30[℃]-0[℃]}{\dfrac{0.1[\mathrm{m}]}{0.8[\mathrm{W/(m\cdot K)}]}+\dfrac{0.1[\mathrm{m}]}{0.2[\mathrm{W/(m\cdot K)}]}}$$
$$=48.0\mathrm{W/m^2}$$

(2)　物体(2)を通過する熱流束 q は，総括熱抵抗 R_t を用いることにより

$$q=\frac{\dot{Q}}{a}=\frac{T_1-T_2}{aR_t}=\frac{T_1-T_2}{\dfrac{aL}{(k_A+k_B)(a/2)}}=\frac{T_1-T_2}{\dfrac{2L}{(k_A+k_B)}}=\frac{30-0}{\dfrac{2\times0.2}{(0.8+0.2)}}$$
$$=75.0\mathrm{W/m^2}$$

この結果を(1)と比較すると，熱伝導率が大きく異なる複合板では，熱の流れに対して並列配置にした場合の熱量が直列配置に比べて大きくなることがわかる．

(3) 物体(3)を通過する熱流束 q は，総括熱抵抗 R_t を用いることにより

$$q=\frac{\dot{Q}}{a}=\frac{T_1-T_2}{aR_t}=\frac{T_1-T_2}{a\left(\dfrac{L_1}{k_A a}+\dfrac{L_2}{(k_A+k_B)(a/2)}+\dfrac{L_1}{k_B a}\right)}$$
$$=\frac{T_1-T_2}{\left(\dfrac{L_1}{k_A}+\dfrac{2L_2}{(k_A+k_B)}+\dfrac{L_1}{k_B}\right)}=\frac{30-0}{\dfrac{0.05}{0.8}+\dfrac{2\times0.1}{(0.8+0.2)}+\dfrac{0.05}{0.2}}$$
$$=58.5\mathrm{W/m^2}$$

【2・6】熱伝導方程式は，

$$\frac{1}{r}\frac{\mathrm{d}}{\mathrm{d}r}\left(r\frac{\mathrm{d}T}{\mathrm{d}r}\right)+\frac{\dot{q}_v}{k}=0$$

境界条件は，$r=0$ で $\mathrm{d}T/\mathrm{d}r=0$，$r=R$ で $T=T_s$．

熱伝導方程式を解くと，温度分布の式が得られる．

$$T=T_s+\frac{\dot{q}_v}{4k}(R^2-r^2)$$

得られた温度分布の式に値を代入すると，

$$T=300[℃]+\frac{1.8\times10^8[\mathrm{W/m^3}]}{4\times4.2[\mathrm{W/(m\cdot K)}]}\left\{(6\times10^{-3}[\mathrm{m}])^2-(0[\mathrm{m}])^2\right\}=686℃$$

【2・7】(1) 棒の断面積を A，周囲長を P とすると，棒内部の熱収支より基礎方程式は次式となる．

$$\frac{\mathrm{d}^2T}{\mathrm{d}x^2}-\frac{hP}{kA}(T-T_\infty)=0$$

ここで，$m^2=hP/(kA)$，$\theta=T-T_\infty$ とおくと，基礎方程式は次式のように簡単化される．

$$\frac{\mathrm{d}^2\theta}{\mathrm{d}x^2}-m^2\theta=0$$

上式の一般解は次式で表される．

$$\theta=C_1e^{mx}+C_2e^{-mx}\qquad (C_1,C_2\text{：任意定数})$$

$x=0$ において $T=T_1$， $x=L$ において $T=T_2$ となる．これらの境界条件より，

$$T_1-T_\infty=\theta_1=C_1+C_2$$

$$T_2-T_\infty=\theta_2=C_1e^{mL}+C_2e^{-mL}$$

が得られ，任意定数 C_1, C_2 は，

$$C_1=-\frac{\theta_1e^{-mL}-\theta_2}{e^{mL}-e^{-mL}},\quad C_2=\frac{\theta_1e^{mL}-\theta_2}{e^{mL}-e^{-mL}}$$

のように定められる．したがって，棒内部の温度分布は

$$\theta=T-T_\infty=\frac{\theta_1\left[e^{m(L-x)}-e^{-m(L-x)}\right]+\theta_2\left(e^{mx}-e^{-mx}\right)}{e^{mL}-e^{-mL}}$$
$$=\frac{\theta_1\sinh\left[m(L-x)\right]+\theta_2\sinh mx}{\sinh mL}$$

(2) 棒表面からの放熱量 $\dot{Q}_f$ は棒の温度分布より次式で求められる．

$$\dot{Q}_f=\int_0^L hP\theta\mathrm{d}x=\sqrt{hPkA}\frac{\cosh mL-1}{\sinh mL}(\theta_1+\theta_2)$$
$$=\sqrt{hPkA}\frac{\cosh mL-1}{\sinh mL}(T_1+T_2-2T_\infty)$$

この放熱量 $\dot{Q}_f$ は， $x=0$ における熱量 $\dot{Q}_1$ と $x=L$ における熱量 $\dot{Q}_2$ の差 $\dot{Q}_d$ と等しいはずであり，両端における温度勾配とフーリエの法則から，次のようにも求められる．

$$\dot{Q}_d=-k\left[\left(\frac{\mathrm{d}T}{\mathrm{d}x}\right)_{x=0}-\left(\frac{\mathrm{d}T}{\mathrm{d}x}\right)_{x=L}\right]A=\sqrt{hPkA}\frac{\cosh mL-1}{\sinh mL}(\theta_1+\theta_2)=\dot{Q}_f$$

【2・8】例題 2.9 と同様にビオ数を計算すると，
$Bi=350\times1.833\times10^{-3}/43.0=1.491\times10^{-2}\ll1$ であるから，集中熱容量系が適用できる．

到達無次元温度は， $\theta=(400-300)/(1100-300)=0.125$ だから，式(2.46)を変形して，

$Fo=-\ln(\theta)/Bi=-\ln(0.125)/0.01491=139.5$

従って，冷却に要する時間は，

$t=FoL^2/\alpha=139.5\times(1.833\times10^{-3})^2/(1.178\times10^{-5})=39.8\,\mathrm{s}$

となる．

【2・9】冷却時の無次元温度は，
$\theta=(T_c-T_\infty)/(T_i-T_\infty)=(15\text{-}10)/(30\text{-}10)=0.25$ である．
球の中心温度の冷却曲線は図 2.23 に示されているので，上記無次元温度の時のフーリエ数は $Fo=0.21$ である．巻末見開き水の物性値より，熱拡散率は $\alpha=1.466\times10^{-7}\ \mathrm{m^2/s}$ である．図 2.23 では代表長 L に半径を使用しているから，冷却に要する時間は，

$$t = \frac{L^2 Fo}{\alpha} = \frac{0.15^2 \times 0.21}{1.466 \times 10^{-7}} = 3.22 \times 10^4 \text{ s} \approx 9.0 \text{ h}$$

となり，約 9 時間必要である．

【2・10】アクリル表面の熱流束は，

$$q_s = \frac{a\dot{Q}}{\pi d^2 / 4} = \frac{0.9 \times 0.1}{\pi \times (10^{-4})^2 / 4} = 1.146 \times 10^7 \text{ W/m}^2$$

巻末見開きアクリル樹脂の物性値より，熱拡散率 $\alpha = 1.2 \times 10^{-7}$ m²/s，熱伝導率 $k = 0.21$ W/(m·K) であるから，式(2.41)を用いて，$T_s = 400$ K になるまでの加熱時間は，以下のようになる．

$$t = (T_s - T_i)^2 k^2 \pi / (4 q_s^{\,2} \alpha) = 22.0 \text{ μs}$$

【2・11】ソーセージの半径を代表長さ L として，ビオ数を計算すると，

$$Bi = \frac{hL}{k} = \frac{300 \times 0.0075}{0.43} = 5.233$$

表 2.8 の円柱の値を参照して補間すると，$A_1 = 1.508$，$A_2 = 4.014$ となる．無次元温度 $\theta = (T_c - T_\infty)/(T_i - T_\infty) = (80 - 100)/(5 - 100) = 0.2105$ と式(2.50)から，

$$Fo = \ln(\theta / A_1)/(-A_2) = 0.4905$$

従って，加熱時間は，

$$t = \frac{Fo L^2}{\alpha} = \frac{0.490 \times 0.0075^2}{1.178 \times 10^{-7}} = 234 \text{ s} \approx 3.9 \text{ min}$$

となり，約 4 分かかる．

【2・12】ヌセルト数から熱伝達率を計算すると，

$$h = Nu k_f / d = 4.069 \times 10^3 \text{ W/(m}^2 \cdot \text{K)}$$

代表長さは球の体積を表面積で除した値 $L = 5 \times 10^{-5}$ m として，ビオ数を計算すると，

$$Bi = \frac{hL}{k_m} = \frac{4.069 \times 10^3 \times 5 \times 10^{-5}}{90.5} = 2.248 \times 10^{-3} \ll 1$$

となり，集中熱容量系が適用できるから，式(2.46)より，

$-FoBi = \ln(1/e) = -1$．　つまり，$Fo = 1/Bi$

したがって，熱電対の応答時間は，以下のようになる．

$$t = \frac{L^2}{Bi\alpha} = \frac{(5 \times 10^{-5})^2}{2.248 \times 10^{-3} \times 2.29 \times 10^{-5}} = 4.86 \times 10^{-2} \text{ s}$$

【2・13】鋼材の熱容量を考えていないので，表面温度一定の断熱材平板の中心温度の過渡変化を考える．中心の無次元温度は，

$$\theta = (T_c - T_s)/(T_i - T_s) = (870 - 1500)/(300\text{-}1500) = 0.525$$

厚さ $2L$ の断熱材中心温度の冷却曲線は図 2.23 に示されている．上記無次元温度の時のフーリエ数は $Fo = 0.36$ である．熱拡散率は

$\alpha = 9.0 \times 10^{-7}\ \mathrm{m^2/s}$ であるから，中心温度を $T_c = 870\ \mathrm{K}$ 以下に保つには，最小断熱材厚さ L は，

$$L = \sqrt{\frac{\alpha t}{Fo}} = \sqrt{\frac{9.0 \times 10^{-7} \times 3600 \times 2}{0.36}} = 0.134\ \mathrm{m}$$

となり，約 134 mm 以上の断熱材厚さが必要である．

第 3 章

【3・1】等温壁条件では $q(x)=h(T_w-T_e)\propto x^{-0.5}$ となり，熱流束は前縁から急激に減少する．また等熱流束壁条件では $(T_w(x)-T_e)=q/h\propto x^{0.5}$ となり，壁温は前縁より急激に，その後なだらかに上昇する．

【3・2】式(3.12)の右辺第 1 項を無視し，円管断面にわたり積分すると，

$$\frac{d}{dx}\left(\int_0^{d/2}2\pi r\rho uc_p(T-T_w)dr\right)=\int_0^{d/2}\frac{\partial}{\partial r}\left(2\pi rk\frac{\partial T}{\partial r}\right)dr$$

混合平均温度の定義式(3.31)および熱伝達率の定義式(3.2)を用いて

$$\frac{d}{dx}\dot{m}c_p(T_B-T_w)=\pi dk\left.\frac{\partial T}{\partial r}\right|_{r=d/2}=\pi dh(T_w-T_B)$$ これより

$$\dot{m}c_p\frac{d(T_B-T_w)}{dx}=-\pi dh(T_B-T_w)$$

または

$$d\ln(T_B-T_w)=-\frac{\pi d}{\dot{m}c_p}h(x)dx$$

これを $0\le x\le L$ にわたり積分し

$$\ln\left(\frac{T_B(L)-T_w}{T_B(0)-T_w}\right)=-\frac{\pi d}{\dot{m}c_p}\int_0^L h(x)dx$$

したがって

$$\dot{Q}=\dot{m}c_p(T_B(L)-T_B(0))=\frac{(T_B(L)-T_B(0))}{\ln\left(\dfrac{T_w-T_B(0)}{T_w-T_B(L)}\right)}\pi d\int_0^L h(x)dx=(\pi dL)\bar{h}\Delta T_{lm}$$

【3・3】液体金属のようにプラントル数が極めて小さい流体においては，速度境界層が温度境界層に比して十分薄く，温度境界層の全域にわたり $u=u_e$，$v=0$ と近似することができる（例 3.4 参照）．この時，エネルギーの式(3.15)は

$$u_e\frac{\partial T}{\partial x}=\alpha\frac{\partial^2 T}{\partial y^2}$$

または

$$\frac{\partial\theta}{\partial(x/u_e)}=\alpha\frac{\partial^2\theta}{\partial y^2}$$

ここで

$$\theta=(T-T_e)/(T_w-T_e)$$

この問題は，第 2.3 節における温度一定境界条件の半無限固体の非定常熱伝導問題（x/u_e が t に対応）と等価であることが分かる．したがって，第 2.3 節の温度分布の解において t を x/u_e に対応させて

$$\theta=1-\mathrm{erf}\left(\frac{y}{2\sqrt{\alpha x/u_e}}\right)$$

これを用いて，

$$q=-k\frac{\partial T}{\partial y}\bigg|_{y=0}=-k(T_w-T_e)\frac{\partial \theta}{\partial y}\bigg|_{y=0}$$
$$=-k(T_w-T_e)\left(-\frac{2}{\sqrt{\pi}}\frac{\partial}{\partial y}\left(\frac{y}{2\sqrt{\alpha x/u_e}}\right)\right)=\frac{k(T_w-T_e)}{\sqrt{\pi\alpha x/u_e}}$$

したがって，

$$Nu_x\equiv\frac{qx}{(T_w-T_e)k}=\frac{x}{\sqrt{\pi\alpha x/u_e}}=\frac{1}{\sqrt{\pi}}\left(\frac{u_e x}{\alpha}\right)^{1/2}=\frac{1}{\sqrt{\pi}}Re_x{}^{1/2}Pr^{1/2}$$

【3・4】壁摩擦を式(3.17)を用いて見積もると

$$\tau_w\sim\mu u_e/\delta\sim\mu u_e(u_e/\nu L)^{1/2}$$

したがって

$$\frac{\tau_w|_{oil}}{\tau_w|_{water}}=\left(\frac{\mu_{oil}}{\mu_{water}}\right)\left(\frac{\nu_{water}}{\nu_{oil}}\right)^{1/2}=\frac{0.15}{7\times10^{-4}}\left(\frac{7.0\times10^{-7}}{1.7\times10^{-4}}\right)^{1/2}=13.8$$

同様に，熱伝達率を式（3.18）を用いて見積もると

$$h\sim k/\delta_T\sim k(u_e/\nu L)^{1/2}Pr^{1/3}$$

したがって

$$\frac{h|_{oil}}{h|_{water}}=\left(\frac{k_{oil}}{k_{water}}\right)\left(\frac{\nu_{water}}{\nu_{oil}}\right)^{1/2}\left(\frac{Pr_{oil}}{Pr_{water}}\right)^{1/3}=\frac{0.14}{0.60}\left(\frac{7.0\times10^{-7}}{1.7\times10^{-4}}\right)^{1/2}\left(\frac{2000}{5.0}\right)^{1/3}=0.110$$

【3・5】水の物性値 $\mu=0.9\times10^{-3}\,\mathrm{Pa\cdot s}$，$\rho=997\,\mathrm{kg/m^3}$ を読み取り，

$$Re_d=\frac{4\dot{m}}{\pi\mu d}=\frac{4\times0.01}{3.14\times0.9\times10^{-3}\times0.03}=472<2300$$

したがって層流である．平均速度は

$$u_B=\frac{4\dot{m}}{\rho\pi d^2}=\frac{4\times0.01}{997\times3.14\times0.03^2}=0.0142\ \mathrm{m/s}$$

であり，式(3.29)より，管軸の最大速度は $2u_B=0.0284\ \mathrm{m/s}$ となる．また，圧力勾配は式(3.30)より

$$-\frac{dp}{dx}=\lambda_f\frac{\rho u_B{}^2}{2d}=\frac{64}{Re_d}\frac{\rho u_B{}^2}{2d}=\frac{64}{472}\times\frac{997\times0.0142^2}{2\times0.03}=0.454\ \mathrm{Pa/m}$$

【3・6】20℃の水の物性値 $\mu=1.002\times10^{-3}\,\mathrm{Pa\cdot s}$，$k=0.5995\,\mathrm{W/m\cdot K}$，$c_p=4.185\,\mathrm{kJ(kg\cdot K)}$ を読み取り

$$Re_d=\frac{4\dot{m}}{\pi\mu d}=\frac{4\times0.015}{3.14\times1.002\times10^{-3}\times0.05}=381<2300$$

したがって層流である．式(3.25a)より温度助走区間を算出する．

$$L_T=0.05Re_d\left(\frac{\mu c_p}{k}\right)d=0.05\times381\times\frac{1.002\times10^{-3}\times4185}{0.5995}\times0.05=6.66\ \mathrm{m}<8\ \mathrm{m}$$

したがって，注目する L=8m 先には十分発達した温度場が形成されている．

$$T_B(L) = T_B(0) + \frac{\pi d q L}{c_p \dot{m}} = 20 + \frac{3.14 \times 0.05 \times 1200 \times 8}{4185 \times 0.015} = 44.0\ ℃$$

式(3.35)を用い

$$T_w(L) = T_B(L) + \frac{qd}{kNu_d} = 44.0 + \frac{1200 \times 0.05}{0.5995 \times 4.36} = 67.0\ ℃$$

膜温度 (44.0+67.0)/2=55.5℃ における熱伝導率 $k = 0.6462\ \mathrm{W/(m \cdot K)}$ を用いて　再度計算すると

$$T_w(L) = T_B(L) + \frac{qd}{kNu_d} = 44.0 + \frac{1200 \times 0.05}{0.6462 \times 4.36} = 65.3\ ℃$$

新しい膜温度 (44.0+65.3)/2=54.7 ℃は，予想した膜温度 55.5 ℃とほとんど一致することから，この計算値 65.3 ℃を 8 m 先の円管内壁の温度とすればよい．

【3・7】 レイノルズ数は

$$Re_d = \frac{4\dot{m}}{\pi \mu d} = \frac{4 \times 0.015}{3.14 \times 0.036 \times 0.004} = 133 < 2300$$

したがって，層流である．Shah の式(3.40)を使用すべく，L^* を算出する．

$$L^* = \frac{L}{dRe_d Pr} = \frac{30}{0.004 \times 133 \times (0.036 \times 2100 / 0.14)} = 0.104 > 0.03$$

したがって，式(3.40b)を用いる．

$$\overline{Nu_d} = 3.657 + \frac{0.0499}{L^*} = 3.657 + \frac{0.0499}{0.104} = 4.14$$

平均熱伝達率は

$$\bar{h} = \overline{Nu_d} \frac{k}{d} = 4.14 \times \frac{0.14}{0.004} = 145\ \mathrm{W/(m^2 \cdot K)}$$

出口の油の混合平均温度は練習問題【3・2】で示した関係

$$\frac{T_B(L) - T_w}{T_B(0) - T_w} = \exp\left(-\frac{\pi d L}{\dot{m} c_p} \bar{h} \right)$$

を用いて計算すればよい．すなわち，

$$T_B(L) = T_w + (T_B(0) - T_w) \exp\left(-\frac{\pi d L}{\dot{m} c_p} \bar{h} \right)$$

$$= 100 + (50 - 100) \exp\left(-\frac{3.14 \times 0.004 \times 30}{0.015 \times 2100} \times 145 \right) = 91.2\ ℃$$

【3・8】 膜温度 (20+100)/2=60 ℃の空気の物性値 $\mu = 2.014 \times 10^{-5}\ \mathrm{Pa \cdot s}$，$\rho = 1.059\ \mathrm{kg/m^3}$，$k = 0.02865\ \mathrm{W/(m \cdot K)}$，$Pr = 0.7088$ を読み取り

$$Re_L = \frac{\rho u_e L}{\mu} = \frac{1.059 \times 1.4 \times 5}{2.014 \times 10^{-5}} = 3.68 \times 10^5 < 5 \times 10^5$$

したがって，層流と考えてよい．式(3.48)を用いて

$$\overline{Nu_L} = 0.664 Re_L^{1/2} Pr^{1/3} = 0.664 \times (3.68 \times 10^5)^{1/2} \times 0.7088^{1/3} = 359$$

したがって

$$\overline{h} = \overline{Nu_L}\frac{k}{L} = 359\times\frac{0.02865}{5} = 2.06\ \mathrm{W/(m^2\cdot K)}$$

$$\dot{Q} = \overline{h}A(T_w - T_e) = 2.06\ \times(5\times1)\times(100-20) = 824\ \mathrm{W}$$

また，非伝熱部がある場合には，式(3.49)を用いて

$$h = \frac{0.332Pr^{1/3}}{\left(1-(x_0/x)^{3/4}\right)^{1/3}}Re_x{}^{1/2}\frac{k}{x}$$

$$= \frac{0.332\times0.7088^{1/3}}{\left(1-(1/3)^{3/4}\right)^{1/3}}\times\left(2.21\times10^5\right)^{1/2}\times\frac{0.02865}{3} = 1.61\ \mathrm{W/(m^2\cdot K)}$$

$$q = h(T_w - T_e) = 1.61\ \times(100-20) = 129\ \mathrm{W/m^2}$$

【3・9】プラントル数が極めて大きい流体の層流においては，温度境界層が速度境界層に比して十分薄く，温度境界層の全域にわたり $u=(\tau_w/\mu)y$ で近似ができる（例 3.4 参照）．この時，式(3.43)および(3.44)より，

$$u = (\tau_w/\mu)y = f''(0)u_e\eta = 0.332u_e\eta$$

すなわち，

$$df/d\eta = u/u_e = 0.332\eta$$

が近似的に成立する．これを $f(0)=0$ に留意し積分する．

$$f = \frac{0.332}{2}\eta^2$$

これを式（3.46）および(3.47)に代入し

$$Nu_x/Re_x^{1/2} = -\theta'(0) = \left(\int_0^\infty \exp\left(-\frac{Pr}{2}\int_0^\eta f\mathrm{d}\eta\right)\mathrm{d}\eta\right)^{-1}$$

$$= \left(\int_0^\infty \exp\left(-\frac{Pr}{2}\int_0^\eta \frac{0.332}{2}\eta^2\mathrm{d}\eta\right)\mathrm{d}\eta\right)^{-1} = \left(\int_0^\infty \exp\left(-\frac{Pr}{12}0.332\eta^3\right)\mathrm{d}\eta\right)^{-1}$$

$$= \left(\left(\frac{12}{0.332Pr}\right)^{1/3}\int_0^\infty \exp\left(-\left(\left(\frac{0.332Pr}{12}\right)^{1/3}\eta\right)^3\right)\mathrm{d}\left(\frac{0.332Pr}{12}\right)^{1/3}\eta\right)^{-1}$$

$$= \left(\left(\frac{12}{0.332Pr}\right)^{1/3}\int_0^\infty \exp\left(-z^3\right)\mathrm{d}z\right)^{-1} = \left(\left(\frac{12}{0.332Pr}\right)^{1/3}0.893\right)^{-1} = 0.339Pr^{1/3}$$

【3・10】式(3.54)より

$$h = 0.332Pr^{0.35}\left(1+\left(2.95Pr^{0.07}-1\right)m\right)^{1/2}\frac{k}{x}\left(\frac{C_u x^m x}{\nu}\right)^{1/2} \propto x^{\frac{1+m}{2}-1}$$

したがって

$$\overline{h} = \frac{1}{L}\int_0^L h dx = \frac{0.664}{1+m}Pr^{0.35}\left(1+\left(2.95Pr^{0.07}-1\right)m\right)^{1/2}\frac{k}{L}\left(\frac{C_u L^m L}{\nu}\right)^{1/2}$$

または

$$\overline{Nu_L} = \frac{\overline{h}L}{k} = \frac{0.664}{1+m}Pr^{0.35}\left(1+\left(2.95Pr^{0.07}-1\right)m\right)^{1/2}Re_L{}^{1/2}$$

次に，膜温度(20+80)/2=50 ℃の空気の物性値 $\mu = 1.967\times10^{-5}$ Pa·s，$\rho = 1.092$ kg/m^3，$k = 0.02793$ W/(m·K)，$Pr = 0.7099$ を読み取り

$$\bar{h} = \frac{0.664}{1+m}Pr^{0.35}\left(1+\left(2.95Pr^{0.07}-1\right)m\right)^{1/2}\frac{k}{L}\left(\frac{C_u L^m L}{\nu}\right)^{1/2}$$

$$= \frac{0.664}{1+(1/3)}\times0.7099^{0.35}\times\left(1+\left(2.95\times0.7099^{0.07}-1\right)\times\frac{1}{3}\right)^{1/2}$$

$$\times\frac{0.02793}{1}\left(\frac{3\times1^{1/3}\times1}{1.967\times10^{-5}/1.092}\right)^{1/2} = 6.42 \text{ W/(m}^2\cdot\text{K)}$$

この面からの放熱量は

$$\dot{Q} = \bar{h}A(T_w - T_e) = 6.42\times(1\times2)\times(80-20) = 770 \text{ W}$$

【3・11】トリップワイヤーにより前縁から乱流境界層が形成されている．まず，膜温度(20+100)/2=60 ℃の空気の物性値 $\mu = 2.014\times10^{-5}$ Pa·s，$\rho = 1.059$ kg/m^3，$k = 0.02865$ W/(m·K)，$Pr = 0.7088$ を読み取り，レイノルズ数を算出しておく．

$$Re_L = \frac{\rho u_e L}{\mu} = \frac{1.059\times20\times1}{2.014\times10^{-5}} = 1.05\times10^6 > 5\times10^5$$

水平平板の平均摩擦係数の式(3.62)を用いて

$$\bar{C}_f = 0.0741Re_L^{-1/5} = 0.0741\times\left(1.05\times10^6\right)^{-1/5} = 0.00463$$

平板の両面を考え，摩擦抵抗は

$$\bar{C}_f\frac{\rho u_e^2}{2}A = 0.00463\times\frac{1.059\times20^2}{2}\times(2\times1\times1) = 1.96 \text{ N}$$

平均熱伝達率は式(3.64)を用いて

$$\bar{h} = 0.037Re_L^{4/5}Pr^{1/3}\frac{k}{L}$$

$$= 0.037\times\left(1.05\times10^6\right)^{4/5}\times0.7088^{1/3}\times\frac{0.02865}{1} = 62.0 \text{ W/(m}^2\cdot\text{K)}$$

したがって，平板の両面からの放熱量は

$$\dot{Q} = \bar{h}A(T_w - T_e) = 62.0\times(2\times1\times1)(100-20) = 9.92\times10^3 \text{ W}$$

【3・12】20 ℃の水の物性値 $\mu = 1.002\times10^{-3}$ Pa·s，ρ =998.2 kg/m^3 を読み取り，

$$u = (\tau_w/\rho)^{1/2}\left(\frac{1}{\kappa}\ln\left\{\frac{(\tau_w/\rho)^{1/2}y}{\nu}\right\}+B\right)$$

$$0.2 = (\tau_w/\rho)^{1/2}\left(\frac{1}{0.41}\ln\left\{\frac{(\tau_w/\rho)^{1/2}\times0.01}{1.002\times10^{-3}/998.2}\right\}+5\right)$$

これを繰り返し計算で解き，$(\tau_w/\rho)^{1/2} = 0.0120$ m/s を得る．したがって，壁摩擦応力は

$$\tau_w = 0.0120^2 \times 998.2 = 0.144 \text{ Pa}$$

管摩擦係数の定義式(3.26)およびブラジウスの式(3.57)より

$$\lambda_f = \frac{8(\tau_w/\rho)}{{u_B}^2} = 0.3164\left(\frac{\nu}{u_B d}\right)^{1/4}$$

これより

$$u_B = \left(\frac{8}{0.3164}\left(\frac{\tau_w}{\rho}\right)\left(\frac{d}{\nu}\right)^{1/4}\right)^{4/7}$$

$$= \left(\frac{8}{0.3164} \times 0.0120^2 \times \left(\frac{0.1}{1.002\times10^{-3}/998.2}\right)^{1/4}\right)^{4/7} = 0.209 \text{ m/s}$$

したがって，質量流量は

$$\dot{m} = \rho\frac{\pi}{4}d^2 u_B = 998.2 \times \frac{3.14}{4} \times 0.1^2 \times 0.209 = 1.64 \text{ kg/s}$$

【3・13】 20℃の水の物性値，$\rho = 998.2 \text{ kg/m}^3$，$\mu = 1.002\times10^{-3} \text{ Pa}\cdot\text{s}$，$k = 0.5995 \text{ W/(m}\cdot\text{K)}$，$c_p = 4.185 \text{ kJ(kg}\cdot\text{K)}$)を読み取り

$$Re_d = \frac{\rho u_B d}{\mu} = \frac{998.2 \times 3 \times 0.02}{1.002 \times 10^{-3}} = 5.98 \times 10^4 > 2300$$

したがって乱流である．式(3.25b)より温度助走区間を算出する．

$$L_T = 10d = 10 \times 0.02 = 0.2 \text{ m} < 1.50 \text{ m}$$

したがって，注目する 1.5m 先には十分発達した温度場が形成されている．Dittus-Boelter の式(3.59)を用いて，

$$h = 0.023{Re_d}^{0.8}\left(\frac{\mu c_p}{k}\right)^{0.4}\frac{k}{d}$$

$$= 0.023 \times \left(5.98\times10^4\right)^{0.8} \times \left(\frac{1.002\times10^{-3}\times4185}{0.5995}\right)^{0.4}\frac{0.5995}{0.02} = 9.95\times10^3 \text{ W/}\left(\text{m}^2\cdot\text{K}\right)$$

$$T_B(L) = T_B(0) + \frac{\pi d q L}{c_p \dot{m}} = 20 + \frac{3.14\times0.02\times\left(230\times10^3\right)\times1.5}{4185\times\left(998.2\times\frac{3.14}{4}\times0.02^2\times3\right)} = 25.5 \text{ ℃}$$

$$T_w(L) = T_B(L) + \frac{q}{h} = 25.5 + \frac{230\times10^3}{9.95\times10^3} = 48.6 \text{ ℃}$$

膜温度 (25.5+48.6)/2=37.1 ℃ における物性値 $\rho = 993.2 \text{ kg/m}^3$，$\mu = 0.6948\times10^{-3} \text{ Pa}\cdot\text{s}$，$k = 0.6247 \text{ W/(m}\cdot\text{K)}$，$c_p = 4.158 \text{ kJ/(kg}\cdot\text{K)}$ を読み取り再度計算すると

$$h = 0.023{Re_d}^{0.8}\left(\frac{\mu c_p}{k}\right)^{0.4}\frac{k}{d}$$

$$= 0.023 \times \left(8.58\times10^4\right)^{0.8} \times \left(\frac{0.6948\times10^{-3}\times4158}{0.6247}\right)^{0.4}\frac{0.6247}{0.02} = 1.17\times10^4 \text{ W/(m}^2\cdot\text{K)}$$

$$T_w(L) = T_B(L) + \frac{q}{h} = 25.5 + \frac{230\times 10^3}{1.17\times 10^4} = 45.2\ ℃$$

新しい膜温度(25.5+45.2)/2=35.4℃は，予想した膜温度 37.1 ℃と，あまり変わらないことから，この計算値 45.2 ℃を 1.5 m 先の円管内壁の温度とすればよい．

【3・14】膜温度(30+130)/2=80℃の空気の物性値 $\mu = 2.105\times 10^{-5}$ Pa·s，$\rho = 0.9989$ kg/m^3，$k = 0.03007$ W/(m·K)，$Pr = 0.7070$ を読み取る．レイノルズ数を算出すると，

$$Re_d = \frac{\rho u_\infty d}{\mu} = \frac{0.9989\times 20\times 0.03}{2.105\times 10^{-5}} = 2.85\times 10^4$$

適用レイノルズ数域に留意し，Zhukauskas の式(3.65)の 2 番目の式を用いる．

$$\bar{h} = 0.26 Re_d^{0.6} Pr^{0.36}\frac{k}{d}$$

$$= 0.26\times\left(2.85\times 10^4\right)^{0.6}\times 0.7070^{0.36}\times\frac{0.03007}{0.03} = 108\ \mathrm{W/(m^2\cdot K)}$$

したがって，軸長 1 m あたりの円柱から周囲気流への放熱量は

$$\dot{Q} = \pi d L\bar{h}(T_w - T_\infty) = 3.14\times 0.03\times 1\times 108\times(130-30) = 1.02\times 10^3\ \mathrm{W}$$

【3・15】まず，u_{max} を算出する．すなわち，$S_T - d = 15-10 = 5$ mm と

$$2\left(\sqrt{S_L{}^2 + (S_T/2)^2} - d\right) = 2\left(\sqrt{20^2 + (15/2)^2} - 10\right) = 22.7\ \mathrm{mm}$$

を比較し，$(S_T - d) < 2\left(\sqrt{S_L{}^2 + (S_T/2)^2} - d\right)$ であることから

$$u_{max} = u_\infty\frac{S_T}{S_T - d} = 10\times\frac{15}{15-10} = 30\ \mathrm{m/s}$$

入口と出口の算術平均温度を 30 ℃と予想する．空気の物性値，ρ =1.164 kg/m^3，μ =1.872 ×10^{-5} Pa·s，$k = 0.02647$ W/(m·K)，$Pr = 0.7124$，$c_p = 1.007$ kJ/(kg·K) を読み取り，レイノルズ数を算出する．

$$Re_{d\max} = \frac{\rho u_{\max} d}{\mu} = \frac{1.164\times 30\times 0.01}{1.872\times 10^{-5}} = 1.87\times 10^4$$

$S_T/S_L = 15/20 = 0.75 < 2$ より，式（3.68）の第 3 番目の式を用いる．

$$\bar{h} = 0.35(S_T/S_L)^{0.2} Re_{d\max}{}^{0.60} Pr^{0.36}\frac{k}{d}$$

$$= 0.35\times 0.75^{0.2}\times\left(1.87\times 10^4\right)^{0.6}\times 0.7124^{0.36}\times\frac{0.02647}{0.01} = 283\ \mathrm{W/(m^2\cdot K)}$$

出口温度を式（3.71）より予測する．

$$T_{Bout} = T_w + (T_{Bin} - T_w)\exp\left(-\frac{\pi d\bar{h}}{\rho c_p u_\infty S_T}N_L\right)$$

$$= 80 + (15-80)\times\exp\left(-\frac{3.14\times 0.01\times 283}{1.164\times 1007\times 10\times 0.015}\times 10\right) = 40.8℃$$

また，入口温度と出口温度の算術平均温度は(15+40.8)/2=27.9 ℃と，は

じめに想定した温度 30 ℃に近いため，繰り返し計算の必要はない．以上より，管群の幅 1m 当たりの加熱量は以下のように決定できる．

$$\dot{Q} = N_T S_T \rho u_\infty c_p \left(T_{Bout} - T_{Bin} \right)$$
$$= 10 \times 0.015 \times 1.164 \times 10 \times 1007 \times \left(40.8 - 15 \right) = 4.54 \times 10^4 \text{ W/m}$$

または，対数温度差を用いて，以下のように算出できる．

$$\dot{Q} = N_T N_L \pi d \bar{h} \Delta T_{lm}$$
$$= 10 \times 10 \times 3.14 \times 0.01 \times 283 \times \frac{40.8 - 15}{\ln\left(\dfrac{80 - 15}{80 - 40.8} \right)} = 4.54 \times 10^4 \text{ W/m}$$

【3・16】 膜温度(20+80)/2=50℃の空気の物性値 $\mu = 1.967 \times 10^{-5}$ Pa·s，$\rho = 1.092$ kg/m^3，$k = 0.02793$ W/(m·K)，$Pr = 0.7099$ を読み取り，レイリー数を算出しておく．

$$Ra_{L'} = \frac{g\beta \left(T_w - T_e \right) \left(L' \right)^3}{\nu^2} Pr$$
$$= \frac{9.807 \times \left(20 + 273 \right)^{-1} \times \left(80 - 20 \right) \times 0.0375^3}{\left(1.967 \times 10^{-5} / 1.092 \right)^2} \times 0.7099 = 2.32 \times 10^5$$

ここで $L' = 0.15 \times 0.15 / \left(4 \times 0.15 \right) = 0.0375$ m は板面の面積をその周長で除した寸法である．上面からの放熱量は式（3.81a）を用いて

$$\bar{h} = 0.54 Ra_{L'}^{1/4} \frac{k}{L'} = 0.54 \times \left(2.32 \times 10^5 \right)^{1/4} \frac{0.02793}{0.0375} = 8.83 \text{ W/(m}^2 \cdot \text{K)}$$

$$\dot{Q}_{upper} = \bar{h} A \left(T_w - T_e \right) = 8.83 \times \left(0.15 \times 0.15 \right) \times \left(80 - 20 \right) = 11.9 \text{ W}$$

下面からの放熱量は式（3.81b）を用いて

$$\bar{h} = 0.27 Ra_{L'}^{1/4} \frac{k}{L'} = 0.27 \times \left(2.32 \times 10^5 \right)^{1/4} \frac{0.02793}{0.0375} = 4.41 \text{ W/(m}^2 \cdot \text{K)}$$

$$\dot{Q}_{lower} = \bar{h} A \left(T_w - T_e \right) = 4.41 \times \left(0.15 \times 0.15 \right) \times \left(80 - 20 \right) = 5.95 \text{ W}$$

上面から放熱量は下面からの放熱量の 2 倍である．

【3・17】 膜温度(15+45)/2=30℃の空気の物性値 $\mu = 1.872 \times 10^{-5}$ Pa·s，$\rho = 1.164$ kg/m^3，$k = 0.02647$ W/(m·K)，$Pr = 0.7124$ を読み取り，レイリー数を算出しておく．

$$Ra_d = \frac{g\beta \left(T_w - T_e \right) d^3}{\nu^2} Pr$$
$$= \frac{9.807 \times \left(15 + 273 \right)^{-1} \times \left(45 - 15 \right) \times 0.5^3}{\left(1.872 \times 10^{-5} / 1.164 \right)^2} \times 0.7124 = 3.51 \times 10^8$$

Churchill-Chu の式（3.77）を用いて

$$\overline{h} = \left(0.60 + \frac{0.387 \times Ra_d^{\ 1/6}}{\left\{1 + (0.559 / Pr)^{9/16}\right\}^{8/27}} \right)^2 \frac{k}{d}$$

$$= \left(0.60 + \frac{0.387 \times \left(3.51 \times 10^8\right)^{1/6}}{\left\{1 + (0.559 / 0.7124)^{9/16}\right\}^{8/27}} \right)^2 \frac{0.02647}{0.5} = 4.42\ \mathrm{W/(m^2 \cdot K)}$$

円管の 1m 奥行き当たりの放熱量は

$$\dot{Q} = \pi d \overline{h} (T_w - T_e) = 3.14 \times 0.5 \times 4.42 \times (45 - 15) = 208\ \mathrm{W/m}$$

または，式（3.80）を用いて

$$\overline{h} = 0.13k \left(\frac{g\beta(T_w - T_e)}{\nu^2} Pr \right)^{1/3}$$

$$= 0.13 \times 0.02647 \times \left(\frac{9.807 \times (15 + 273)^{-1} \times (45 - 15)}{\left(1.872 \times 10^{-5} / 1.164\right)^2} \times 0.7124 \right)^{1/3}$$

$$= 4.86\ \mathrm{W/(m^2 \cdot K)}$$

円管の 1m 奥行き当たりの放熱量は

$$\dot{Q} = \pi d \overline{h} (T_w - T_e) = 3.14 \times 0.5 \times 4.86 \times (45 - 15) = 229\ \mathrm{W/m}$$

第 4 章

【4・1】手のひらからの放熱は，ふく射による伝熱がその一部を担う．左手に右手を近づけることで，右手（左手と同じ温度）から放射されるふく射を受けることにより，そのふく射による放熱量が減少するため，近づけるにつれて温かみを感じる．

【4・2】太陽光が地球上に降り注ぐときの熱流束はおよそ$1000\ \mathrm{W/m^2}$である．一方，2 本のセラミックヒーターから放射される全エネルギー$\dot{Q}$は以下のように求められる．

$$\dot{Q}= 0.8\times5.67\times10^{-8}\times1000^4\times\pi\times0.01\times0.2\times2= 570\ \mathrm{W}$$

したがって，両方の手のひらの面積に全て流入するとすると，その熱流束$\dot{Q}$は以下のようになる．

$$\dot{Q} = 570/(0.2\times0.2) \quad = 14250\ \mathrm{W/m^2}$$

これは太陽光の熱流束に比べおよそ 14 倍の大きさとなることがわかる．

【4・3】それぞれの円筒で温度一様であれば，偏心していても，例題と同様の考え方が成立するので，$F_{11}=0$，$F_{12}=1$，$F_{21}=\frac{r_1}{r_2}$，$F_{22}=1-\frac{r_1}{r_2}$である．

【4・4】式 4.16 より

$$F_{12}+F_{13}=1 \quad (1), \qquad F_{21}+F_{23}=1 \quad (2), \qquad F_{31}+F_{32}=1 \quad (3)$$

である．また，式(4.15)より，流路単位長さ当たり

$$L_1F_{12}=L_2F_{21} \quad (4), \qquad L_1F_{13}=L_3F_{31} \quad (5), \quad L_2F_{23}=L_3F_{32} \quad (6)$$

である．式(2)に式(4)と(6)を代入，さらに式(3)に式(5)を代入すると，

$$\frac{L_1}{L_2}F_{12}+\frac{L_3}{L_2}F_{32}=1 \quad (7), \qquad \frac{L_1}{L_2}F_{12}+\frac{L_3}{L_2}F_{32}=1 \quad (8)$$

となる．式(7)と(8)よりF_{32}を消去，式(1)と(9)よりF_{13}を消去すると，

$$\frac{L_1}{L_2}F_{12}-\frac{L_1}{L_2}(1-F_{12})=1-\frac{L_3}{L_2} \quad (9), \qquad \frac{L_1}{L_2}F_{12}-\frac{L_1}{L_2}(1-F_{12})=1-\frac{L_3}{L_2} \quad (10)$$

となる． F_{12}について解けば以下のように幅L_1, L_2, L_3のみで表現できる．

$$F_{12}=\frac{L_1+L_2-L_3}{2L_1} \qquad (11)$$

【4・5】半球面上の微小面積を$\mathrm{d}A_2$とする．式(4.11)より，$\mathrm{d}A_2$から$\mathrm{d}A_1$へのふく射エネルギーは以下のように求められる．

$$\mathrm{d}^2\dot{Q}_{21}=\mathrm{d}^2\dot{Q}_{2\to1}-\mathrm{d}^2\dot{Q}_{1\to2}=(\sigma T_2{}^4-\sigma T_1{}^4)\frac{\cos\theta_1\cos\theta_2\mathrm{d}A_1\mathrm{d}A_2}{\pi R^2}$$

ここで，$\cos\theta_2=1$であり，$\mathrm{d}A_2=R^2\sin\theta_1\mathrm{d}\theta_1\mathrm{d}\varphi$であるから

$$\mathrm{d}^2\dot{Q}_{21}=\mathrm{d}^2\dot{Q}_{2\to1}-\mathrm{d}^2\dot{Q}_{1\to2}=(\sigma T_2{}^4-\sigma T_1{}^4)\frac{\cos\theta_1\mathrm{d}A_1R^2\sin\theta_1\mathrm{d}\theta_1\mathrm{d}\varphi}{\pi R^2}$$

となる．これを、半球面に沿って積分すると以下のようにF_{21}が求められる．

$$d\dot{Q}_{21} = (\sigma T_2^{\ 4} - \sigma T_1^{\ 4})A_2F_{21}, \quad F_{A_2 \to dA_1} = \frac{dA_1}{A_2}\int_0^{2\pi}\int_0^{\pi/2}\frac{\cos\theta_1 \sin\theta_1 d\theta_1 d\varphi}{\pi} = \frac{dA_1}{A_2}$$

【4・6】面 1 と面 2 に対する射度と外来照射量をそれぞれ，J_1, J_2, G_1, G_2 とする．

$$J_1 = (1-\varepsilon_1)G_1 + \varepsilon_1 E_1$$

$$J_2 = (1-\varepsilon_2)G_2 + \varepsilon_2 E_2 = 0$$

$$A_1G_1 = A_2F_{21}J_2 + A_1F_{11}J_1 = A_1F_{11}J_1$$

$$A_2G_2 = A_1F_{12}J_1$$

また，形態係数の関係から，$F_{21} = 0$，$F_{11} + F_{12} = 1$ である．
第 1 式と第 3 式より G_1 を求めると以下のようになる．

$$G_1 = \{(1 - A_2/A_1)\varepsilon_1 E_1\}/\{1-(1-A_2/A_1)(1-\varepsilon_1)\}$$

これを第 1 式に代入し，さらに第 4 式の J_1 に代入すると，G_2 は

$$G_2 = \varepsilon_1 E_1/\{1-(1-A_2/A_1)(1-\varepsilon_1)\}$$

となる．仮想面の放射率は $\varepsilon_2 = G_2/E_1$ であるから，

$$\varepsilon_2 = \varepsilon_1/\{\varepsilon_1 + \{(1-\varepsilon_1)A_2\}/A_1\}$$

となる．よって，$\varepsilon_2 \to 1\,(A_2 \ll A_1)$ であり，$\varepsilon_2 = \varepsilon_1\,(A_2 = A_1)$ である．

【4・7】図 4.21 に示すような吸収帯を有する炭酸ガスの厚みが半無限大の場合，各吸収帯の吸収率は 1 となる．したがって，

$$E = E_b(T)\sum_{\lambda} f_{\lambda}$$

となる．ここに 833K の黒体放射と黒体放射分率の数値を代入すると，$27.3\,\mathrm{kW/m^2}$ となる．例 4.14 の $7.35\,\mathrm{kW/m^2}$ に比べてかなり大きくなることが分かる．

【4・8】図 4.31 のように dA_1 を中心として半径 r の半球を描くと dA_1 からは半球状に等強度 I でふく射が放射される．このとき，任意の位置の微小面積 dA_2 を見込む立体角 dA_2/r^2 には $IdA_1\cos\theta_1\, dA_2/r^2$ のエネルギーが放射される．したがって，dA_2 の投影面積 $dA_2\cos\theta_1$ には IdA_1/r^2 のふく射エネルギー（θ_1 に依存しない）が割り当てられる．この投影面積 $dA_2\cos\theta_1 = \cos\theta_1 r d\theta_1 r\sin\theta_1 d\phi$（式(4.8)より）を $\theta_1 = 0 \sim \pi/2$，$\phi = 0 \sim 2\pi$ で積分すると

$$\int_0^{2\pi}\int_0^{\frac{\pi}{2}}\cos\theta_1 r d\theta_1 r\sin\theta_1 d\phi = \pi r^2 \text{（式(4.8)より）}$$

となる．したがって，dA_1 から放射される全ふく射エネルギー（πr^2 に相当）のうち，dA_2（投影面積も同じ）に到達する割合，すなわち形態係数は，それらの面積比となる．

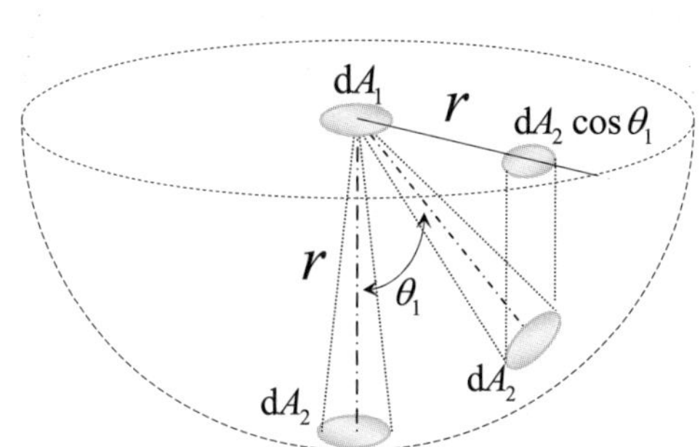

図 4.31　微小面積を見込む立体角とその投影面積

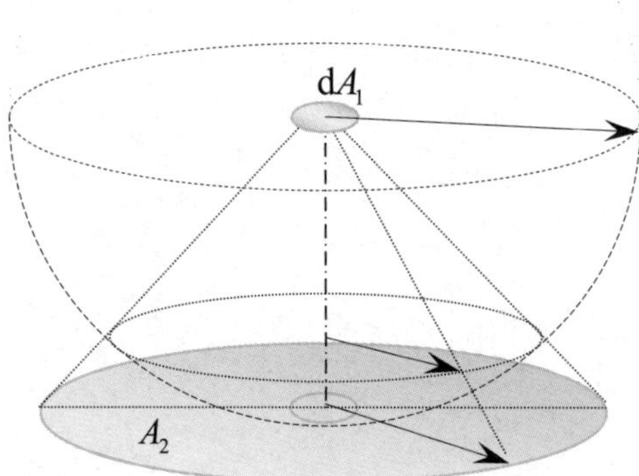

図 4.32　黒体半球面とその中心に置かれた微小面積間の形態係数

【4・9】図 4.32 より dA_1 から A_2 を見込む円錐内に放射されたふく射が面 A_2 に達する．練習問題 4・8 と同様に考えると，この円錐側面と半径 h の半球面が交差する円の面積は，dA_1 と同じ平面状に投影された面積に相当する．その半径を x とすると，

$$x : R_2 = h : \sqrt{h^2 + R_2^{\,2}}\,,\quad x = hR_2 \big/ \sqrt{h^2 + R_2^{\,2}}$$

となる．その面積，および形態係数は以下のようになる．

$$\pi x^2 = \pi h^2 R_2^{\,2} \big/ \left(h^2 + R_2^{\,2}\right),\quad F_{dA_1 \to A_2} = \frac{\pi x^2}{\pi h^2} = \frac{R_2^{\,2}}{h^2 + R_2^{\,2}}$$

さらに，以下のように変形し，$R_2 \to \infty$ の極限を考えると，

$$F_{dA_1 \to A_2} = \pi x^2 \big/ \pi h^2 = R_2^{\,2} \big/ \left(h^2 + R_2^{\,2}\right) = 1 \big/ \left(h^2 \big/ R_2^{\,2} + 1\right) \cong 1$$

となり，A_2 が大きくなるにつれ πx^2 が πh^2 に近づくことを意味している．

【4・10】屋根を通過する熱流束を q，屋根の厚みを d，熱伝導率を λ，外側表面温度を T_s，太陽から注ぐ熱流束を q_s とする．定常状態では熱流束が一定であるから，以下のように記述できる．

$$q = \lambda\left(T_s - 300\right) \big/ d = q_s - \sigma T_s^{\,4}$$

中央の項と右辺項の値が等しくなるように T_s を以下のように選ぶ．

$$T_s - 300 = q_s - 5.67 \times 10^{-8} T_s^{\,4} = q_s - 5.67\left(T_s / 100\right)^4$$

左辺：58.0　　右辺：68.6　　（$T_s = 358$ K の場合）

左辺：59.0　　右辺：58.2　　（$T_s = 359$ K の場合）

左辺：60.0　　右辺：47.7　　（$T_s = 360$ K の場合）

したがって，表面温度は 359 K（86℃）となり，熱流束は 59.0 W/m^2 となる．

第 5 章

【5・1】物性値表から飽和温度－40°C におけるプロパンの物性値を求める．

ρ_l=578.9 kg/m^3， ρ_v=2.631 kg/m^3， σ=15.53 mN/m

Fritz の式(5.8)を使って，

$$d_b = 0.0209\theta\sqrt{\frac{\sigma}{g(\rho_l - \rho_v)}}$$

$$= 0.0209 \times 10 \times \sqrt{\frac{15.53 \times 10^{-3}}{9.807 \times (578.9 - 2.631)}} = 3.46 \times 10^{-4}\ \mathrm{m} = 0.346\ \mathrm{mm}$$

【5・2】物性値表から飽和温度－20°C における HFC-134a の物性値を求める．

p_{sat}=0.1327 MPa， ρ_l=1358 kg/m^3， ρ_v=6.875 kg/m^3， L_{lv}=212.9 kJ/kg，

k_l=101.1 mW/(m·K)， ν_l=2.560×10^{-7} m^2/s， σ=14.51 mN/m， Pr_l=4.447

まず，Laplace 係数を計算する．

$$l_a = \sqrt{\frac{\sigma}{g(\rho_l - \rho_v)}} = \sqrt{\frac{14.51 \times 10^{-3}}{9.807 \times (1358 - 6.875)}} = 1.046 \times 10^{-3}\ \mathrm{m}$$

次に Kutateladze の式を使って熱伝達率を計算する．

$$h = 7.0 \times 10^{-4} \cdot Pr_l^{0.35} \cdot \left(\frac{q l_a}{\rho_v L_{lv} \nu_l}\right)^{0.7} \left(\frac{p_{sat} l_a}{\sigma}\right)^{0.7} \cdot \frac{k_l}{l_a}$$

$$= 7.0 \times 10^{-4} \times 4.447^{0.35} \cdot \left(\frac{2 \times 10^3 \times 1.046 \times 10^{-3}}{6.875 \times 212.9 \times 10^3 \times 2.612 \times 10^{-6}}\right)^{0.7}$$

$$\times \left(\frac{0.1327 \times 10^6 \times 1.046 \times 10^{-3}}{14.51 \times 10^{-3}}\right)^{0.7} \times \frac{101.1 \times 10^{-3}}{1.046 \times 10^{-3}}$$

$$= 232.6\ \mathrm{W/(m^2 \cdot K)}$$

したがって，伝熱面過熱度は

$$\Delta T_{sat} = \frac{q}{h} = \frac{2000}{232.6} = 8.6\ \mathrm{K}$$

【5・3】限界熱流束は Zuber の式(5.12)から

$$q_c = 0.131 \rho_v L_{lv} \left[\frac{\sigma g(\rho_l - \rho_v)}{\rho_v^2}\right]^{1/4}$$

$$= 0.131 \times 6.875 \times 212.9 \times 10^3 \times \left(\frac{14.51 \times 10^{-3} \times 9.807 \times (1358 - 6.875)}{6.875^2}\right)^{1/4}$$

$$= 2.723 \times 10^5\ \mathrm{W/m^2}$$

この値を Kutateladze の式に代入すると

$$h = 7.0 \times 10^{-4} \cdot Pr_l^{0.35} \cdot \left(\frac{q_c l_a}{\rho_v L_{lv} \nu_l}\right)^{0.7} \left(\frac{p_{sat} l_a}{\sigma}\right)^{0.7} \cdot \frac{k_l}{l_a}$$

$$= 7.0 \times 10^{-4} \times 4.447^{0.35} \cdot \left(\frac{2.723 \times 10^5 \times 1.046 \times 10^{-3}}{6.875 \times 212.9 \times 10^3 \times 2.560 \times 10^{-7}}\right)^{0.7}$$

$$\times \left(\frac{0.1327 \times 10^6 \times 1.046 \times 10^{-3}}{14.51 \times 10^{-3}}\right)^{0.7} \times \frac{101.1 \times 10^{-3}}{1.046 \times 10^{-3}}$$

$$= 7251\ \mathrm{W/(m^2 \cdot K)}$$

したがって，限界熱流束における伝熱面過熱度は

$$\Delta T_{sat} = \frac{q_c}{h} = \frac{2.723\times 10^5}{7251} = 37.6\,\mathrm{K}$$

となる．この温度を超えると膜沸騰に遷移する．

【5・4】物性値表から 0℃におけるプロパンの飽和状態の熱物性値を求めておく．

p_{sat}=0.4745 MPa， ρ_l=528.7 kg/m^3， ρ_v=10.35 kg/m^3， L_{lv}=375.1 kJ/kg， k_l=106.0 mW/(m·K)， ν_l=2.378×10^{-7} m^2/s， σ=10.13 mN/m， Pr_l=2.967

ラプラス係数は式(5.11)より，次のように求まる．

$$l_a = \sqrt{\frac{\sigma}{g(\rho_l - \rho_v)}} = \sqrt{\frac{10.13\times 10^{-3}}{9.807\times(528.7-10.35)}} = 1.412\times 10^{-3}\,\mathrm{m}$$

$q = h\Delta T_{sat}$ を式(5.9)に代入して，整理すると ΔT_{sat}=3 K における熱伝達率は

$$h = \left[7.0\times 10^{-4}\cdot Pr_l^{0.35}\cdot\left(\frac{\Delta T_{sat} l_a}{\rho_v L_{lv}\nu_l}\right)^{0.7}\left(\frac{p l_a}{\sigma}\right)^{0.7}\cdot\frac{k_l}{l_a}\right]^{10/3}$$

$$= \left[7.0\times 10^{-4}\times 2.967^{0.35}\cdot\left(\frac{3\times 1.412\times 10^{-3}}{10.35\times 375.1\times 10^3\times 0.1048\times 10^{-6}}\right)^{0.7}\right.$$

$$\left.\times\left(\frac{0.4745\times 10^6\times 1.412\times 10^{-3}}{10.13\times 10^{-3}}\right)^{0.7}\times\frac{0.106}{1.412\times 10^{-3}}\right]^{10/3}$$

$$= 119.6\,\mathrm{W/(m^2\cdot K)}$$

となる．

熱流束は

$$q = h\Delta T_{sat} = 119.6\times 3 = 358.8\ \mathrm{W/m^2}$$

となる．

【5・5】表面温度が未知であり，したがって膜温度もわからないので，とりあえず表面温度の初期推定値を 300°C として物性値を求める．

ρ_l=958.4 kg/m^3， L_{lv}=2257 kJ/kg， σ=58.92 mN/m

これらの値は変化しない．さて，初期膜温度は 200°C であるから，

ρ_v=0.4664 kg/m^3， c_{pv}=1.976 kJ/(kg·K)， k_v=33.37 mW/(m·K)，

μ_v=16.18×10^{-6} Pa·s， Pr_v=0.9580

式(5.14)~(5.16)から

$$Gr^* = \frac{g\rho_v(\rho_l-\rho_v)d^3}{\mu_v{}^2}$$

$$= \frac{9.807\times 0.4664\times(958.4-0.4664)\times(10\times 10^{-3})^3}{(16.18\times 10^{-6})^2} = 1.674\times 10^7$$

$$L'_{lv} = L_{lv} + \frac{c_{pv}\Delta T_{sat}}{2} = 2257 + \frac{1.976\times 200}{2} = 2455\,\mathrm{kJ/kg}$$

$$S_p{}^* = \frac{c_{pv}\Delta T_{sat}}{L'_{lv} Pr_v} = \frac{1.976\times 200}{2455\times 0.9580} = 0.1680$$

対流のみによる熱伝達率は

$$\overline{h}_{co} = C\left(\frac{Gr^*}{S_p{}^*}\right)^{1/4}\frac{k_v}{d} = 0.62\times\left(\frac{1.674\times 10^7}{0.1680}\right)^{1/4}\frac{33.37\times 10^{-3}}{10\times 10^{-3}}$$

$$= 206.7\,\mathrm{W/(m^2\cdot K)}$$

つぎに，ふく射の寄与分 h_r を計算する．式(5.19)から

$$h_r = \frac{\varepsilon\sigma\left(T_w{}^4 - T_{sat}{}^4\right)}{T_w - T_{sat}}$$
$$= \frac{0.7\times(5.67\times10^{-8})\times\left[(300+273.15)^4-(100+273.15)^4\right]}{300-100}$$
$$= 17.57\ \mathrm{W/(m^2\cdot K)}$$

全熱伝達率は式(5.18)から次のように求められる．

$$h_t = \overline{h}_{co} + \frac{3}{4}h_r = 206.7 + \frac{3}{4}\times17.57 = 219.9\ \mathrm{W/(m^2\cdot K)}$$

この値を使って新たな表面温度の推定値を求める．

$$T_w = T_{sat} + \frac{q}{h_t} = 100 + \frac{100000}{219.9} = 554.8\ ^\circ\mathrm{C}$$

新しい膜温度 327.4°C に対する過熱蒸気の ρ_v，c_{pv}，k_v，μ_v，Pr_v を求めて，表面温度が変化しなくなるまで一連の計算を繰り返す．3～4 回でほぼ収束し，表面温度は 556.6 ℃となる．

【5・6】図 5.18 に示すように，時刻 t における凍結界面で dt 時間に凍結層が dξ 成長する場合の熱収支を考える．凍結界面温度を T_m とすると，

$$\mathrm{d}t\frac{T_m - T_w}{\xi}k_s = \rho_s L_{ls}\mathrm{d}\xi$$

したがって，

$$\int_0^t \mathrm{d}t\frac{k_s(T_m - T_w)}{\rho_s L_{ls}} = \int_0^\xi \xi\mathrm{d}\xi$$

上式を整理すると，所要時間 t は，

$$t = \frac{\xi^2\rho_s L_{ls}}{2k_s(T_m - T_w)} = \frac{0.02^2\times917.0\times334.0\times10^3}{2\times2.2\times(0+10.0)} = 2784\ \mathrm{s}.$$

したがって，所要時間は 46 分と 24 秒になる．

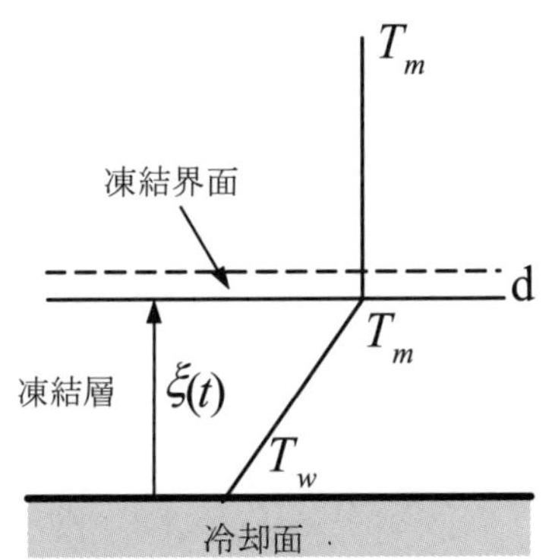

図 5.18　解析モデル

【5・7】ヌセルトの解析より，液膜厚さ δ と，その位置における液膜流速分布は

$$\delta = \left[\frac{4k_l\nu_l(T_{sat} - T_w)x}{\rho_l g L_{lv}}\right]^{1/4}$$

$$u_l = -\frac{g}{\nu_l}\left(\frac{y^2}{2} - \delta y\right)$$

したがって，液膜水平断面（液膜厚さ δ ）内の平均流速 u_m は，次式で表される．　$u_m = \frac{1}{\delta}\int_0^\delta u_l\,\mathrm{d}y = \frac{g\delta^2}{3\nu_l}$

板の下端部における質量流量 Q は，板高さを H，板幅を D とすると，

$$Q = u_m D\delta\rho_l = \frac{g\delta^3}{3\nu_l}D\rho_l = \frac{gD\rho_l}{3\nu_l}\left[\frac{4k_l\nu_l(T_{sat} - T_w)x}{\rho_l g L_{lv}}\right]^{3/4}$$

物性値および諸量を代入して，

$$Q = \frac{gD\rho_l}{3\nu_l}\left[\frac{4k_l\nu_l(T_{sat}-T_w)x}{\rho_l g L_{lv}}\right]^{3/4}$$
$$= \frac{9.807\times1.0\times981.9}{3\times0.475\times10^{-6}}\left(\frac{4\times0.652\times0.475\times10^{-6}\times(100-15)\times0.3}{981.9\times9.807\times2.257\times10^{6}}\right)^{3/4}$$
$$= 5.03\times10^{-2}\ \ \mathrm{kg}/s$$

【5・8】式(5.35)より，平均凝縮熱伝達率は，

$$\bar{h} = \frac{1}{\pi}\int_0^{\pi} h_\phi\,\mathrm{d}\phi = 0.729\left(\frac{k_l^3\rho_l^2 g L_{lv}}{\mu_l(T_{sat}-T_w)d}\right)^{1/4}$$
$$=0.729\times\left(\frac{0.672^3\times971.8^2\times9.807\times2.257\times10^6}{0.358\times10^{-3}\times(100-85)\times0.016}\right)^{1/4}$$
$$=1.202\times10^4\ \ \mathrm{W/(m^2\cdot K)}$$

与えられた凝縮量に必要な熱量は

$$Q = G\,L_{lv} = 3.0\times10^{-2}\times2.257\times10^6 = 67.71\ \mathrm{kJ/s}$$

したがって，必要な管長さ L は，

$$L = \frac{Q}{\pi d\bar{h}\Delta T} = \frac{67.71\times10^3}{3.14\times0.016\times1.202\times10^4\times(100-85)} = 7.47\ \mathrm{m}$$

【5・9】平均熱伝達率は，

$$\bar{h} = \frac{1}{\pi}\int_0^{\pi} h_\phi\,\mathrm{d}\phi = 0.729\left(\frac{k_l^3\rho_l^2 g L_{lv}}{\mu_l(T_{sat}-T_w)d}\right)^{1/4}$$
$$=0.729\times\left(\frac{0.672^3\times971.8^2\times9.807\times2.257\times10^6}{0.358\times10^{-3}\times(100-85)\times0.016}\right)^{1/4}$$
$$=1.202\times10^4\ \ \mathrm{W/(m^2\cdot K)}.$$

与えられた凝縮速度に対する単位時間あたりの凝縮熱量は，

$$Q = G\,L_{lv} = 3.0\times10^{-2}\times2.257\times10^6 = 67.71\ \mathrm{kJ/s}$$

したがって，必要な伝熱管長さ L は，

$$L = \frac{Q}{\pi D\bar{h}\Delta T} = \frac{67.71\times10^3}{3.14\times0.016\times1.202\times10^4\times(100-85)} = 7.47\ \mathrm{m}$$

平均熱通過率 K は，

$$K = \left(\frac{1}{\bar{h}}+\frac{1}{h_m}\right)^{-1} = \left(\frac{1}{1.202\times10^4}+\frac{1}{7.4\times10^3}\right)^{-1} = 4.580\times10^3\ \ \mathrm{W/(m^2\cdot K)}$$

対数平均温度差を ΔT_m とすると，

$$\Delta T_m = \frac{Q}{KS} = \frac{67.71\times10^3}{4.58\times10^3\times0.375} = 39.4\ \ \mathrm{K}$$

ここで，S は管の表面積とする．

伝熱管の温度は一定であることから，伝熱管温度と冷却水入り口温度の差は，

$$\Delta T_1 = 85-15 = 70\ \mathrm{K}$$

対数平均温度の定義式より，

$$\Delta T_m = \frac{\Delta T_1-\Delta T_2}{\ln \Delta T_1/\Delta T_2} = 39.4\ \ \mathrm{K}$$

上式より，　$\Delta T_2 = T_w - T_{out} = 19.1\ \mathrm{K}$.

したがって，冷却水の出口温度は

$$T_{out} = T_w - 19.1 = 65.9\ \mathrm{K}$$

冷却水の流量 G_w は,

$$G_w = \frac{Q}{c_{pl}\Delta T} = \frac{67.71\times 10^3}{4.20\times 10^3 \times (65.9-15)} = 0.317\ \ \mathrm{kg/s}$$

【5・10】 100℃における水の熱物性は以下の値を用いる．密度 $\rho_l = 958.4\ \mathrm{kg/m^3}$, 粘度 $\mu_l = 0.282\times 10^{-3}\ \mathrm{Pa\cdot s}$, 動粘度 $\nu_l = 2.942\times 10^{-7}\ \mathrm{m^2/s}$, 熱伝導率　$k_l = 0.678\ \ \mathrm{W/(m\cdot K)}$，比熱 $c_{pl} = 4.217\times 10^3\ \ \mathrm{J/(kg\cdot K)}$，凝縮潜熱 $L_{lv} = 2257\ \mathrm{kJ/kg}$.

式(5.36)より，平均熱伝達率 $\bar{h}$ を求める．与えられた物性値より，

$$Ga_x = \frac{x^3 \boldsymbol{g}}{\nu^2} = \frac{0.1^3 \times 9.807}{(2.942\times 10^{-7})^2} = 1.133\times 10^{11}$$

$$H = \frac{c_{pl}(T_{sat}-T_w)}{L_{lv}} = \frac{4.217\times 10^3 \times (100-94)}{2257\times 10^3} = 1.12\times 10^{-2}, \qquad Pr = \frac{\nu}{\alpha} = 1.754$$

$$\overline{Nu} = 0.729\left(\frac{GaPr_l}{H}\right)^{1/4} = 0.729\left(\frac{1.133\times 10^{11}\times 1.754}{1.12\times 10^{-2}}\right)^{1/4} = 1.496\times 10^3$$

平均熱伝達率 $\bar{h}$ は

$$\bar{h} = \overline{Nu}\cdot k_l / d = 1.496\times 10^3 \times 0.678/0.1 = 1.014\times 10^4 \quad \mathrm{W/(m^2\cdot K)}$$

したがって，凝縮にともなう総熱量 Q は,

$$Q = A\bar{h}\Delta T = \pi\times 0.1\times 1\times 1.014\times 10^4 \times (100-94) = 1.911\times 10^4 \quad \mathrm{W}$$

冷却水の温度変化を5℃に保つための流量 G は,

$$G = \frac{Q}{c_{pl}\Delta T} = \frac{1.911\times 10^4}{4.217\times 10^3 \times 5} = 0.91\ \ \mathrm{kg/s}$$

【5・11】垂直管の場合：　垂直方向の距離に対して管径は十分に大きい場合には，管の曲率を無視して幅が πD の垂直平板と見なすことが出来る．管の下端部に於ける凝縮液膜の平均速度は,

$$u_m = \frac{g}{3\nu_l}\left[\frac{4k_l\nu_l(T_{sat}-T_w)x}{\rho_l g L_{lv}}\right]^{1/2}$$

$$= \frac{9.807}{3\times 2.942\times 10^{-7}}\left[\frac{4\times 0.678\times 2.942\times 10^{-7}\times (100-70)\times 0.5}{958.4\times 9.807\times 2257\times 10^3}\right]^{1/2}$$

$$= 0.264 \quad \mathrm{m/s}$$

また，下端部における凝縮液膜厚さは,

$$\delta = \left[\frac{4k_l\nu_l(T_{sat}-T_w)x}{\rho_l g L_{lv}}\right]^{1/4}$$

$$= \left[\frac{4\times 0.678\times 2.942\times 10^{-7}\times (100-70)\times 0.5}{958.4\times 9.807\times 2257\times 10^3}\right]^{1/4}$$

$$= 0.154 \quad \mathrm{mm}$$

膜レイノルズ数 Re_f は

$$Re_f = \frac{4\delta u_m}{\nu} = \frac{4\times 1.54\times 10^{-4}\times 0.264}{2.942\times 10^{-7}} = 553 \ < 1400$$

したがって，凝縮液膜の流れは層流と見なせる．垂直管下端部における凝縮液膜流量は，

$$G_V = \rho\pi D\delta u_m = 958.4\times\pi\times 0.03\times 1.54\times 10^{-4}\times 0.264 = 3.68\times 10^{-3} \ \ \text{kg/s}$$

水平円管の場合： 問題に与えられた水平円管の凝縮量は，

$$G_H = 2\times\frac{\rho_l g}{3\nu_l}\left[\frac{2k_l\nu_l(T_{sat}-T_w)d}{\rho_l g L_{lv}}\right]^{3/4}\left[\int_0^{\pi}\sin^{1/3}\phi\,\mathrm{d}\phi\right]^{3/4}\times 0.5$$

$$= 2\times\frac{958.4\times 9.807}{3\times 2.942\times 10^{-7}}\left[\frac{2\times 0.678\times 2.942\times 10^{-7}\times(100-70)\times 0.03}{958.4\times 9.807\times 2257\times 10^{3}}\right]^{3/4}\times 2.587^{3/4}\times 0.5$$

$$= 5.73\times 10^{-3} \quad \text{kg/s}$$

第 6 章

【6・1】1.1atm のヘリウムガスの密度は

$$\rho_A = \frac{p_A M_A}{R_0 T} = \frac{1.1\times1.013\times10^5\times4.003}{8.314\times(273.15+25)}\times10^{-3} = 0.1798\,\mathrm{kg/m^3}$$

であるので，ヘリウムの漏えい量は

$$\frac{\pi}{6}(0.22^3-0.21^3)\times0.1798 = 1.306\times10^{-4}\,\mathrm{kg}$$

となる．ガスの透過速度（質量流束）は

$$\dot{n}_A = M_A\dot{N}_A = M_A P\frac{p_{A1}-p_{A2}}{\delta}$$

$$= 4.003\times10^{-3}\times1.1\times10^{-14}\frac{1.1\times1.013\times10^5-0}{0.05\times10^{-3}} = 9.806\times10^{-8}\,\mathrm{kg/(m^2\cdot s)}$$

であるので，漏えい量およびゴム風船の平均直径より求めた表面積と透過速度より所要時間が以下のように求められる．

$$\frac{1.306\times10^{-4}}{9.806\times10^{-8}\times\pi\times0.215^2} = 9171\,\mathrm{s} \approx 153\,\mathrm{min}$$

【6・2】図 6.17 のような座標系を考えると，一方向拡散のモル流束は次式で表される．

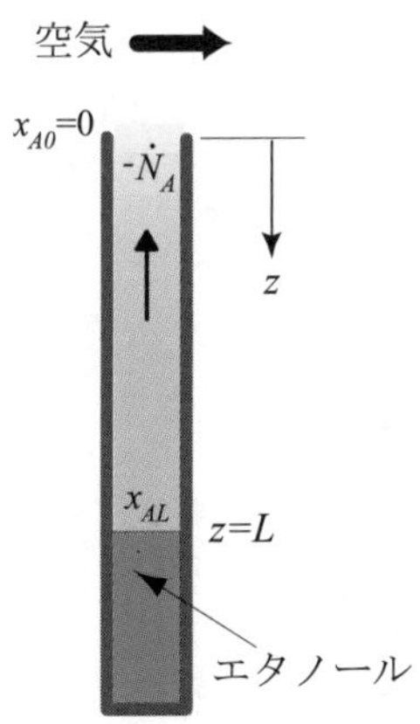

図 6.17 細管内一方向拡散

$$\dot{N}_A = \frac{CD_{AB}}{L}\ln\left(\frac{1-x_{AL}}{1-x_{A0}}\right)$$

ここに，図 6.10 とは z 座標の向きが逆であるので $\dot{N}_A < 0$ である．一方，蒸発による液面の移動は次式で表される．

$$\dot{N}_A = -\frac{\mathrm{d}L}{\mathrm{d}t}\frac{\rho_l}{M_A}$$

以上より

$$L\frac{\mathrm{d}L}{\mathrm{d}t} = \frac{CD_{AB}M_A}{\rho_l}\ln\left(\frac{1-x_{A0}}{1-x_{AL}}\right)$$

となるので，上式を L_1 から L_2 まで積分すると

$$\frac{1}{2}\left(L_2^2-L_1^2\right) = \frac{CD_{AB}M_A}{\rho_l}\ln\left(\frac{1-x_{A0}}{1-x_{AL}}\right)t$$

を得る．したがって，

$$t = \frac{\rho_l R_0 T\left(L_2^2-L_1^2\right)}{2pM_A D_{AB}}\Bigg/\ln\left(\frac{1-x_{A0}}{1-x_{AL}}\right)$$

$$= \frac{785\times8.314\times310\times(0.02^2-0.01^2)}{2\times1.013\times10^5\times46.07\times10^{-3}\times1.6\times10^{-5}}\Bigg/\ln\left\{\frac{1-0}{1-(15.28/101.3)}\right\}$$

$$= 2.486\times10^4\,\mathrm{s} \approx 6.9\,\mathrm{h}$$

となる．

【6・3】ナフタリンの表面におけるモル濃度は

$$x = \frac{p_A}{p} = \frac{13.3}{1.013\times10^5} = 1.313\times10^{-4}$$

である．したがって，理想気体を仮定すると一方向拡散の場合の質量流束は

$$\dot{n}_A = M_A \dot{N}_A = \frac{pD_{AB}}{RTL}\ln\left(\frac{1-x_{AL}}{1-x_{A0}}\right)$$

$$= \frac{1.013\times10^5\times6.2\times10^{-6}}{64.87\times300\times0.5}\ln\left(\frac{1-0}{1-1.313\times10^{-4}}\right)$$

$$= 8.475\times10^{-9}\ \mathrm{kg/(m^2\cdot s)}$$

となる．よって，10 分間の昇華量は

$$8.475\times10^{-9}\times0.05\times10\times60 = 2.543\times10^{-7}\ \mathrm{kg} = 0.25\,\mathrm{mg}$$

であり，例 6.3 の場合より激減する．

【6・4】水蒸気を成分 A とすると水滴表面における空気中の水蒸気のモル分率は

$$x_{A0} = \frac{2.337}{101.3} = 0.02307$$

であり，質量分率は

$$\omega_{A0} = \frac{M_A x_{A0}}{M} = \frac{18\times0.02307}{18\times0.02307+28.80\times(1-0.02307)} = 0.01454$$

である．したがって，水蒸気の濃度は

$$\rho_{A0} = \frac{p_{A0}}{R_A T} = \frac{p_{A0}M_A}{R_0 T} = \frac{2.337\times10^3\times18\times10^{-3}}{8.314\times293.15} = 0.01726\,\mathrm{kg/m^3}$$

である．物性値を膜温度（液滴表面とバルク温度の平均値）40℃に対して求めると

$$D_{AB} = \frac{2.27}{1.013\times10^5}\left(\frac{313.15}{273}\right)^{1.8} = 2.869\times10^{-5}\ \mathrm{m^2/s}$$

$$\nu = 1.704\times10^{-5}\ \mathrm{m^2/s}$$

となる．ただし，水蒸気の濃度が小さいので動粘度は巻末の空気の熱物性値表より求めた．これらの値を用いて計算すると，

$$Re_d = \frac{ud}{\nu} = \frac{2.0\times0.3\times10^{-3}}{1.704\times10^{-5}} = 35.21$$

$$Sc = \frac{\nu}{D_{AB}} = \frac{1.704\times10^{-5}}{2.869\times10^{-5}} = 0.5939$$

$$Sh_d = 2+0.6\times35.21^{1/2}\times0.5939^{1/3} = 4.993$$

となり，物質伝達率が次のように求められる．

$$h_m = \frac{D_{AB}Sh_d}{d} = \frac{2.869\times10^{-5}\times4.993}{0.3\times10^{-3}} = 0.4775\,\mathrm{m/s}$$

$\dot{n} = \dot{n}_A$ であるので液滴表面における水分の蒸発は

$$\dot{n}_{A0} = j_{A0} + \omega_{A0}\dot{n}_{A0}$$

で表される．したがって，

$$\dot{n}_{A0} = \frac{j_{A0}}{1-\omega_{A0}} = \frac{h_m(\rho_{A0}-\rho_{A\infty})}{1-\omega_{A0}} = \frac{0.4775\times(0.01726-0)}{1-0.01454}$$

$$= 8.363\times10^{-3}\ \mathrm{kg/(m^2\cdot s)}$$

であり，以下のとおり蒸発速度が得られる．

$$\pi d^2 \dot{n}_{A0} = \pi\times(0.3\times10^{-3})^2\times8.363\times10^{-3} = 2.36\times10^{-9}\ \mathrm{kg/s}$$

【6・5】水蒸気を成分 A とすると，水蒸気のモル流束は

$$\dot{N}_A = \frac{\dot{n}_A}{M_A} = \frac{2.16\times10^{-2}}{18\times10^{-3}} = 1.2\,\mathrm{mol/(m^2\cdot s)}$$

である．この系は静止媒体中の一方向拡散とみなせるので式(6.35)より気液界面のモル濃度が次のように求められる．

$$x_{A0} = 1-(1-x_{A\infty})\exp\left(\frac{\dot{N}_A\delta_v}{CD_{AB}}\right) = 1-(1-x_{A\infty})\exp\left(\frac{R_0T\dot{N}_A\delta_v}{pD_{AB}}\right)$$

$$= 1-(1-0.99)\exp\left(\frac{8.314\times373.15\times1.2\times2\times10^{-3}}{1.013\times10^5\times3.9\times10^{-5}}\right) = 0.934$$

したがって，気液界面および境界層外縁での水蒸気の分圧はそれぞれ

$$p_{A0} = x_{A0}p = 0.934\times101.3 = 94.63\,\mathrm{kPa}$$

$$p_{A\infty} = x_{A\infty}p = 0.99\times101.3 = 100.29\,\mathrm{kPa}$$

となり，これらの値に対する飽和温度を水蒸気表より求めると

$$T_S = 98.07\ ℃,\quad T_\infty = 99.69\ ℃$$

となる．よって，蒸気層内には物質伝達抵抗が原因で

$$T_\infty - T_S = 99.69-98.07 = 1.62\mathrm{K}$$

の温度差が生じる．一方，熱流束は

$$q = \dot{n}_A h_{lv} = 2.16\times10^{-2}\times2257 = 48.75\,\mathrm{kW/m^2}$$

であり，液膜が非常に薄く熱伝導のみで熱が伝わると仮定すると

$$T_S - T_W = \frac{q\delta_l}{k_l} = \frac{48.75\times10^3\times60\times10^{-6}}{0.681} = 4.30\,\mathrm{K}$$

を得る．したがって，全体の温度差は

$$T_\infty - T_W = 1.62+4.30 = 5.92\,\mathrm{K}$$

となるため凝縮面温度は

$$T_W = 99.69-5.92 = 93.77\ ℃$$

になる．

これに対して，空気が含まれない場合には気液界面の温度はバルク温度に等しくなるので，この場合の伝熱量は

$$q = \frac{k_l}{\delta_l}(T_\infty - T_W)$$

となる．凝縮量は熱流束に比例するので，伝熱面過冷度（バルクの飽和温度と伝熱面温度の差）が等しい場合には，空気が含まれる場合と含まれない場合の凝縮量の比は

$$\frac{T_S - T_W}{T_\infty - T_W} = \frac{4.30}{5.92} = 0.73$$

となり，空気がわずか 1%含まれると凝縮量は 27%も低下する．実際には流れがあるのでこのような一方向拡散の仮定は成り立たないが，わずかな量の不凝縮ガスの混入により気液界面近くの物質伝達抵抗が原因で凝縮量は大きく低下する．

第 7 章

【7・1】熱交換器出入口間の温水のエンタルピー変化は，

$$Q = \dot{m}_h c_h \left(T_{hi} - T_{ho}\right) = -\dot{m}_h c_h \Delta T_h$$

同様に空気のエンタルビー変化は，

$$Q = \dot{m}_c c_c \left(T_{co} - T_{ci}\right) = \dot{m}_c c_c \Delta T_c$$

$Q = 1\times10^4$ W であるから，温水の温度変化は ΔT_h = −1.19 K （温度低下），

空気の温度変化は $\Delta T_\mathrm{c} = 20$ K （温度上昇）である．

【7・2】題意より，高温流体（温泉水）の温度効率は，

$$\phi_h = \frac{T_{hi} - T_{ho}}{T_{hi} - T_{ci}} = \frac{80-45}{80-20} = 0.583$$

伝熱単位数は，

$$N_h = \frac{KA}{\dot{m}_h c_h} = \frac{1000\times20}{2\times4200} = 2.38$$

式(7.10)より,熱容量流量比が満足すべき関係は，

$$\frac{1-\phi_h}{1-\phi_h R_h} = \exp\left(-\Psi N_h \left(1-R_h\right)\right)$$

$R_h \neq 1$，$\Psi = 0.85$ に注意して，上記の条件の下でこの式を満足する熱容量流量比を求めると，

$$R_h = \frac{\dot{m}_h c_h}{\dot{m}_c c_c} = 1.39$$

すなわち，

$$\dot{m}_c c_c = 6.04\times10^3 \text{ W/K}$$

低温流体（空気）の比熱が1000 J/(kg·K)であることから，求める質量流量は

$$\dot{m}_c = 6.04 \text{ kg/s}$$

である．

【7・3】水の得るエネルギーは，

$$\dot{Q} = \dot{m}_c c_c \left(T_{co} - T_{ci}\right) = 0.5\times1000\times\left(70-20\right) = 2.50\times10^4 \text{ W}$$

これがオイルの失うエネルギーに等しいことから，

$$\dot{Q} = \dot{m}_h c_h \left(T_{hi} - T_{ho}\right) = 1.0\times2100\times\left(180 - T_{ho}\right)$$

これより，オイルの出口温度は

$$T_{ho} = 168 \text{ °C}$$

両流体の対数平均温度差は，熱交換器が向流型であることに注意すれば，

$$\Delta T_{lm} = \frac{\left(T_{hi} - T_{co}\right) - \left(T_{ho} - T_{ci}\right)}{\ln\dfrac{\left(T_{hi} - T_{co}\right)}{\left(T_{ho} - T_{ci}\right)}} = \frac{\left(180-70\right) - \left(168.1-20\right)}{\ln\dfrac{\left(180-70\right)}{\left(168.1-20\right)}} = 128 \text{ K}$$

熱交換量を対数平均温度差を用いて表せば,

$$\dot{Q} = K\Delta T_{lm} A$$

であるから，熱交換器の伝熱面積は,

$$A = \frac{\dot{Q}}{K\Delta T_{lm}} = 0.488\ \mathrm{m}^2$$

である.

【7・4】室内空気の失うエネルギー量は,

$$\dot{Q} = \dot{m}_h c_h \left(T_{hi} - T_{ho}\right) = 0.5 \times 1000 \times \left(35 - 10\right) = 12500\ \mathrm{W}$$

である．これを冷水で冷却する場合，冷水の出口温度は,

$$T_{co} = \frac{\dot{Q}}{\dot{m}_c c_c} + T_{ci} = 9.96\ \mathrm{°C}$$

両流体間の対数平均温度差は

$$\Delta T_{lm} = \frac{\left(35 - 9.96\right) - \left(10 - 5\right)}{\ln\dfrac{\left(35 - 9.96\right)}{\left(10 - 5\right)}} = 12.4\ \mathrm{K}$$

これより，必要な伝熱面積は,

$$A = \frac{\dot{Q}}{K\Psi\Delta T_{lm}} = \frac{12500}{60 \times 0.7 \times 12.44} = 23.9\ \mathrm{m}^2$$

一方，同じ室内空気を蒸発する冷媒で冷却する場合，冷媒の温度は蒸発温度で一定と見なせる．したがって，対数平均温度差は,

$$\Delta T_{lm} = \frac{\left(35 - 2\right) - \left(10 - 2\right)}{\ln\dfrac{\left(35 - 2\right)}{\left(10 - 2\right)}} = 17.6\ \mathrm{K}$$

必要な伝熱面積は,

$$A = \frac{12500}{100 \times 0.7 \times 17.64} = 10.1\ \mathrm{m}^2$$

【7・5】断熱性の良否は熱抵抗の大小で決まる.

セルロースファイバーとシリコーンゴムの熱抵抗値をそれぞれ，R_1, R_2 とすれば,

$$R_1 = \frac{0.03}{0.03 \times 1} = 1\ \mathrm{(K/W)},\quad R_2 = \frac{0.2}{0.2 \times 1} = 1\ \mathrm{(K/W)}$$

つまり，断熱性は同等である.

【7･6】膜温度 $T = (20 + 50)/2 = 35$ ℃での巻末の表の空気の物性値をつかう．すると，空気の熱伝導率 $k = 0.026835\ \mathrm{W/(m \cdot K)}$，プラントル数 Pr=0.7118，動粘度 $\nu = 0.1656 \times 10^{-4}\ \mathrm{m^2/s}$ となる.そして重力加速度 g は g = $9.8\ \mathrm{m/s^2}$，体膨張率 β は $\beta = 1/(35 + 273.15) = 0.003245\ (\mathrm{K^{-1}})$ とする.

まず, 加熱上面の水平平板からの自然対流熱伝達率 h を次式から求める.

$$Nu = 0.54 \cdot Ra^{0.25}$$

代表寸法 L を L=面積／周長から求めると

$$L=\frac{0.40\times0.25}{2\times(0.40+0.25)}=0.0769$$

となる．すると Ra 数は

$$Ra=Pr\cdot Gr=0.7118\times\frac{9.8\times0.003245\times(0.0769)^3\times30}{(0.16559\times10^{-4})^2}$$
$$=1.126\times10^7$$

よって Nu 数は

$$Nu=0.54\cdot Ra^{0.25}=0.54\times(1.126\times10^7)^{0.25}=31.28$$

したがって，水平平板からの自然対流熱伝達率 h は

$$h=\frac{Nu\cdot k}{L}=\frac{31.28\times0.026835}{0.0769}=10.58\ \mathrm{W/(m^2\cdot K)}$$

となる.すると自然対流熱伝達による放熱量 $\dot{Q}$ は次のようにもとまる.

$$\dot{Q}=h\cdot A\cdot\Delta T=10.58\times0.1\times30.0=31.74\ \mathrm{W}$$

よって，放熱量は 31.7 W　となる.

【7・7】まず，膜温度は $T=(20+30)/2=25$ ℃なので，巻末の物性値表から 25℃の物性値を求めると，熱伝導率 $k=0.026095\ \mathrm{W/(m\cdot K)}$，プラントル数 Pr=0.713，密度 $\rho=1.184\ \mathrm{kg/m^3}$，動粘度 $\nu=1.5616\times10^{-5}\ \mathrm{m^2/s}$，定圧比熱 $c_p=1007\ \mathrm{J/(kg\cdot K)}$　体膨張率 $\beta=1/(25+273.15)=0.003354\ \mathrm{K^{-1}}$ となる.

まず,体積流量を V として,エンタルピー式　(7.18) $\dot{Q}=\rho c_p V\Delta T$　　を使う.

$$V=\frac{\dot{Q}}{\rho c_p\Delta T}=\frac{20.0}{1.184\times1007\times10}=1.6775\times10^{-3}\ (\mathrm{m^3/s})$$

するとパッケージ上の流速は

$$u=\frac{V}{A_1}=\frac{1.6775\times10^{-3}}{0.002}=0.839\ (\mathrm{m/s})$$

パッケージ表面を平板と仮定して,パッケージ表面上の流れの Re 数を計算する．ここで仮に基板の端温度を 90℃と仮定すれば，空気温度は 30℃であるから膜温度は 60℃となる．以後 60℃での空気の物性値を使う.

代表長さ L は流れ方向長さ＝0.4m とする.

$$Re_L=\frac{uL}{\nu}=\frac{0.839\times0.4}{1.9018\times10^{-5}}=1.765\times10^4$$

よって，流れは層流とみなせるから，層流の局所強制対流熱伝達の式(3.35)を使う.

$$Nu_L=0.332\cdot Pr^{\frac{1}{3}}\cdot Re_L^{\frac{1}{2}}=0.332\times0.709^{\frac{1}{3}}\times(1.765\times10^4)^{\frac{1}{2}}=39.33$$

よって局所強制対流熱伝達率は

$$h_L=\frac{Nu_L\cdot k}{L}=\frac{39.33\times0.02865}{0.4}=2.817\ \mathrm{W/(m^2\cdot K)}$$

となる．したがって，熱抵抗は

$$R=\frac{1}{h\cdot A_2}=\frac{1}{2.817\times0.12}=2.958\ \mathrm{K/W}$$

と求まるから，

$$T = \Delta T + T_{\infty} = R \cdot \dot{Q} + \mathrm{T}_{\infty} = 2.958 \times 20.0 + 30.0 = 89.16\ ℃$$

となる．よって，最下流側のパッケージ表面温度は 89.2℃となる．最初の仮定温度 90℃に近い値となっている．

Index

索引

マ行

ヤ行

ラ行

熱物性値表

大気圧における空気の熱物性値(Thermophysical Properties of Air at 101.325kPa)

温度 T (°C)	密度 ρ (kg/m^3)	定圧比熱 c_p (kJ/(kg・K))	粘度 μ (μPa・s)	熱伝導率 k (mW/(m・K))	プラントル数 Pr	温度 T (°C)	密度 ρ (kg/m^3)	定圧比熱 c_p (kJ/(kg・K))	粘度 μ (μPa・s)	熱伝導率 k (mW/(m・K))	プラントル数 Pr
-50	1.583	1.007	14.62	20.26	0.7265	150	0.834	1.018	24.07	34.81	0.7036
-20	1.395	1.007	16.22	22.66	0.7206	200	0.745	1.026	26.09	38.03	0.7035
0	1.292	1.006	17.24	24.21	0.7170	250	0.674	1.035	28.02	41.14	0.7049
10	1.246	1.007	17.74	24.97	0.7153	300	0.615	1.046	29.86	44.15	0.7073
20	1.204	1.007	18.24	25.72	0.7138	400	0.524	1.069	33.35	49.95	0.7139
30	1.164	1.007	18.72	26.47	0.7124	500	0.456	1.093	36.62	55.52	0.7209
40	1.127	1.007	19.20	27.20	0.7111	600	0.404	1.116	39.71	60.94	0.7271
50	1.092	1.008	19.67	27.93	0.7099	700	0.362	1.137	42.66	66.23	0.7320
60	1.059	1.009	20.14	28.65	0.7088	800	0.329	1.155	45.48	71.43	0.7354
80	0.9989	1.010	21.05	30.07	0.7070	900	0.301	1.171	48.19	76.55	0.7374
100	0.9453	1.012	21.94	31.45	0.7056	1000	0.277	1.185	50.82	81.62	0.7381

大気圧における水の熱物性値(Thermophysical properties of Water at 101.325kPa)

圧縮液						過熱蒸気					
温度 T (°C)	密度 ρ (kg/m^3)	定圧比熱 c_p (kJ/(kg・K))	粘度 μ (μPa・s)	熱伝導率 k (mW/(m・K))	プラントル数 Pr	温度 T (°C)	密度 ρ (kg/m^3)	定圧比熱 c_p (kJ/(kg・K))	粘度 μ (μPa・s)	熱伝導率 k (mW/(m・K))	プラントル数 Pr
0	999.8	4.219	1792	562.0	13.45	100	0.5976	2.077	12.27	24.79	1.028
10	999.7	4.195	1306	582.0	9.414	150	0.5232	1.987	14.18	28.80	0.9782
20	998.2	4.185	1002	599.5	6.991	200	0.4664	1.976	16.18	33.37	0.9580
30	995.7	4.180	797.3	615.0	5.419	250	0.4211	1.989	18.22	38.28	0.9468
40	992.2	4.179	653.0	628.6	4.341	300	0.3840	2.012	20.29	43.49	0.9388
50	988.0	4.180	546.9	640.5	3.568	350	0.3529	2.040	22.37	48.97	0.9317
60	983.2	4.183	466.4	650.8	2.998	400	0.3266	2.070	24.45	54.71	0.9249
70	977.8	4.188	403.9	659.6	2.565	500	0.2842	2.135	28.57	66.90	0.9118
80	971.8	4.196	354.4	667.0	2.229	600	0.2516	2.203	32.62	79.90	0.8994
90	965.3	4.205	314.4	673.0	1.964	700	0.2257	2.273	36.55	93.57	0.8881
100	958.4	4.217	281.8	677.7	1.753	800	0.2046	2.343	40.38	107.7	0.8783

水の飽和状態の熱物性値(Thermophysical Properties of Water at Saturated Liquid and Vapor)

圧力	飽和温度	密度		定圧比熱		粘度		熱伝導率		プラントル数		蒸発潜熱	表面張力
p	T_{sat}	ρ_l	ρ_v	c_{pl}	c_{pv}	μ_l	μ_v	k_l	k_v	Pr_l	Pr_v	L_{lv}	σ
(MPa)	(°C)	(kg/m^3)		(kJ/(kg・K))		(μPa・s)		(mW/(m・K))				(kJ/kg)	(mN/m)
0.005	32.88	994.7	0.03548	4.180	1.922	750.9	10.09	619.0	18.93	5.070	1.025	2423	70.74
0.01	45.81	989.8	0.06816	4.179	1.941	587.6	10.49	635.7	19.94	3.863	1.021	2392	68.64
0.05	81.32	971.0	0.3086	4.197	2.016	348.6	11.64	667.8	22.98	2.191	1.021	2305	62.43
0.101325	99.97	958.4	0.5976	4.217	2.077	281.8	12.27	677.7	24.79	1.753	1.028	2257	58.92
0.2	120.21	942.9	1.129	4.247	2.175	231.6	12.96	683.6	26.99	1.439	1.045	2202	54.93
0.5	151.84	915.3	2.668	4.315	2.413	180.1	14.06	683.6	31.03	1.137	1.093	2108	48.35
1.0	179.89	887.1	5.145	4.405	2.715	150.2	15.02	674.7	35.40	0.981	1.152	2014	42.22
2	212.38	849.8	10.04	4.562	3.190	126.1	16.14	654.4	41.65	0.879	1.237	1890	34.83
5	263.94	777.4	25.35	5.032	4.438	100.0	18.03	600.5	55.64	0.838	1.438	1640	22.76
10	311.00	688.4	55.45	6.127	7.147	81.79	20.27	524.5	78.97	0.955	1.834	1318	11.86
15	342.16	603.5	96.71	8.525	12.98	69.50	22.79	456.2	115.8	1.299	2.556	1001	5.191
20	365.75	490.5	170.70	23.20	45.68	56.22	27.50	403.7	226.5	3.230	5.545	584.3	0.9689

過熱水蒸気の熱物性値(Thermophysical properties of Superheated Steam)

温度 T (°C)	密度 ρ (kg/m^3)	定圧比熱 c_p (kJ/(kg・K))	粘度 μ (μPa・s)	熱伝導率 k (mW/(m・K))	プラントル数 Pr	温度 T (°C)	密度 ρ (kg/m^3)	定圧比熱 c_p (kJ/(kg・K))	粘度 μ (μPa・s)	熱伝導率 k (mW/(m・K))	プラントル数 Pr
1 MPa											
180	5.144	2.712	15.03	35.40	1.151	400	3.262	2.128	24.42	55.44	0.9377
200	4.854	2.429	15.89	36.06	0.9580	500	2.824	2.168	28.59	67.51	0.9182
250	4.297	2.212	18.05	39.70	0.9468	600	2.493	2.224	32.65	80.43	0.9029
300	3.876	2.141	20.18	44.49	0.9388	700	2.233	2.287	36.59	94.04	0.8900
350	3.540	2.123	22.31	49.80	0.9317	800	2.023	2.353	40.41	108.16	0.8793
5 MPa											
270	24.7	4.046	18.34	54.69	1.357	500	14.58	2.333	28.68	70.58	0.9481
300	22.1	3.171	19.80	53.03	1.184	600	12.71	2.324	32.81	83.02	0.9184
350	19.2	2.661	22.13	55.22	1.066	700	11.30	2.353	36.78	96.31	0.8984
400	17.3	2.459	24.37	59.53	1.007	800	10.19	2.398	40.60	110.2	0.8836
10 MPa											
320	51.89	5.747	20.70	74.68	1.593	500	30.48	2.583	28.91	75.34	0.9914
350	44.56	4.012	22.15	68.55	1.296	600	26.06	2.460	33.09	86.76	0.9382
400	37.82	3.096	24.49	67.25	1.127	700	22.94	2.438	37.07	99.47	0.9086
450	33.57	2.747	26.73	70.56	1.041	800	20.57	2.456	40.88	113.0	0.8888

R134a の飽和状態の熱物性値(Thermophysical Properties of R134a at Saturated Liquid and Vapor)

圧力 p (MPa)	飽和温度 T_{sat} (°C)	密度 (kg/m^3)		定圧比熱 (kJ/(kg・K))		粘度 (μPa・s)		熱伝導率 (mW/(m・K))		プラントル数		蒸発潜熱 L_{lv} (kJ/kg)	表面張力 σ (mN/m)
		ρ_l	ρ_v	c_{pl}	c_{pv}	μ_l	μ_v	k_l	k_v	Pr_l	Pr_v		
0.003672	-80	1529	0.2343	1.198	0.6417	1020	7.748	131.5	4.948	9.293	1.005	249.7	24.10
0.01591	-60	1474	0.9268	1.223	0.6924	660.5	8.519	120.7	6.555	6.692	0.8998	238.0	20.80
0.05121	-40	1418	2.770	1.255	0.7490	467.0	9.269	110.6	8.174	5.298	0.8494	225.9	17.60
0.1327	-20	1358	6.785	1.293	0.8158	347.6	10.00	101.1	9.816	4.447	0.8310	212.9	14.51
0.2928	0	1295	14.43	1.341	0.8972	266.5	10.73	92.01	11.51	3.884	0.8358	198.6	11.56
0.5717	20	1225	27.78	1.405	1.001	207.4	11.49	83.28	13.34	3.498	0.8621	182.3	8.756
1.017	40	1147	50.09	1.498	1.145	161.5	12.37	74.72	15.45	3.238	0.9168	163.0	6.127
1.682	60	1053	87.38	1.660	1.387	123.6	13.59	66.09	18.33	3.105	1.028	139.1	3.716
2.633	80	928.2	155.1	2.065	2.012	89.85	15.77	57.15	23.74	3.246	1.337	106.4	1.602

物性値データの入手方法

より詳しい熱物性値データについては下記文献を参照されたい．

(1) 日本熱物性学会，熱物性ハンドブック，養賢堂，1990

(2) 日本機械学会編，技術資料 流体の熱物性値集，日本機械学会，1983

日本機械学会の伝熱工学資料，伝熱ハンドブックの巻末にも熱物性値表が掲載されている．

また，NIST(National Institute of Standards and Technology)および PROPATH のホームページ上で，圧力，温度などを入力すれば各種流体の熱物性値を手軽に計算することができる．

(3) NIST Chemistry WebBook： http://webbook.nist.gov/chemistry/

(4) PROPATH：http://www2.mech.nagasaki-u.ac.jp/PROPATH

JSME テキストシリーズ一覧

1　機械工学総論
2-1　機械工学のための数学
2-2　演習　機械工学のための数学
3-1　機械工学のための力学
3-2　演習　機械工学のための力学
4-1　熱力学
4-2　演習　熱力学
5-1　流体力学
5-2　演習　流体力学
6-1　振動学
6-2　演習　振動学
7-1　材料力学
7-2　演習　材料力学
8　機構学
9-1　伝熱工学
9-2　演習　伝熱工学
10　加工学Ⅰ（除去加工）
11　加工学Ⅱ（塑性加工）
12　機械材料学
13-1　制御工学
13-2　演習　制御工学
14　機械要素設計

〔各巻〕A4判

JSME テキストシリーズ　JSME Textbook Series
演習　伝熱工学　Problems in Heat Transfer

2008年3月10日　初版発行
2019年4月5日　初版第6刷発行
2023年7月18日　第2版第1刷発行

著作兼発行者　一般社団法人　日本機械学会
（代表理事会長　伊藤　宏幸）

印刷者　柳瀬充孝
昭和情報プロセス株式会社
東京都港区三田 5-14-3

発行所　東京都新宿区新小川町4番1号
KDX 飯田橋スクエア2階
郵便振替口座　00130-1-19018番
電話（03）4335-7610　FAX（03）4335-7618　https://www.jsme.or.jp
一般社団法人　日本機械学会

発売所　東京都千代田区神田神保町2-17
神田神保町ビル
電話（03）3512-3256　FAX（03）3512-3270
丸善出版株式会社

ISBN 978-4-88898-352-5　C 3353

本書の内容でお気づきの点は　textseries@jsme.or.jp　へお知らせください。出版後に判明した誤植等は http://shop.jsme.or.jp/html/page5.html　に掲載いたします。

代表的物質の物性値

（日本機械学会，伝熱工学資料，改訂第 4 版，1986，より抜粋）

物質の主要物性値

物性値	記号	単位	物性値	記号	単位
温度	T	K	プラントル数	Pr	—
圧力	p	Pa	表面張力	σ	mN/m
密度	ρ	kg/m³	電気抵抗率	σ_e	Ω·m
比熱	c	J/(kg·K)	融点	T_m	K
定圧比熱	c_p	J/(kg·K)	沸点	T_b	K
粘度	μ	Pa·s	融解熱	Δh_m	J/kg
動粘度	ν	m²/s	沸点における蒸発熱	Δh_v	J/kg
熱伝導率	k	W/(m·K)	臨界温度	T_c	K
熱拡散率	α	m²/s	臨界圧力	p_c	Pa

気体の物性値（備考に圧力表示がない場合 $p = 1.013\times10^5$ Pa ）

物質	T	ρ	c_p	μ	ν	k	α	Pr	備考
			$\times10^3$	$\times10^{-5}$	$\times10^{-5}$	$\times10^{-2}$	$\times10^{-5}$		
空気	200 300 400	1.7679 1.1763 0.8818	1.009 1.007 1.015	1.34 1.862 2.327	0.758 1.583 2.639	1.810 2.614 3.305	1.015 2.207 3.693	0.747 0.717 0.715	
ヘリウム　He	300	0.16253	5.193	1.993	12.26	15.27	18.09	0.678	$T_b = 4.21$
アルゴン　Ar	300	1.6237	0.5215	2.271	1.399	1.767	2.09	0.670	$T_b = 87.5$
水素　H_2	300	0.08183	14.31	0.896	10.95	18.1	15.5	0.71	$T_b = 20.39$
窒素　N_2	300	1.1382	1.041	1.787	1.570	2.598	2.193	0.716	$T_b = 77.35$
酸素　O_2	300	1.3007	0.920	2.072	1.593	2.629	2.20	0.725	$T_b = 90.0$
二酸化炭素　CO_2	300	1.7965	0.8518	1.491	0.830	1.655	1.082	0.767	
水　H_2O	400	0.5550	2.000	1.329	2.40	2.684	2.418	0.990	$T_b = 373.5$
アンモニア　NH_3	300	0.6988	2.169	1.03	1.47	2.46	1.62	0.91	$T_b = 239.8$
メタン　CH_4	300	0.6527	2.24	1.117	1.711	3.350	2.29	0.747	$T_b = 111.63$
プロパン　C_3H_8	300	1.8196	1.684	0.821	0.451	1.84	0.6	0.75	$T_b = 231.1$

液体の物性値（備考に圧力表示がない場合 $p = 1.013\times10^5$ Pa ）

物質	T	ρ	c_p	μ	ν	k	α	Pr	備考
		$\times10^3$	$\times10^3$	$\times10^{-4}$	$\times10^{-7}$		$\times10^{-7}$		
水　H_2O	300 360	0.99662 0.96721	4.179 4.202	8.544 3.267	8.573 3.378	0.6104 0.6710	1.466 1.651	5.850 2.064	$T_m = 273.15$, $T_b = 373.5$, $p_c = 2.212\times10^7$ $T_c = 647.30$, $\Delta h_v = 2.257\times10^6$
二酸化炭素　CO_2	280	0.88419	2.787	0.908	1.030	0.104	0.422	2.44	$p = 4.160\times10^6$, $\Delta h_v = 3.68\times10^5$, $T_c = 304.2$ 昇華温度: 194.7, $p_c = 7.38\times10^6$
アンモニア　NH_3	280	0.62932	4.661	1.69	2.69	0.524	1.79	1.50	$p = 5.51\times10^5$, $T_b = 239.8$, $\Delta h_v = 1.991\times10^5$
エチレングリコール $C_2H_4(OH)_2$	300	1.112	2.416	157.0	141.0	0.258	0.959	147	$T_b = 471$, $\Delta h_v = 7.996\times10^5$
グリセリン　$C_3H_5(OH)_3$	300	1.257	2.385	7820	6220	0.288	0.961	6480	
エタノール　C_2H_5OH	300	0.7835	2.451	10.45	13.34	0.166	0.864	15.43	$T_m = 175.47$, $T_b = 351.7$, $\Delta h_v = 8.548\times10^5$
メタノール　CH_3OH	300	0.7849	2.537	5.33	6.79	0.2022	1.015	6.69	$T_m = 159.05$, $T_b = 337.8$, $\Delta h_v = 1.190\times10^6$
メタン　CH_4	100	0.43888	3.38	1.443	3.288	0.214	1.44	2.28	$T_b = 111.63$, $\Delta h_v = 5.10\times10^5$
潤滑油	320	0.872	1.985	1470	1690	0.143	0.825	2040	
ケロシン	320	0.803	2.13	9.92	12.35	0.1121	0.655	18.9	
ガソリン	300	0.746	2.09	4.88	6.54	0.1150	0.738	8.86	
R113　$CCl_2F\cdot CClF_2$	300	1.5571	0.959	6.35	4.08	0.0723	0.484	8.42	$T_b = 320.71$, $\Delta h_v = 1.4385\times10^5$
水銀　Hg	300	13.528	0.139	15.2	1.12	8.52	45.3	0.025	$T_m = 234.28$, $T_b = 630$